Das Berliner Gemeinderecht wird in seiner zweiten Auflage voraussichtlich folgende Gegenstände umfassen:

Stadtverfassung, Zweckverband, Wahlangelegenheiten.

Beamten= und Angestelltenrecht.

Schulen, Volks=, Taubstummen=, Blindenschulen.

Privatschulen, höhere Schulen, Fach= und Fortbildungsschulen, Technische Mittelschule, Kirche, Kunst, Archiv, Magistrats=bibliothek, Wissenschaft, Stadtbibliothek, Lesehalle, Nachrichten=amt, Gemeindeblatt, Statistik, Rathauskommission, Depu-tation für die innere Ausschmückung des Rathauses.

Finanzwesen, Kämmerei, Finanzdeputation, Hypothekenamt, Finanz=, u. Rechnungsbureau, Stadthauptkasse, Werkzein=ziehungsabteilung, Hauptstiftungskasse, Depositorium, Asser=vatorium, Deputation zur Beschaffung von Schreibmaterial, Deputation zur Beschaffung von Brennmaterial.

Grundeigentum, Park.

Abgaben=, Steuern, Zwangsvollstreckung, Meldebureau.

Hochbau, Tiefbau.

Verkehr, Lösch= und Ladewesen, Straßenreinigung.

Gas und Elektrizität.

Kanalisation, Städtische Güter, Wasser, Zentrale Buch.

Gewerbe, Arbeitsnachweis, Ratswagen, Marktwesen und Fleisch=überwachung (Vieh= und Schlachthof, Fleischbeschau, Vieh=seuchen, Fleischvernichtung).

Offene Armenpflege.

Arbeitshaus, Obdach, Waisenpflege, Blindenpflege, Wohnungs=amt, Arbeiterkolonie, Hospitäler, Altersversorgungsanstalten.

Stiftungsdeputation, Pfandbriefamt, Sparkasse, Gesindebeloh=nung, Gemeinnützige Vereine, Versicherungswesen: Ver=sicherungsamt, Landesversicherungsamt, Betriebskrankenkasse, Feuersozietät.

Gesundheitspflege, Krankenanstalten, Rettungswesen, Bestattung, Friedhofskrematorium, Desinfektion, Untersuchungsamt, Heimstätten.

Städtische Anstalten für Irre, Idioten, Epileptische, Beiratsstelle für entlassene Geisteskranke.

Militärverwaltung, Polizeiverwaltung, Gewerbe=, Kaufmanns=gericht, Stadtausschuß, Schiedsmänner, Standesämter.

———

Berliner Gemeinderecht

Herausgegeben

vom

Magistrat

Zweite, ergänzte Auflage

Zehnter Band

Gaswerke und Elektrizitätsangelegenheiten

Springer-Verlag Berlin Heidelberg GmbH

1913

Gaswerke und Elektrizitätsangelegenheiten

Herausgegeben

vom

Magistrat

Zweite, ergänzte Auflage

Springer-Verlag Berlin Heidelberg GmbH

1913

ISBN 978-3-662-23667-3   ISBN 978-3-662-25753-1 (eBook)
DOI 10.1007/978-3-662-25753-1

Softcover reprint of the hardcover 2nd edition 1913

Das Berliner Gemeinderecht, eine Sammlung aller für die Berliner Gemeindeverwaltung wichtigen Bestimmungen zum Gebrauch der Bürger und der Behörden, ist in erster Auflage in den Jahren 1902 bis 1909 erschienen. Die erste Auflage ist aber nie vollständig geworden, zum großen Teil jedoch, infolge der raschen Entwicklung der städtischen Verwaltung, schon wieder veraltet. Es ist deswegen eine Neuauflage erforderlich geworden, die auch die bisher nicht berücksichtigten Teile des Verwaltungsrechts der Stadt Berlin umfassen soll. Der Umfang des Werkes wird infolgedessen trotz Weglassung entbehrlicher Bestandteile der ersten Auflage erheblich zunehmen, und darum ist auch eine Neueinteilung notwendig gewesen. Die Numerierung der Bände erfolgt nach sachlichen Grundsätzen. Wie bei der ersten Auflage werden auch diesmal einzelne Sondergesetze und andere Bestimmungen mit abgedruckt, deren Inhalt sich nicht auf Berlin beschränkt. Es geschah dies um das Werk für den praktischen Gebrauch geeigneter zu machen, zumal diese Bestimmungen nicht jedermann leicht zugänglich sind.

Dem vorliegenden Bande, welcher das Material der Gaswerke und der Elektrizitätsangelegenheiten enthält, wird der bereits im Druck befindliche Band der Schuldeputation folgen. Demnächst werden in Kürze erscheinen das Beamtenrecht, das Recht der Steuerverwaltung, der Tiefbaudeputation und wohl auch das der Armendirektion.

Berlin im Juni 1913.

Im Auftrage

Wölbling,
Magistratsrat.

Inhaltsverzeichnis.

I. Abteilung.

Die Entstehung der städtischen Gaswerke und die Rechtsstreitig= keiten mit der Imperial-Continental-Gas-Association.

II. Abteilung.
Verträge der Stadtgemeinde mit der Imperial-Continental-Gas-Association.

III. Abteilung.
Der innere Ausbau der Verwaltung der städtischen Gaswerke.

IV. Abteilung.

**Gerichtliche Erkenntnisse betreffend die inneren Angelegen-
heiten der städtischen Gaswerke.**

V. Abteilung.

Elektrizitätsangelegenheiten.

Überblick über die geschichtliche Entwicklung.

Die öffentliche Beleuchtung der Straßen und Plätze Berlins, die der Verwaltung und Aufsicht des Königlichen Polizeipräsidiums unterstand, wurde bis zum Jahre 1826 durch Öllampen bewirkt. Vom 1. Januar 1826 ab übernahm eine englische Gasgesellschaft, die Imperial-Continental-Gas-Association, die Straßenbeleuchtung auf Grund eines unterm 21. April 1825 zwischen ihr und dem Ministerium des Innern, jedoch ohne Mitwirkung der Gemeindebehörden abgeschlossenen Vertrages auf die Dauer von 21 Jahren, also bis zum 1. Januar 1847. Nach dem Vertrage sollten alle innerhalb der Ringmauern befindlichen Straßen und Plätze mittels Gasflammen beleuchtet werden. Nur in den kleinen Gäßchen und den entfernteren unbedeutenderen Straßen durfte die Ölbeleuchtung beibehalten werden. Bei Ablauf des Vertrages konnte dieser erneuert oder verändert werden; es sollte der Stadt aber alsdann auch freistehen, jedes andere beliebige Beleuchtungssystem anzunehmen. Für diesen Fall hatte sich die Imperial-Continental-Gas-Association nur den ferneren Gebrauch ihres Eigentums und das Recht vorbehalten, Private auf deren Wunsch noch weiter mit Gas zu versehen. Am 19. September 1826 brannte das erste Gaslicht Unter den Linden bis zur Schloßbrücke. Am 1. Januar 1827 wurden die Bedingungen wegen Überlassung von Gas zum Privatgebrauch von der Gesellschaft bekannt gemacht. Im Jahre 1829 war die Einrichtung zur Beleuchtung der vertragsmäßig bestimmten Straßen und Plätze mittels Gaslichts vollendet.

Schon lange vor Ablauf des Vertrages war das Königliche Polizeipräsidium bestrebt, eine Verbesserung der Straßenbeleuchtung durch größere Ausdehnnng des Gaslichts zu erzielen. Seine Bemühungen scheiterten jedoch an dem Widerstande der Gesellschaft. Auch die von der Stadt geführten langwierigen Verhandlungen wegen Übernahme der Anlagen der Gesellschaft oder Abschluß eines neuen Vertrages führten zu keinem die städtischen Interessen befriedigenden Ergebnis, so daß die Gemeindebehörden die Errichtung eigener Gasanstalten und die Übernahme der Straßenbeleuchtung vom 1. Januar 1847 ab für Rechnung der Stadt beschlossen. Durch die Kabinettsordre vom 25. August 1844 wurde der Stadt die erbetene Besorgung der öffentlichen Beleuchtung mit Gas vom 1. Januar 1847 ab überlassen und ihr zugleich auf die Dauer von 50 Jahren das ausschließliche Recht der Gasabgabe an Privatpersonen erteilt unbeschadet des Rechts*), das in dieser Beziehung der Imperial-Continental-Gas-Association nach dem Vertrage vom 21. April 1825 auch noch ferner zustand.

1845 wurde mit dem Bau der ersten Gaswerke am Stralauer Platz und in der Gitschiner Straße begonnen; der Betrieb konnte am 1. Januar 1847 eröffnet werden. Die fortschreitende Bebauung der Stadt und die Einverleibung einiger Vororte machte neben der Erweiterung dieser Anstalten die Errichtung neuer Gaswerke notwendig. So wurde die Gasanstalt in der Müllerstraße 1859, die in der Danziger Straße 1873, die in Schmargendorf-Wilmersdorf 1893 und die Anstalt in Tegel 1905 in Betrieb genommen. Zur Errichtung eines weiteren Gaswerks an der Oberspree ist 1901 ein Teil der Wuhlheide erworben worden.

Zur Verwaltung der städtischen Gaswerke wurde anfangs eine Deputation für die Beleuchtungsangelegenheiten eingesetzt. Nach Errichtung der beiden Gaswerke am Stralauer Platz und in der Gitschiner Straße und nach deren dreijährigem Betriebe wurde 1850 die Deputation aufgelöst und an ihrer Stelle ein Kuratorium für das städtische Erleuchtungswesen ernannt. 1894 wurde das Kuratorium wieder in die noch jetzt bestehende Deputation der städtischen

Gaswerke umgewandelt. (Gemeindebeschluß vom $\frac{2.\quad 7.}{11.\ 10.}$ 1894,

Gemeindeblatt Seite 449.)

---

*) Über den Umfang dieses Rechts sind Streitigkeiten mit der Imperial-Continental Gas-Association entstanden. Die in dieser Beziehung ergangenen gerichtlichen Erkenntnisse sind in der ersten Ausgabe des Gemeinderechts Band 4 Abteilung I wörtlich abgedruckt, im folgenden aber nur ihrem Inhalt nach wiedergegeben.

Das Versorgungsgebiet der städtischen Gaswerke erstreckt sich auf die Vororte Ahrensfelde, Alt-Glienicke, Basdorf, Blankenburg, Blankenfelde, Blumberg, Bohnsdorf, Buch, Falkenberg, Gosen, Karow, Klosterfelde, Liebenwalde, Malchow, Mühlenbeck, Neuzittau, Niederlehme, Pankow, Plötzensee, Reinickendorf, Rummelsburg, Schildow, Schmöckwitz, Schönerlinde, Schönwalde, Stralau, Treptow, Wandlitz, Wartenberg, Wernsdorf und Zepernick.

Die Entstehung der städtischen Gaswerke und die Rechtsstreitigkeiten mit der Imperial-Continental-Gas-Association.

Vertrag des Ministers des Innern und der Polizei mit der Imperial-Continental-Gas-Association vom 21. April 1825.

Die in England unter der Bennenung Imperial-Continental-Gas-Association mit einem Fonds von zwei Millionen Pfund Sterling zusammengetretene Gesellschaft hat an das Königliche Ministerium des Innern und der Polizei durch ihren Präsidenten, den Königlichen Großbritannischen Generalmajor Sir W. Congreve, Anträge wegen Einführung der Gasbeleuchtung in den Straßen Berlins gelangen lassen. In Erwägung der vielen Vorteile, welche die angerühmten Vorzüge dieser Erleuchtungsart erwarten lassen, und da der diesfälligen Versicherung der Gesellschaft volles Vertrauen geschenkt worden, haben nähere Erörterungen hierüber sowie wegen der gegenseitig zuzugestehenden Bedingungen stattgefunden. Diese haben zuvörderst die vorläufige Feststellung der Hauptgrundlagen zu einem desfalls zu treffenden Abkommen zur Folge gehabt. Nachdem Sr. Majestät dem Könige hierüber alleruntertänigster Bericht erstattet und von Allerhöchstdemselben die Anstellung eines Beleuchtungsversuchs Unter den Linden vom Brandenburger Tore an bis mit Einschluß der Schloßbrücke auf Kosten der Unternehmer genehmigt, nicht weniger das Ministerium des Innern und der Polizei zur Fortsetzung weiterer Unterhandlungen ermächtigt worden, und hierzu Bevollmächtigte erwähnter Kompagnie hier eingetroffen sind, so haben mit denselben namentlich),

Herrn Generalmajor Sir W. Congreve, Brt. M. P. F. R. S., vorsitzenden Präsidenten der Gesellschaft, Herrn Ingenieur Obersten Georg Landmann und Herrn J. F. Daniell, Esq. F. R. S., letztere beiden Direktoren der Kompagnie, fernere Verhandlungen stattgehabt, in deren Verfolg nachstehender Vertrag, gemäß der Allerhöchsten Genehmigung Sr. Majestät des Königs, hiermit abgeschlossen wird.

§ 1.

Die Imperial-Continental-Gas-Association übernimmt die Straßenerleuchtung Berlins mit Gaslicht vom 1. Januar 1826 an auf einen ununterbrochenen Zeitraum von (21) einundzwanzig Jahren, mithin bis zum 1. Januar 1847 unter den nachstehend übereingekommenen Bedingungen:

§ 2.

Es verpflichtet sich dieselbe, die hierzu erforderlichen Einrichtungen in jeder Beziehung nach den vollkommensten und am meisten erprobten Methoden zu treffen und ein viel besseres und helleres Licht zu gewähren, als solches durch die gegenwärtige Art der Erleuchtung mit Öl bewirkt wird.

§ 3.

Sämtliche hierzu erforderlichen Anlagen und Einrichtungen führt sie auf ihre alleinigen Kosten aus und hat daher auch die zu dem Etablissement erforderlichen Plätze durch Ankauf sich zu beschaffen. Bei der Wahl derselben sowie bei der Einrichtung der zur Gasbereitung erforderlichen Gebäude, Anlagen und Vorrichtungen ist jedoch die Genehmigung der Polizeibehörde erforderlich.

§ 4.

Die Kompagnie verspricht einen preußischen Untertan als ihren Hauptagenten hier anzustellen und denselben mit Vollmacht, auch von Zeit zu Zeit mit solchen Instruktionen zu versehen, daß derselbe sich in den Stand gesetzt sehe, sich verbindlich für sie in allen das Beleuchtungsgeschäft betreffenden Gegenständen, wegen welcher eine unverzügliche Bestimmung erforderlich ist, zu erklären. Sie wird denselben dem Ministerium des Innern und der Polizei namhaft machen.

§ 5.

Die zu erkaufenden Grundstücke werden auf den Namen dieses Agenten eingetragen, und wird derselbe in allen Beziehungen als Eigentümer derselben betrachtet und behandelt. Die Gesellschaft

behält sich jedoch die Befugnis vor, diese Vollmacht und mit der=
selben auch das Eigentum an den Plätzen auf einen anderen preu=
ßischen Untertan zu übertragen, wenn sie Ursache haben dürfte,
einen anderen Agenten zu wählen.

§ 6.

Behufs der Ausführung der Gaserleuchtung erhält die Gesell=
schaft das Recht, von den Räumen ab, wo das Gas bereitet oder auf=
gesammelt wird, Leitungsröhren in die Stadt durch die Straßen
und auf den Plätzen zu führen. Sie muß sich aber hierbei nach den
ihr zu erteilenden Anordnungen der baupolizeilichen Behörde genau
richten, auch das bei der Legung, Veränderung oder Ausbesserung
der Haupt= und Nebenleitungsröhren aufzureißende Pflaster durch
die für dieses Geschäft bestimmten Arbeiter in guten Stand wieder
herstellen lassen.

§ 7.

Die von der Gesellschaft zu übernehmende Straßenerleuchtung
erstreckt sich auf alle Straßen, Gassen und Plätze innerhalb der Ring=
mauern, deren Erleuchtung bisher von dem Polizei=Präsidium besorgt
worden ist, und wozu 2825 Stück Laternen in wirklichem Gebrauch
gewesen sind.

§ 8.

Es ist jedoch nicht die Absicht, das Gaslicht auch zur Beleuchtung
der kleinen Gäßchen und der entfernten unbedeutenden Straßen,
wohin die Röhrenführung einen unverhältnismäßigen Aufwand
verursachen möchte, zur Bedingung zu machen. Man ist daher dahin
übereingekommen, daß die Gasbeleuchtung sich nur auf die sämtlichen
Straßen und Plätze zu erstrecken habe, welche in dem diesem Ver=
trage angeschlossenen Situationsplane bezeichnet worden sind, und
worüber ein vollständiges namentliches Verzeichnis noch aufgesetzt
und beigefügt werden soll.

§ 9.

Da die Ausführung der zur Gasbereitung und Führung des
erzeugten Gases in die verschiedenen Teile der Stadt erforderlichen
Anlagen geraume Zeit erfordern, auch die hierzu nötigen Materialien
und Gerätschaften nur erst nach und nach herbeigeschafft werden
können, so macht sich die Kompagnie nur anheischig, die Gasbeleuch=
tung innerhalb eines dreijährigen Zeitraumes, mithin bis zum Schlusse

des Jahres 1828 herzustellen. Hierbei wird sie die von der zu bestellenden Inspektion sukzessiv anzugebenden Richtungen befolgen. Es ist deshalb für jetzt übereingekommen worden, daß sie solche zuvörderst Unter den Linden, und zwar vom Brandenburger Tore ab bis und mit der neuen Schloßbrücke, einzurichten habe, und verspricht sie, diesen Teil längstens binnen neun Monaten, vom 1. Januar 1826 an gerechnet, vollständig auszuführen.

§ 10.

Bis dahin, daß die Gaserleuchtung in den dazu bestimmten Stadtteilen, Straßen und auf den Plätzen nach und nach zur Ausführung gebracht worden sein wird, läßt die Kompagnie an den Stellen, wohin die Erleuchtung mit Gas noch nicht gelangt ist, die vorhandenen Laternen in eben der Art und mit gleicher Güte durch Öl erleuchten, als solches gegenwärtig geschieht. Die wegen Öllieferung oder für andere Gegenstände jetzt bestehenden Kontrakte gehen auf die Gesellschaft über.

§ 11.

Eben dieses findet bei den Laternen in den kleinen Gäßchen und entfernten und unbedeutenden Straßen statt, worauf sich die Gaserleuchtung dem Übereinkommen zufolge nicht zu erstrecken braucht.

Für diejenigen Lampen, welche nach dem hierüber zu treffenden Abkommen auch noch vom Jahre 1829 ab fortdauernd mit Öl erleuchtet werden sollen, wird die Vergütung alle drei Jahre nach der Veränderung des Ölpreises in der Art reguliert, daß hierbei der Unterschied gegen den Proportionalteil des § 26 festgestellten fixen Preises in Beziehung auf das Erleuchtungsmaterial in Zu- und Abrechnung zu stellen ist. Die erste diesfällige Preisregulierung findet daher am 1. Januar 1829 statt.

§ 12.

Der Kompagnie werden sämtliche gegenwärtig zur Straßenerleuchtung gebrauchte Laternen, Gaslampen, Ölbehälter, Träger und was dazu gehörig nach einem hierüber aufzunehmenden vollständigen Inventarium zum Gebrauch während der Kontraktzeit überlassen. Sie muß alle diese Gegenstände auf ihre Kosten in gutem Zustande unterhalten und nach Beendigung des Vertrages in gleich guter Erhaltung und Zustande vollständig zurückliefern.

§ 13.

Die Zeitdauer der Erleuchtung während des Zeitraumes eines jeden Jahres ist auf dreizehnhundert Stunden festgesetzt worden. Die Verteilung dieser Anzahl Stunden nach den einzelnen Monaten und Tagen hängt lediglich von der Bestimmung der Polizeibehörde ab, und wird die Gesellschaft sich genau nach der ihr hierüber zuzustellenden Anordnung richten.

§ 14.

Insofern der im § 2 angedeutete Hauptzweck zur Erlangung einer besseren als der gegenwärtigen Straßenerleuchtung dadurch nicht beeinträchtigt wird, steht der Kompagnie frei, unter Genehmigung des Erleuchtungs-Inspektors die gegenwärtige Anzahl der Lampen zu vermindern, auch den Gaslampen eine andere Stelle zu geben, als die jetzigen Öllampen haben.

§ 15.

Unter den Linden und auf dem Platz vor dem Königlichen Palais wird die Kompagnie ganz neue zierlich eingerichtete Lampen auf Säulen von Gußeisen errichten.

§ 16.

In den übrigen Teilen der Stadt kann sie jedoch die gegenwärtigen Lampen und Laternenträger hierzu so einrichten lassen, wie es am besten für die Gasbeleuchtung paßt.

§ 17.

Die Kompagnie verpflichtet sich, alle Nächte das ganze Jahr hindurch die Theater, Kaffeehäuser, Läden und Privatwohnungen, sowohl außerhalb als in den inneren Räumen mit Gaslicht für billige Bedingungen in allen den Straßen zu erleuchten, durch welche die Röhren werden geführt werden. Es versteht sich dabei, daß die Bedingungen durch besonderes Abkommen mit den betreffenden Interessenten festzusetzen sein werden, und daß die Kontraktpreise für die öffentliche Erleuchtung dabei nicht zur verpflichtenden Richtschnur dienen können.

§ 18.

In allen Gegenständen, die Erleuchtung betreffend, wird die Continental-Gaskompagnie als unter den besonderen Schutz der

preußischen Regierung und der Preußischen Gesetze gestellt be=
trachtet und die Sicherheit ihres Eigentums sowie die Unter=
stützung bei allen rechtmäßigen Ansprüchen, welche sie an den
Staat oder dessen Untertanen haben könnte, versprochen.

§ 19.

Das Eigentum der Gesellschaft soll daher auch unter jeden
möglichen Verhältnissen und in allen Beziehungen als das der
preußischen Untertanen angesehen und behandelt werden.

§ 20.

Sollte es zum baldigen und wirksamen Beginnen der Gas=
errichtung in Berlin unbedingt notwendig sein, aus England ge=
wisse Gegenstände des Apparats kommen zu lassen, so bedingt
sich die Gesellschaft die Verstattung der abgabenfreien Einbringung
eines Gasbehälters mit den dazu gehörigen Retorten, Reinigungs=
und Kondensationsgefäßen nebst den für den Anfang unter den
Linden nötigen Röhren, Säulen, Lampen und Laternen. Sie
verspricht aber, sich es sehr angelegen sein zu lassen, diese Notwendig=
keit zu vermeiden, sobald sie nur imstande sein dürfte, ohne Verzug
einen Kontrakt für die Anfertigung dieser Gegenstände im Lande
abzuschließen.

§ 21.

Zu allen in der Folge weiter erforderlichen Materialien, so=
wohl zu den Anlagen und Einrichtungen als dem fortdauernden
Bedarf zur Gasbereitung sollen lediglich preußische Landesprodukte
angewendet werden, es müßte denn sein, daß dieselben mit Ein=
schluß der Abgaben für einen geringeren Preis aus dem Ausland
könnten bezogen werden. Um aber inländische Materialien hierzu
anwenden zu können, soll der Kompagnie alle mögliche Erleichterung
gewährt werden, damit dieselbe Kohlen, Eisenwaren usw. aus
Schlesien, oder andren preußischen Provinzen durch Verschiffung
oder durch andere Transportmittel hier auf den Platz zu schaffen
sich imstande sehe, und daß ihr dabei nicht andere oder mehrere Ab=
gaben werden auferlegt werden, als welche andere Manufakturwaren
zu bezahlen haben.

§ 22.

Die Gesellschaft soll bei Strafe verpflichtet sein, diesen Kontrakt
zu erfüllen (Verhinderungen durch Krieg, Aufruhr oder Natur=

ereignisse und unabwendbare Ursachen herbeigeführt, ausgenommen), und ebenso soll sie verbunden sein, ihre Werke in einer solchen Art einzurichten, damit alle Beschädigungen, Unbequemlichkeiten oder Gefahren für das Publikum vermieden werden. Sollten sich in irgend einer Beziehung die Anstalten und Anlagen der Kompagnie als fehlerhaft oder gefahrvoll in der Ausführung zeigen, so ist die Gesellschaft verpflichtet, den ihr wegen der diesfälligen notwendigen Abänderungen und zu treffenden Einrichtungen deshalb von der Polizeibehörde zu erteilenden Vorschriften nachzukommen, auch wegen der für veranlaßten Schaden nach den Gesetzen zu leistenden Entschädigungen gerecht zu werden. Wenn sie diesen Anordnungen nachzukommen vernachlässigen sollte, so verfällt sie in Strafe. Wegen Festsetzung dieser Strafe sowohl als in den Fällen, wo es einer weiteren Entscheidung über die zu treffenden Einrichtungen bedürfen möchte, soll schiedsrichterliche Bestimmung eintreten, und hierzu eine sachverständige Person von der Polizeibehörde und eine solche von der Gesellschaft, der dritte Sachverständige aber auf wechselseitige Übereinkunft ernannt werden.

§ 23.

Die Kompagnie wird die Ausführung dieses Unternehmens nur erfahrenen und zuverlässigen Personen übertragen, und sie wird dieselben der Regierung namhaft machen.

§ 24.

Es soll eine Kommission niedergesetzt werden, aus dem Erleuchtungs-Inspektor, einem oder zwei Polizei-Offizianten oder sonstigen von der Regierung hierzu zu bestimmenden Personen und dem Agenten der Gesellschaft unter Zuziehung des Ingenieurs derselben bestehend, welche von den Plänen des Ingenieurs der Kompagnie vor deren Ausführung Kenntnis zu nehmen hat und ohne deren Einverständnis keine Anlagen zur Ausführung gebracht werden dürfen.

§ 25.

Wenn in Zukunft jetzt unbedeutende Gegenden mit Häusern besetzt oder neue Straßen eröffnet werden sollten, und die Erleuchtung derselben durch die Kompagnie gewünscht wird, so hat sie solche für eine nach der Anzahl der hierzu erforderlichen Gas- oder Öllampen zu berechnende verhältnismäßige Bezahlung zu

übernehmen. Eben dieses findet statt, wenn die Brennzeit über
die Dauer von 1300 Stunden jährlich sollte verlängert werden
müssen.

§ 26.

Für die nach obigen Bestimmungen zu bewirkende Straßenerleuchtung, alle und jede Kosten der ersten Einrichtung, Unterhaltung, Materialien und Bedienung usw. eingeschlossen, als welche
die Gesellschaft allein aus ihren Mitteln zu bestreiten hat, erhält nun
die Kompagnie einen, durch Übereinkunft für die ganze Kontraktzeit
festgesetzten fixen Preis von jährlich:

Einunddreißigtausend Talern

Preußisch-Kurant, welche an dieselbe aus einer öffentlichen Kasse in
vierteljährlichen Teilzahlungen gegen Quittung ihres zur Erhebung
ausdrücklich zu bevollmächtigenden Agenten berichtigt werden
sollen.

§ 27.

Hiernächst wird der Gesellschaft die ausschließliche Befugnis
zugestanden, während der Kontraktzeit Privatpersonen oder öffentliche Gebäude gegen billige Bedingungen aus ihren Apparaten
durch die Zuleitungsröhren mit Gaslicht zu versehen. Es soll daher
auch niemand anderen die Erlaubnis, Röhren zur Fortleitung des
Gases durch die Straßen und öffentlichen Plätze zur Versorgung von
Privatpersonen oder öffentlichen Gebäuden mit Gaslicht einlegen
zu dürfen, erteilt werden. Es ist jedoch dadurch die Freiheit eines
jeden, zum eigenen Gebrauch einen Gasbereitungs-Apparat unter
Beobachtung der polizeilichen Vorschriften bei sich aufzustellen und zu
benutzen, nicht beschränkt, sowie denn auch jede andere Art der Versorgung mit Gaslicht, als vermittels Zuleitungsröhren durch Straßen
geführt, durch dieses Privilegium nicht ausgeschlossen ist, und daher
auch z. B. die Austeilung tragbarer Gasbehälter dadurch nicht verhindert werden kann. Indessen wird auch die Gesellschaft zu jeder
Zeit bereit sein, auf Verlangen Privat-Gasapparate sowohl für Öl-,
Kohlen- als anderes Gas auf gute und billige Bedingungen einzurichten, wozu dieselbe hiermit zugleich Ermächtigung erhält.

§ 28.

Wenn die Kontraktzeit zu Ende ist, so soll die Kompagnie
verbunden sein, entweder diesen Vertrag mit der Stadt auf die

gegenwärtigen Grundlagen zu erneuern oder auch nach anderen durch Vereinigung festzustellenden Grundsätzen, wenn die Behörde solches verlangt, abzuschließen. Es steht indes der Stadt alsdann auch frei, jedes andere beliebige System der Erleuchtung anzunehmen, welchenfalls die Röhrenlagen der Kompagnie die Führung anderer Röhrenleitungen nicht verhindern sollen. Nur behält sich die Gesellschaft sodann den ferneren Gebrauch ihres Eigentums, und daß sie diejenigen Personen, welche dieses wünschen sollten, noch weiter mit Gas versehen möge, vor.

§ 29.

Der Kompagnie soll verstattet sein, die verschiedenen Produkte, welche bei der Gasbereitung gewonnen werden, in Berlin oder sonst im Lande zu verkaufen, ohne dafür andere Abgaben oder sonstige Leistungen, es sei nun in ihrer Eigenschaft als Korporation oder als eine einzelne Person, zu entrichten zu haben, als welche entweder einzelne preußische Untertanen oder eine aus solchen zusammengetretene Gesellschaft zu bezahlen haben würde.

§ 30.

In Betracht der großen Kosten, welche die Kompagnie auf dieses Unternehmen verwendet, wird derselben vom Ministerium des Innern und der Polizei Empfehlung an die übrigen größeren Städte der Monarchie in der Art zugesichert, daß ihr hierbei ein Vorzug für alle anderen ähnlichen Erleuchtungsvorschläge und Anträge gewährt werde.

§ 31.

Die Kompagnie wird jede ausführbare Verbesserung in der wohlfeilern Bereitung des Gases gern annehmen und den Gewinn mit der Stadt durch Vergrößerung der Lichtquantität teilen, dagegen seitens der Regierung während der Kontraktzeit kein Patent oder ausschließliches Recht zur Gasbereitung in Beziehung auf die Städte, deren Erleuchtung die Kompagnie übernehmen sollte, erteilt werden wird.

Berlin, den einundzwanzigsten April 1825.

Der Minister des Innern und der Polizei.

(L. S.) gez. von Schuchmann.

Für die Imperial-Continental-Gas-Association.

William Congreve. Geo Landmann. J. F. Daniell.

Allerhöchster Befehl vom 25. August 1844, betreffend die Verleihung des Privilegiums der Gasfabrikation an die Stadtgemeinde Berlin auf 50 Jahre.

Nachdem die durch meine Order vom 11. Juli v. Js. vorbehaltene nähere Prüfung des von dem Magistrat zu Berlin wegen Übernahme der städtischen Gasbeleuchtung entworfenen Planes erfolgt ist, ermächtige Ich Sie nunmehr auf Ihren Bericht vom 16. d. M., der städtischen Kommune zu Berlin deren Antrage gemäß:

1. Die Besorgung der öffentlichen Beleuchtung der Stadt mit Gas vom 1. Januar 1847 ab, wo die Dauer der dieserhalb mit der Imperial-Continental-Gas-Association unter dem 21. April 1825 geschlossenen Kontrakts abläuft, zu überlassen.

2. Derselben zu gestatten, zur Beschaffung des erforderlichen Kapitals für die zu diesem Zwecke nötigen Anlagen neue 3½ Proz. Zinsen tragende, auf jeden Inhaber lautende, von demselben aber nicht zu kündigende Stadt-Obligationen zum Betrage von anderthalb Millionen Taler Kurant auszufertigen und solche unter der Verpflichtung auszugeben, daß vom Jahre 1852 ab jährlich ein Prozent des Schuldkapitals und die ersparten Zinsen der amortisierten Obligationen zur Tilgung verwendet werden.

3. Derselben zugleich das ausschließliche Recht zuzusichern, vom 1. Januar 1847 ab bis zu dem Zeitpunkte, wo die Amortisation der unter Nr. 2 gedachten Stadt-Obligationen vollendet sein wird, höchstens aber bis auf fünfzig Jahre Privatpersonen und öffentliche Gebäude aus den durch die Straßen geführten Leitungsröhren mit Gas zu versorgen, vorbehaltlich sowohl des Rechts, welches in dieser Beziehung der Imperial-Continental-Gas-Association nach dem Kontrakte vom 21. April 1825 auch noch ferner zusteht, als der jedem Einwohner freistehenden Befugnis, sich zum eigenen Bedarfe Gas zu bereiten, oder sich seine Beleuchtung auf jede beliebige andere Weise, namentlich auch durch tragbares Gas zu verschaffen.

Die übrigen Anträge des Magistrats, daß ihm der Eingangszoll für die zur Gasbereitung erforderlichen englischen Steinkohlen erlassen, den auszufertigenden neuen Stadt=Obligationen die Stempelfreiheit gewährt, auch denselben sowie den älteren Stadt=Obligationen die Eigenschaft depositalmäßig sicherer Papiere beigelegt werde, kann ich nicht bewilligen.

Auch muß ich die nach dem obigen den städtischen Behörden zu erteilenden Zusagen an die ausdrückliche Bedingung knüpfen, daß durch den Übergang des Beleuchtungsgeschäfts von der Imperial=Continental=Gas=Association auf die städtische Kommune in denjenigen Rechten und Befugnissen, welche dem Polizei=Präsidium hinsichtlich der Verwaltung, Einrichtung und Beaufsichtigung des hiesigen Straßen=Erleuchtungswesens zustehen und bisher von ihm ausgeübt sind, nichts wesentliches geändert werde, vielmehr die von der Stadt mit der Ausführung der Beleuchtung beauftragten Personen verpflichtet sein sollen, völlig ebenso, wie es noch jetzt hinsichtlich der Imperial=Continental=Gas=Association der Fall ist, den aus polizeilichen Gründen für notwendig erachteten Anordnungen des gedachten Präsidiums Folge überall zu leisten. Ich überlasse Ihnen hiernach, das weiter Erforderliche an den Berliner Magistrat zu verfügen und zu seiner Zeit den Entwurf einer durch die Gesetzsammlung zu publizierenden Order in Ansehung der auf jeden Inhaber auszufertigenden neuen Stadt=Obligationen zu Meiner Vollziehung vorzulegen.

Danzig, den 25. August 1844.

gez. Friedrich Wilhelm.

An
die Staatsminister
Graf von Arnim
und Flottwell.

Bericht des Magistrats vom 10. Dezember 1844 über die Beleuchtung der öffentlichen Straßen usw. seit 1827 und die Erbauung eigener Gaswerke *).

Ministerial-Erlaß vom 27. März 1846. Der Vertrag vom 21. April 1825 gewährt der Imperial-Continental-Gas-Association nicht die unbeschränkte Befugnis, in den Straßen Berlins neue Gasleitungs= röhren zu legen. In den Straßen aber, wo die Imperial-Continental= Gas-Association bis zur Übernahme der öffentlichen Beleuchtung durch die Stadtgemeinde Berlin Röhrenzüge hatte, soll sie einen zweiten Röhrenstrang und statt enger Röhren weitere verlegen dürfen.

Des Königs Majestät haben auf das von Ew. Wohlgeboren unterm 31. Oktober v. Js. bei Allerhöchstdemselben eingereichte Gesuch um ungehinderte Gestattung fernerer Röhrenlegung in den Straßen Berlins zum Zwecke der Gaserleuchtung von dem Mi= nisterium des Innern Bericht erfordert und nachdem solcher in= folge genauer Erörterung des Sachverhältnisses erstattet worden, befohlen, Sie von den Anordnungen in Kenntnis zu setzen, welche aus Veranlassung Ihrer Anträge wegen fernerer Legung von Gasleitungsröhren in den hiesigen Straßen diesseits getroffen worden sind und Ihnen, soweit Ihre Beschwerden dadurch nicht erledigt sein sollten, die Verfolgung Ihrer vermeintlich verletzten vertragsmäßigen Rechte im gewöhnlichen Prozeßwege zu über= lassen. Indem das Ministerium Ihnen dies eröffnet, glaubt dasselbe Ihnen zuvörderst bemerklich machen zu müssen, daß die von Ihnen aus dem Vertrage vom 21. April 1825 hergeleitete völlig unbe= schränkte Befugnis, in den Straßen Berlins neue Gasleitungsröhren zu legen, als begründet nicht angenommen und dabei die dem vertragsmäßigen Vorbehalt der baupolizeilichen Erlaubnis von Ihnen gegebene Deutung, als beziehe solche lediglich sich auf die Verhütung gemeiner Gefahr, nicht als richtig anerkannt werden kann. Bei der vorbehaltenen baupolizeilichen Erlaubnis ist vielmehr nicht allein die mit jeder Vermehrung der Leitungsröhren verbundene Verviel= fältigung der Hemmungen des Straßenverkehrs, sondern auch die Vorsorge für andere nützliche öffentliche Anlagen zu berücksichtigen, zu dem namentlich die in § 28 des Vertrages vom 21. April 1825 ge= dachten, für die künftige Straßenerleuchtung bestimmten Röhren= leitungen gehören.

Was nun die einzelnen Anträge wegen der Einlegung neuer
Gasröhren betrifft, so hat das Ministerium die Versagung der
Erlaubnis zur Röhrenlegung in den Straßen, wo die Gas-Association
bisher die öffentliche Erleuchtung nicht besorgt und keine Röhrenzüge hat, abgesehen davon, daß jedenfalls vorher über die Bedingungen eine Vereinbarung nach den bisher befolgten Grundsätzen
zu treffen gewesen sein würde, umsomehr bestätigen müssen,
als ein Recht hierzu aus dem Kontrakte vom 21. April 1825 nicht
anerkannt werden kann, überdies aber das Polizei-Präsidium bei
der vielleicht infolge zu bedeutender Vermehrung der Privat-Gas-
lichte jetzt zur allgemeinen Unzufriedenheit sehr mangelhaften öffentlichen Gaserleuchtung nicht mit Unrecht befürchtet, daß dieselbe durch
jede Erweiterung ihres Umfanges noch erheblich verschlechtert
werden und auf diese Weise nur daraus Nachteil erwachsen dürfte.

Dagegen hat das Polizei-Präsidium die Anweisung erhalten,
jedoch immer unter Wahrnehmung der baupolizeilichen Rücksichten,
in dem eben bezeichneten Sinne zu gestatten, daß in denjenigen
Straßen, wo die Gas-Kompagnie nur einen Röhrenstrang hat,
noch ein zweiter eingelegt werde, was namentlich in der Alexanderstraße von der Holzmarktstraße bis zum Alexanderplatze und auf
dem Gensdarmenmarkte zwischen der Markgrafenstraße und Char-
lottenstraße geschehen kann. Außerdem soll das Polizei-Präsidium,
da in den Straßen, wo bereits zwei Röhrenzüge vorhanden sind,
das Einlegen neuer Röhren in der Regel versagt bleiben muß, nach-
lassen, daß statt der vorhandenen zu engen Röhren, welche die Zuführung hinreichenden Gases in entferntere Stadtteile verhindern,
weitere Röhren eingelegt und so diese mit den jetzt liegenden ver-
tauscht werden. Dabei ist jedoch das Polizei-Präsidium ermächtigt
worden, nötigenfalls behufs der Zuleitung des Gases in entferntere
Stadtteile ausnahmsweise die Einlegung eines dritten Röhrenzuges
unter der Bedingung zu gestatten, daß solcher unter einem der schon
vorhandenen Züge angebracht werde, und die Gesellschaft sich verpflichte, die etwa später im Interesse anderer öffentlichen Anlagen
sich als notwendig ergebenden Veränderungen unweigerlich zu bewirken. Endlich wird das Polizei-Präsidium infolge der ihm deshalb
gemachten Eröffnung, den Anträgen der Kompagnie wegen neuer
Querverbindungen zur gleichmäßigeren Verteilung des Gases,
sofern es sich nicht um Legung eigentlicher Parallelröhren zu bereits
doppelt vorhandenen Röhrenzügen handelt, ebenfalls unter dem

auf § 28 des Vertrages sich gründenden Vorbehalte willfahren, daß diese Verbindungen für den Fall künftig notwendiger öffentlicher Anlagen in einer diese Anlage nicht hindernden Weise abzuändern sind. In der Voraussetzung, daß inzwischen Ew. Wohlgeboren die dementsprechenden Verfügungen des hiesigen Polizei-Präsidii zugegangen sein werden, macht das Ministerium Ihnen schließlich bemerklich, daß eine weitere Berücksichtigung Ihrer Anträge mit den Pflichten der Polizei-Verwaltung nicht vereinbar ist.

Berlin, den 27. März 1846.

Ministerium des Innern, II. Abteilung.
gez. von Manteuffel.

An die Bevollmächtigten
der Imperial-Continental-Gas-Association
Herrn Justiz-Kommiss. Licht und Herrn Drory
Wohlgeboren.

II. 2586.

Allerhöchster Befehl vom 17. April 1846, betreffend die Auslegung des Privilegs vom 25. August 1844.

An
die Staatsminister von Bodelschwingh und Flottwell.

Auf Ihren Bericht vom 23. v. M. über die vom Magistrate zu Berlin nachgesuchten näheren Erläuterungen des der Stadtgemeinde durch meinen Befehl vom 25. August 1844 bei Überlassung der Straßenerleuchtung durch Gaslicht vom 1. Januar 1847 ab verliehenen Privilegii, bestimme ich aus den von Ihnen vorgetragenen Gründen:

1. daß es hinsichtlich des der Stadt bewilligten ausschließlichen Rechts zur Versorgung von Privatpersonen und öffentlichen Gebäuden mit Leuchtgas aus den durch die Straßen geführten Leitungsröhren bei der unzweifelhaften Bestimmung meines gedachten Befehls lediglich sein Bewenden behält, der Antrag des Magistrats auf Ausdehnung dieses Rechts auf jede, auch mit Vermeidung der Straßen zu bewirkende Zuleitung von Leuchtgas daher zurückzuweisen ist, und

2. daß zwar der Stadtgemeinde bis zum 1. Januar 1850, wo ihre Einrichtungen zur Gaserleuchtung in der weitesten

Ausdehnung erst vollendet sein können, das durch ihr Pri=
vilegium begründete Untersagungsrecht gegen andere in den
Vorstädten ebenso wie innerhalb der Ringmauer zustehen,
dieselbe aber, wenn nach dem 1. Januar 1850 Privat=Unter=
nehmer sich zur Einrichtung der Gasbeleuchtung in einem
mit solcher noch nicht versehenen Stadtteile erbieten, ver=
bunden sein soll, bis zu einem, von den Ministern des Innern
und der Finanzen festzusetzenden Termine sich bestimmt zu
erklären, ob sie sich verpflichte, binnen einer angemessenen
Frist, welche in der Regel d r e i J a h r e nicht überschreiten
darf, die Gaserleuchtung auf jenen Stadtteil auszudehnen.
Geht bis zu dem festgesetzten Termine eine solche Erklärung
von seiten der Stadt nicht ein, so sollen die Minister des
Innern und der Finanzen ermächtigt sein, Privatpersonen zur
Befriedigung des öffentlichen und Privatbedürfnisses mit
Gaslicht in dem betreffenden Stadtteile zu konzessionieren,
wobei das Interesse der Stadt nur soweit berücksichtigt werden
darf, als solches mit dem öffentlichen Interesse vereinbar ist. —

Hiernach haben Sie nunmehr die der hiesigen Stadtgemeinde
verliehenen, mit Beschränkungen der Gewerbefreiheit verbundenen
Befugnisse hinsichtlich der Gaserleuchtung durch das Amtsblatt
der Regierung zu Potsdam zur öffentlichen Kenntnis zu bringen.

Berlin, den 17. April 1846.

gez. F r i e d r i c h W i l h e l m.

**Ministerial=Erlaß vom 30. April 1846, betreffend die Ausdehnung des
Rechts der Stadt Berlin zur Abgabe von Gas zur öffentlichen Be=
leuchtung und an Private.**

Auf Grund der Allerhöchsten Befehle vom 25. August 1844
und vom 17. April d. J. ist der Stadtgemeinde zu Berlin bei
Überlassung der Besorgung der öffentlichen Beleuchtung der Stadt
durch Gaslicht vom 1. Januar 1847 ab, wo der dieserhalb mit der
Imperial=Continental=Gas=Association vom 21. April 1825 ge=
schlossene Vertrag abläuft, zugleich von demselben Tage ab bis
zu dem Zeitpunkte, wo die Amortisation der neuen Stadtobligationen
im Betrage von 1 500 000 Thlr., welche behufs der Beschaffung
der Geldmittel für die einzurichtende Gasbeleuchtung nach dem

Allerhöchsten Privilegio vom 4. April 1845 ausgefertigt werden, vollendet sein wird, höchstens aber bis auf fünfzig Jahre das ausschließliche Recht:

> Privatpersonen und öffentliche Gebäude aus den durch die Straßen geführten Leitungsröhren mit Leuchtgas zu versorgen,

erteilt werden, vorbehaltlich jedoch des in dieser Beziehung nach dem gedachten Vertrage der Gas-Association auch noch ferner verbleibenden Rechts und der jedem Einwohner zustehenden Befugnis, sich zum eigenen Bedarf Gas zu bereiten oder sich seine Beleuchtung auf jede andere Weise, namentlich durch tragbares Gas, zu verschaffen.

Das aus diesem Privilegio folgende Untersagungsrecht gegen andere steht der Stadtgemeinde auch in Ansehung der Vorstädte ebenso wie innerhalb der Ringmauer, jedoch mit der Maßgabe zu, daß, wenn nach dem 1. Januar 1850, wo die städtischen Einrichtungen zur Gaserleuchtung in der weitesten Ausdehnung vollendet sein können, Privatunternehmer sich zur Herstellung der Gaserleuchtung in einem mit solcher noch nicht versehenen Stadtteile erbieten, alsdann die Stadtgemeinde verpflichtet ist, bis zu einem von den Ministern des Innern und der Finanzen festzusetzenden Termine sich bestimmt zu erklären, ob sie binnen einer angemessenen, in der Regel über drei Jahre hinaus nicht zu gewährenden Frist, die Gaserleuchtung auf jenen Stadtteil auszudehnen sich verbindlich machen will, indem für den Fall der Versagung oder des Ausbleibens dieser Erklärung bis zu dem gesetzten Termine die gedachten Minister ermächtigt sind, Privatpersonen zur Befriedigung des öffentlichen und Privatbedürfnisses mit Leuchtgas in dem betreffenden Stadtteile zu konzessionieren und dabei das Interesse der Stadt nur so weit berücksichtigen dürfen, als solches mit dem öffentlichen Interesse vereinbar ist.

Diese der Stadtgemeinde zu Berlin verliehenen, mit Beschränkungen der Gewerbefreiheit verbundenen Befugnisse werden hierdurch zur öffentlichen Kenntnis gebracht.

Berlin, den 30. April 1846.

Für den Minister des Innern
  im Allerhöchsten Auftrage
gez. v. Bodelschwingh.

Der Finanzminister
gez. Flottwell.

Der Minister für Handel usw. genehmigt der Imperial-Continental-Gas-Association gemäß § 18 der Gewerbeordnung die Ausdehnung ihres Geschäftsbetriebes:

a) am 3. Dezember 1852 auf die Etablissements vor dem Halleschen Tor und am Kreuzberge,

b) am 11. Mai 1853 auf die Erleuchtung von Alt- und Neu-Schöneberg,

c) am 19. November 1860 auf die Versorgung von Moritzhof und der benachbarten Etablissements südlich des alten Landwehrgrabens.

Unter den von dem Königlichen Polizei-Präsidium in dem Berichte vom 20. v. M. vorgetragenen Umständen will ich der hiesigen Imperial-Continental-Gas-Association zur Ausdehnung ihres Geschäftsbetriebes auf die Etablissements vor dem Halleschen Tore und am Kreuzberge nach dem bezeichneten Plane in Gemäßheit des § 18 der Gewerbeordnung meine Genehmigung erteilen.   pp.   pp.

Berlin, den 3. Dezember 1852.

Der Minister für Handel, Gewerbe und öffentliche Arbeiten.

gez. von der Heydt.

An das Königliche Polizei-Präsidium, hier.

III. 13 011.

IV. 16 204.

Auf den Bericht des Königlichen Polizei-Präsidiums vom 31. März d. J. will ich der hiesigen Imperial-Continental-Gas-Association zur Ausdehnung ihres Geschäftsbetriebes auf die Erleuchtung von Alt- und Neu-Schöneberg nach dem angegebenen Plane die nach § 18 der Gewerbeordnung vom 17. Januar 1845 erforderliche Genehmigung in Ermangelung eines auf den Zeitraum gewisser Jahre gerichteten Antrages, hierdurch widerruflich erteilen, wie dies nach Inhalt des abschriftlich anliegenden Zirkularreskripts vom 30. November 1846, wonach das Königliche Polizei-Präsidium in allen dergleichen Fällen sich zu achten hat, bei Erteilung einer derartigen Erlaubnis überall zu geschehen hat.   pp.   pp.

Berlin, den 11. Mai 1853.

Der Minister für Handel, Gewerbe und öffentliche Arbeiten.

gez. von der Heydt.

An das Königliche Polizei-Präsidium, hier.

IV. 4474. III. 5682.

Auf den Bericht vom 14. v. M. eröffnen wir dem Königlichen Polizei-Präsidium bei Rücksendung des Situationsplanes,
daß das der Stadt Berlin durch die Allerhöchsten Orders vom
25. August 1844 und vom 17. April 1846 verliehene ausschließliche Recht zur Versorgung der Privatpersonen und öffentlichen
Gebäude mit Gas aus den durch die Straßen geführten Leitungsröhren sich nach dem klaren Wortlaut dieser Allerhöchsten Bestimmungen n u r auf dasjenige Gebiet erstreckt, welches zur Zeit
der Verleihung dieses Privilegiums zu der Stadt und deren Weichbild gehörte und daher auf dasjenige Terrain, welches zufolge
der Allerhöchsten Order vom 28. Januar d. J., vom 1. Januar
k. J. ab in den städtischen Gemeindebezirk übergehen wird, nicht
ohne weiteres auszudehnen ist. Da demnach das der Stadt verliehene Privilegium nicht entgegensteht, der Imperial-Continental-
Gas-Association die nachgesuchte Konzession zur Versorgung von
Moritzhof und der benachbarten Etablissements südlich des alten
Landwehrgrabens mit Gas zu erteilen, so wollen wir, da auch
das Königliche Polizei-Präsidium Bedenken in polizeilicher Hinsicht
hiergegen nicht erhoben hat, hierzu die nach § 18 der Gewerbeordnung vom 17. Januar 1845 erforderliche Genehmigung hierdurch
widerruflich erteilen.

pp.   pp.

Berlin, den 19. November 1860.

<table>
<tr><td>Der Minister
für Handel, Gewerbe und öffent-
lich Arbeiten.
gez. v o n d e r H e y d t.</td><td>Der Minister des Innern.
gez. Graf S c h w e r i n.</td></tr>
</table>

An das Königliche Polizei-Präsidium, hier.

III. 12 160
IV. 11 702   H. M.
 II. 15 877   M. d. J.

Verträge zwischen der Imperial-Continental-Gas-Association und den Gemeinden Alt- und Neu-Schöneberg über die Beleuchtung der öffentlichen Straßen vom $\frac{\text{30. 6. 1853}}{\text{2. 6. 1854}}$.

15 Sgr. Stempel sind unter Gerichtskosten liquidiert.

Zum Hauptexemplar sind 256 Tlr. 20 Sgr. Stempel liquidiert.

Nachstehende, wörtlich also lautenden Verhandlungen:

Verhandelt

Neu-Schöneberg bei Berlin, den 30. Juni 1853.

Zufolge Verfügung vom 4. d. M. steht hierselbst Termin zum Abschluß eines Vertrages zwischen der Imperial-Continental-Gas-Association zu London und den Gemeinden zu Alt- und Neu-Schöneberg über die Beleuchtung der öffentlichen Straßen beider genannten Orte durch Gas an.

Zur Aufnahme dieses Vertrages hatte sich der unterzeichnete Deputierte des Königlichen Kreisgerichts zu Berlin in das Schulzenamt von Neu-Schöneberg begeben.

Daselbst hatten sich eingefunden:

1. der Königliche Rechtsanwalt und Notar Herr G o t t f r i e d E m i l L u d w i g L i c h t als Vertreter der Imperial-Continental-Gas-Association zu London. Er legitimierte sich als solcher durch Produktion der anliegenden Vollmacht der Direktoren dieser Gesellschaft de dato London, den 7. Juni 1843, nebst notarieller und konsularischer Beglaubigung vom 10. desselben Monats und Jahres im englischen Original, sowie in deutscher von dem vereideten Translator des Königlichen Kammergerichts Professor B u r c k h a r d t vom 28. Juni 1843 angefertigten Übersetzung.

2. für die Gemeinde von Alt-Schöneberg die Dorfgerichte dieses Dorfes, und zwar:

   a) der Ortsschulze J o h a n n H e i n r i c h F e r d i n a n d H e y l,

   b) der Gerichtsmann J o h a n n G e o r g M e t t e,

   c) der Gerichtsmann J o h a n n C h r i s t i a n G r i x,

   d) der Gerichtsmann M a r t i n F r i e d r i c h H e w a l d,

3. für die Gemeinde Neu-Schöneberg die Dorfgerichte dieses Dorfes:

   a) der Schulze A l e x a n d e r T h e o d o r G i e h r a c h,

b) der Gerichtsmann Carl August Waltermann,

c) der Gerichtsmann Johann Carl Sannow,

sämtlich geschäftsmäßig.

Der Rechtsanwalt Licht ist von Person bekannt.

Die sub 2 und 3 genannten dorfgerichtlichen Personen beider Gemeinden werden durch den von Person bekannten, ebenfalls anwesenden Herrn Domänen=Rentmeister, Verwalter des König=lichen Domänen=Polizeiamts Mühlenhoff, Carl Heinrich Feitke, rekognosziert, wie dieser durch seine Namensunterschrift bezeugt.

V. g. u.

Carl Heinrich Feitke.

Die beiderseitigen Dorfgerichts=Personen nahmen zu ihrer Legitimation als Bevollmächtigte ihrer respektiven Gemeinden zum Abschluß des heute aufzunehmenden Vertrages Bezug auf die vor dem Königlichen Polizei=Domänenamte Mühlenhoff als ihrer Ortsobrigkeit unter dem 4. März und 26. Mai 1853 von diesen Gemeinden ihnen erteilten Vollmachten. Sie baten, nach=träglich solche gerichtlich aufzunehmen.

Der Rechtsanwalt Licht als Vertreter der gedachten Londoner Gas=Gesellschaft und die aufgeführten Dorfgerichts=Personen namens der beiden Gemeinden Alt= und Neu=Schöneberg gaben hierauf folgenden Vertrag zu Protokoll.

§ 1.

Die Imperial=Continental=Gas=Association übernimmt es zu=nächst, die bestehenden öffentlichen Straßen von Alt= und Neu=Schöneberg und zwar:

1. die Potsdamer Straße von der Potsdamer Brücke an bis zum Ende von Alt=Schöneberg, wo sich der Arloffsche Gasthof befindet,

2. den Blumschen Mühlenweg,

3. das Karlsbad,

4. die Lützower Wegstraße rechts und links der Potsdamer Straße

vom 1. Januar 1854 bis 1. Januar 1904 mit Gas zu erleuchten, unter der Voraussetzung jedoch, daß die noch fehlende Konzession des Königlichen Ministerii zu dem in diesem Vertrage übernommenen

Erleuchtungsgeschäfte so zeitig erfolgt, daß die Legung der Röhren bis zum 1. Januar 1854 vollendet sein könne.

Wenn auf dem Territorio von Alt- und Neu-Schöneberg neue Straßen angelegt werden, die nach den Anordnungen der Polizeibehörden der öffentlichen Erleuchtung bedürfen, so sind die Gemeinden von Alt- und Neu-Schöneberg berechtigt, zu verlangen, daß die Association auch diese Erleuchtung mit Gas unter den Bedingungen, unter welchen sie die alten Straßen erleuchtet, ausführe, jedoch nur erst dann, wenn diese Straßen bereits gepflastert und mindestens zur Hälfte bebaut worden sind.

§ 2.

Zur öffentlichen Erleuchtung der gegenwärtig bestehenden Straßen sind etwa 70 Gasflammen erforderlich, von denen jede jährlich 2000 Stunden leuchten muß. Sie sollen in sechsseitigen Glaslaternen auf eisernen Kandelabern zirka 140 preußische Fuß, von denen zwölf eine Rute ausmachen, voneinander angebracht werden, eventuell bei neuen Straßen und Plätzen, wie die Königliche Polizeibehörde, welche die öffentliche Erleuchtung beoberaufsichtigt, es verlangen wird.

§ 3.

Der Preis für jede Straßenflamme wird auf 22 Thlr. (zweiundzwanzig Thaler) preußisch Kurant auf das Jahr verabredet.

Die Gemeinden Alt- und Neu-Schöneberg verpflichten sich, denselben in Quartalraten von 5 Thlr. 15 Sgr. (Fünf Thaler fünfzehn Silbergroschen) postnumerando zur hiesigen Kasse der Londoner Imperial-Continental-Gas-Association einzuzahlen.

Von dieser Summe werden 20 Thlr. (zwanzig Thaler) für das Gaslicht und 2 Thlr. (zwei Thaler) für Verwaltungs- und Reparaturkosten gerechnet, und es ist angenommen, daß jede Straßenflamme für die Stunde sechs englische Kubikfuß konsumiert.

§ 4.

Der Preis des Gases zum Gebrauch für Privatpersonen in Alt- und Neu-Schöneberg wird zurzeit auf 2 Thlr. pro 1000 englische Kubikfuß festgesetzt. Sollte sich aber die Imperial-Continental-Gas-Association in der Folgezeit veranlaßt sehen, den Preis des Gases für die Privatflammen soweit herabzusetzen, daß pro 1000 Kubikfuß weniger als 1 Thlr. 20 Sgr. bezahlt werden, so soll auch

in Alt= und Neu=Schöneberg der Preis für das Gas zur öffent=
lichen Erleuchtung den Privatlichten gleich ermäßigt werden.

Sollten hingegen unvorhergesehene Umstände, als Natur=
ereignisse, Krieg, neue Anordnungen des Staats usw., die Pro=
duktion des Gases derart verteuern, daß zur Bestreitung der Mehr=
kosten die Association sich entschließt den Preis für die Privat=
Gaslichte zu erhöhen, so lassen sich die Gemeinden von Alt= und
Neu=Schöneberg auch eine verhältnismäßige Erhöhung der Preise
für die Straßenerleuchtung gefallen.

<h3 style="text-align:center">§ 5.</h3>

Behufs der Ausführung sowohl der öffentlichen als der Privat=
Gaserleuchtung gewähren die Gemeinden von Alt= und Neu=
Schöneberg der Imperial=Continental=Gas=Association für e w i g e
Zeiten das Recht, von ihren Grundstücken aus, wo das Gas bereitet
und aufgesammelt wird, Leitungsröhren in den Grund und Boden
des Territorii beider kontrahierenden Gemeinden zu legen und
überall dahin zu führen, wo es die Einrichtung von öffentlichen
oder Privatlichten nötig macht.

Die Association muß sich aber hierbei den Weisungen der Bau=
polizeibehörden fügen und das bei Legung, Veränderung und
Ausbesserung der Haupt= und Nebenleitungsröhren aufzuhebende
Pflaster wieder in guten Stand herstellen lassen.

<h3 style="text-align:center">§ 6.</h3>

Die ganze Einrichtung der öffentlichen Erleuchtung geschieht
auf Kosten der Imperial=Continental=Gas=Association, sie bleibt
daher auch ihr alleiniges Eigentum und kann von ihr sofort, wenn
der Vertrag sein Ende erreicht, fortgenommen und in ihren speziellen
Gewahrsam gebracht werden. Es steht ihr dann auch frei, ihre
Röhren aus dem Grund und Boden wieder herauszunehmen, jedoch
muß sie auch hier wieder das aufzuhebende Pflaster in den vorigen
Zustand herstellen.

<h3 style="text-align:center">§ 7.</h3>

Wird dieser Vertrag rücksichts der öffentlichen Erleuchtung
nicht 3 Jahre vor seinem Ablaufe gekündigt, so wird er immer
wieder auf anderweite fünfzig Jahre verlängert erachtet. Sollte
aber auch die öffentliche Erleuchtung infolge einer Kündigung
des einen oder des andern von der Association nicht fortgesetzt
werden, so wird ihr doch das Recht zugestanden, ihre Einrichtungen

zur Ausführung von Privaterleuchtungen in Alt= und Neu=Schöne=
berg auf ewige Zeiten fortbestehen zu lassen, zu verändern und
zu verbessern.

§ 8.

Die Gemeinden von Alt= und Neu=Schöneberg verpflichten
sich endlich noch, so lange die Imperial=Continental=Gas=Association
die öffentliche Erleuchtung ihrer Straßen ausführt, niemanden
anders zu gestatten, Röhren zur Ausführung von Gaserleuchtung
auf ihrem Gebiete zu legen, ausgenommen während des Kün=
digungstermines, falls gekündigt worden ist.

§ 9.

Die Imperial=Continental=Gas=Association übernimmt die eine
Hälfte der Kosten dieses Vertrages, die beiden Gemeinden die
andere Hälfte gemeinschaftlich.

Die Komparenten beantragen:

> Anberaumung eines neuen Termins zur Aufnahme
> einer gerichtlichen Vollmacht seitens der kontrahierenden
> Gemeinden an ihre betreffenden Dorfgerichte und dem=
> nächstige Ausfertigung dieses Vertrages in 3 Exemplaren
> für jeden der 3 Kontrahenten.

Der Vertreter der Gas=Gesellschaft Herr L i c h t erklärte schließ=
lich, daß seine Mandantin zur Ausdehnung ihres Erleuchtungs=
betriebes nach Schöneberg auf den Zeitraum von fünfzig Jahren
einer besonderen Konzession des Königlichen Ministerii des Handels
und der Gewerbe bedürfe (§ 18 der Gewerbeordnung vom 17. Januar
1845), welche er nachzusuchen sich verpflichte, sobald er die Aus=
fertigung dieses Vertrages erhalten haben werde, um sie dem
Ministerio vorlegen zu können. Er bat um möglichst schleunige
Rückgabe seiner Vollmacht nach genommener vidimierter Abschrift.

Der Rechtsanwalt Herr K u r s ch assistierte den Dorfgerichten
beider Gemeinden unter Produktion einer Vollmacht.

Vorgelesen,   genehmigt,   unterschrieben.
gez. G o t t f r i e d E m i l L u d w i g L i c h t.
K u r s ch. F. H e y l. M e t t e. G r i x. H e w a l d. A. G i e h r a ch.
W a l t e r m a n n. J. C. S a n n o w.
a.   u.   s.
v. L ö p e r,
Königl. Gerichts=Assessor.

Verhandelt
zu Alt-Schöneberg im Schulhause, den 2. Juni 1854.

Zufolge Verfügung vom 29. Mai cr. steht heute Termin zum Abschlusse eines Kontrakts über die Beleuchtung von Alt- und Neu-Schöneberg an; zu demselben verfügte sich der unterzeichnete Richter heut hierher und wurden angetroffen:

1. für die Imperial-Continental-Gas-Association zu London der Königliche Rechtsanwalt Herr Gottfried Emil Ludwig Licht unter Produktion seiner Vollmacht de dato London, den 7. Juni 1843 im Original und in deutscher von dem vereideten Translator des Königlichen Kammergerichts Herrn Burckhardt angefertigten Übersetzung vom 28. Juni 1843;

2. die Bevollmächtigten von Alt-Schöneberg;
   a) der Schulze Johann Heinrich Ferdinand Heyl,
   b) der Bauergutsbesitzer Baron Heinrich Friedrich Christian von Lowzow,
   c) der Doctor medicinae Moritz Loewinson,
   d) der Buchdruckereibesitzer Adolph Wilhelm Hayn,
   e) der Gastwirt Eduard Prüfer;

3. für die Gemeinde Neu-Schöneberg:
   a) der Schulze Eduard Wilhelm Forst,
   b) der Gerichtsmann Johann Carl Sannow,
   unter Überreichung der gerichtlichen Vollmacht de dato, den 13. April 1854.

Die Komparenten sind sämtlich bekannt und geschäftsfähig.

Von den Bevollmächtigten der beiden Gemeinden erklären zunächst Herr Hayn und Herr Forst, daß sie auf Grund der ihnen erteilten Vollmacht sich nicht für ermächtigt hielten, in der Art, wie bereits am 30. Juni 1853 zwischen den Dorfgerichten von Alt- und Neu-Schöneberg und der Imperial-Continental-Gas-Association ein Vertrag errichtet worden, mit den inzwischen verabredeten Modifikationen heut einen Vertrag abzuschließen.

Sie lehnten deshalb die Teilnahme an dem heut abzuschließenden Geschäft ab und trugen darauf an, sie zu entlassen.

V. g. u.
gez. A. W. Hayn. E. Forst.

Die übrigen Bevollmächtigten der beiden Gemeinden hielten sich auf Grund der ihnen erteilten Vollmacht auch ohne Beitritt der anderen beiden Herren Bevollmächtigten ermächtigt, mit der Imperial-Continental-Gas-Association zu kontrahieren und verlangten deshalb die Aufnahme des Vertrages.

Sie bemerkten jedoch, daß sie die durch sie vertretenen Gemeinden an den am 30. Juni v. J. von den Dorfgerichten abgeschlossenen Kontrakt für verpflichtet erachteten und wollten deshalb auf Grund der ihnen erteilten Vollmacht sich dahin beschränken, jenen Vertrag namens der Gemeinden unter den heute hinzuzufügenden Modifikationen anzuerkennen.

Es wurde hierauf den Komparenten die Verhandlung de dato Neu-Schöneberg, den 30. Juni 1853, vorgelesen, und erklärten darauf der Herr Rechtsanwalt Licht namens der Gas-Association und die Herren Heyl, von Lowzow, Dr. Loewinson, Prüfer und Sannow namens der Gemeinden Alt- und Neu-Schöneberg:

Wir erkennen den uns soeben vorgelesenen Vertrag vom 30. Juni 1853 namens unserer Mandanten für rechtsgültig und verbindlich an, und soll derselbe, insoweit er nicht nachstehend abgeändert wird, so angesehen und aufrecht erhalten werden, als hätten wir, namentlich wir Vertreter der Gemeinden, ihn mit vollzogen. Indem wir uns daher wiederholentlich zum Inhalt desselben bekennen, setzen wir in Abänderung desselben nur folgendes fest:

Zu § 1.

Die Verpflichtung zum Beginn der Gaserleuchtung seitens der Association tritt spätestens bis 1. November 1854 ein, so daß alsdann der Kontrakt bis 1. November 1904 läuft.

Der in dem gedachten Paragraph enthaltene Vorbehalt der Beibringung der Konzession des Ministerii zu dem Erleuchtungsgeschäft hat inzwischen seine Erledigung gefunden, da diese Konzession bereits unter dem 14. September 1853 von dem Herrn Handelsminister erteilt worden ist.

Zu § 4.

Die Normalpreise, nach denen sich die Preise in Alt- und Neu-Schöneberg erhöhen oder erniedrigen in den in diesem Paragraph vorgesehenen Fällen, sind diejenigen, welche die Association in Berlin allgemein stellt und stellen wird.

Zu § 5.

Das der Association eingeräumte Recht, Leitungsröhren in den Grund und Boden beider kontrahierenden Gemeinden zu legen und überall dahin zu führen, wo es die Einrichtung von öffentlichen oder Privatlichten nötig macht, erstreckt sich jedoch nicht auf das Privateigentum der einzelnen Gemeindemitglieder.

Zu § 7 und 8.

Die hier enthaltenen Bestimmungen werden aufgehoben und dagegen folgendes festgesetzt:

Der Kontrakt über die öffentliche Beleuchtung von Alt- und Neu-Schöneberg läuft mit dem 1. November 1904 ab, ohne daß es vorher einer Kündigung bedarf, wenn derselbe nicht ausdrücklich erneuert wird.

Dagegen bleibt der Association auch nach dem 1. November 1904 das Recht vorbehalten, ihre Einrichtungen zur Ausführung von Privaterleuchtungen in Alt- und Neu-Schöneberg auf ewige Zeiten fortbestehen zu lassen, zu verändern und zu verbessern.

Die Gemeinden von Alt- und Neu-Schöneberg verpflichten sich, solange die Gas-Association die öffentliche Erleuchtung ihrer Straßen ausführt, niemand anders zu gestatten, Röhren zur Ausführung von Gasbeleuchtung zu legen.

Wenn aber die Gemeinden den am 1. November 1904 ablaufenden Kontrakt nicht verlängern wollen, so steht ihnen alsdann das Recht zu, in den letzten 3 Jahren die zur Beschaffung einer anderen Erleuchtung erforderlichen Einrichtungen und Anstalten zu treffen.

Zusatz § 10.

Sollte endlich eine andere Erfindung gemacht werden, welche zur öffentlichen Erleuchtung von Städten und Plätzen sich besser eignet und billiger ist, so sollen die Gemeinden nicht gehindert sein, sich eine solche Erleuchtung zu beschaffen, und befugt sein, die Annahme der öffentlichen Gaserleuchtung von der Gas-Association und die Bezahlung dafür für die Folgezeit abzulehnen, wenn sie nachweist, daß in drei anderen Städten, welche bisher Gaserleuchtung besaßen, statt derselben die neu erfundene öffentliche Erleuchtung eingeführt worden ist und 3 Jahre hindurch mit den erwarteten Vorteilen bestanden hat, sollte auch dann die bestimmte Kontraktsdauer von 50 Jahren noch nicht verlaufen sein.

Die Herren Komparenten tragen darauf an,

> die heutige Verhandlung mit der Verhandlung vom 30. Juni 1853 verbunden dreimal, und zwar einmal für die Gas-Association und zweimal für die beiden Gemeinden schleunigst ausfertigen zu lassen.

Die Kosten der heutigen Verhandlung werden nach § 9 der Verhandlung vom 30. Juni 1853 geteilt getragen.

Die von dem Herrn Rechtsanwalt Licht produzierte Vollmacht wurde demselben auf Erfordern zurückgegeben.

Die Gemeindevertreter tragen darauf an, ihnen die eingereichte Vollmacht, nach Zurückbehaltung einer vidimierten Abschrift zu dem Kontrakt, gleichfalls zurückzugeben.

Vorgelesen, genehmigt, unterschrieben.

gez.: Gottfried Emil Ludwig Licht,

Johann Heinrich Ferdinand Heyl,

Heinrich Friedrich Christian Baron von Lowzow,

Dr. Moritz Loewinson,

Eduard Prüfer,

Johann Carl Sannow,

A. u. s.

Schur.

Sind hierdurch

> für die Gemeinde Alt-Schöneberg

zum öffentlichen Glauben ausgefertigt worden.

Urkundlich unter des Gerichts Siegel und Unterschrift.

Berlin, den 6. Juni 1854.

Königliches Kreisgericht, Zweite Abteilung.

(L. S.) Unterschrift.

Ausfertigung.

H. 3709 b.

Auszug aus dem Erlaß des Ministers des Innern vom 12. Juni 1861, betr. die Verpflichtung der Stadtgemeinde Berlin, nach Verhältnis der abgetretenen Gebietsteile Schönebergs in den Vertrag der Gemeinde Schöneberg und der Imperial = Continental = Gas = Association vom $\frac{30.\ 6.\ 1853}{6.\ 6.\ 1854}$ einzutreten.

(Vgl. S. 22 ff.)

In Sachen, betreffend die Erweiterung der Weichbildsgrenzen von Berlin, bestimme ich, rücksichtlich der in dem eingeleiteten Auseinandersetzungsverfahren zwischen der Stadtkommune Berlin einer= und den Kreisen Nieder=Barnim und Teltow, dem Königlichen Fiskus, der Stadt Charlottenburg, den Gemeinden Alt=Schöneberg, Tempelhof und Rixdorf, und dem Rittergute Deutsch=Wilmersdorf andererseits streitig gebliebenen Punkte, in Gemäßheit der gepflogenen Verhandlungen und auf Grund des § 2 alinea 6 und 7 der Städteordnung vom 30. Mai 1853 folgendes, daß

1.—3. pp.

Dagegen

4. die Stadt Berlin für verpflichtet zu erachten,
in den unter dem 30. Juni 1853 und 6. Juni 1854 zwischen der Gemeinde Alt=Schöneberg und der Imperial=Continental=Gas=Association zu London geschlossenen Vertrag nach Verhältnis der auf die abgetretenen Gebietsteile der Gemeinde Alt=Schöneberg kommenden Beleuchtungs=Anstalten

einzutreten, weil die durch den angeführten Vertrag für die Gemeinde Alt=Schöneberg getroffene kommunale Einrichtung ohne die festgesetzte Verpflichtung der Stadt Berlin nicht in ihrem Fortbestande gesichert bliebe, sondern zum Nachteile Dritter ohne Vorhandensein eines öffentlichen Interesses zerstört werden würde, die Kompetenz der Verwaltungsbehörde zur Regulierung dieser Angelegenheit aber keinem Zweifel unterliegt, da die durch die Spezial=Vorschrift in alinea 6 § 2 der Städteordnung den Verwaltungsbehörden übertragene Auseinandersetzung keinen anderen Gegenstand haben kann, als diejenigen auf dem bisher bestandenen Verbande beruhenden Gemeinheiten (bestehen sie nun in gemeinschaftlichem Besitz, gemeinschaftlichen Einrichtungen, Berechtigungen oder Verbindlichkeiten), welche infolge der Trennung des bisherigen Verbandes bei rein privatlicher Beurteilung der Konse-

quenzen zerstört oder beeinträchtigt werden würden, ohne daß für
eine solche Veränderung dasselbe Bedürfnis im öffentlichen Inter=
esse spräche, welches zu der Veränderung der Bezirke geführt hat;
5.—7. pp.

Berlin, den 12. Juni 1861.

Der Minister des Innern.

gez.: Graf Schwerin.

An
die Königliche Regierung zu Potsdam.

Die Rechtsstreitigkeiten mit der Imperial=Continental=Gas=Association*).

a) Erkenntnis des Ober=Apellationssenats des Königlichen Kammer=
gerichts vom 5. Juni 1848.

b) Erkenntnis des Königlichen Ober=Tribunals vom 15. Februar
1849. Die Imperial=Continental=Gas=Association ist nicht berechtigt,
nach Ablauf ihres Kontraktes in 108 namentlich aufgeführten, bisher
mit Öl erleuchteten Straßen und Gassen lediglich zum Zweck der Privat=
Gaserleuchtung Leitungsröhren zu verlegen.

Der Vertrag vom 21. April 1825 enthält nicht einen selbständigen Titel
der Röhrenlegung zur Speisung von Privatgebäuden mit Gas=
licht; der Hauptgegenstand des Vertrages ist die öffentliche Straßen=
beleuchtung Berlins, und die Befugnis, zur Ausführung der Gas=
beleuchtung Röhren zu legen, kann ihr deshalb nur zum Zweck der
öffentlichen Straßenbeleuchtung erteilt sein.

Ein Forderungsrecht, daß ihr die Legung von Gasleitungsröhren statt
der Ölbeleuchtung gestattet werde, hat die Imperial=Continental=Gas=
Association überhaupt nicht besessen; sie kann es auch nicht aus § 274,
Titel 5, Teil I des Allgemeinen Landrechts ableiten, da die Voraus=
setzung einer alternativen Verbindlichkeit — ob Gas oder Öllicht — nach
dem Vertrage überhaupt nicht vorlag, durch den Vertrag vielmehr die
Erleuchtungsart der einzelnen Straßen stipuliert, also eine in sich durch=
aus bestimmte Handlung vorbedungen und verheißen worden war.
Im übrigen ist der Rechtsweg hier unzulässig, weil die Klage der
Imperial=Continental=Gas=Association nicht gegen den Fiskus als
Kontrahenten der Klägerin, sondern als Polizeibehörde gerichtet ist,
Beschwerden über polizeiliche Verfügungen jeder Art aber durch Gesetz
vom 11. Mai 1842 dem Rechtswege entzogen sind, und eine vom Ge=
setz zugelassene Ausnahme nicht vorliegt, insofern es sich hier nicht
um vorläufige Anordnungen der Polizeibehörde handelt.

---

*) Siehe die Anmerkung zu der Einleitung.

a) Erkenntnis des Königlichen Stadtgerichts vom 20. Oktober 1856.

b) Erkenntnis des Königlichen Kammergerichts vom 6. Mai 1858.

c) Erkenntnis des Königlichen Ober-Tribunals vom 11. März 1859.

Die Besitzstörungsklage der Stadtgemeinde gegen die Imperial-Continental-Gas-Association wegen der in der Rochstraße verlegten Röhren wird zurückgewiesen, weil der Erwerb des Besitzes des Untersagungsrechts nicht nachgewiesen ist.

Die Gasrohre in der Rochstraße sind mit baupolizeilicher Genehmigung des Polizei-Präsidiums und mit dem Konsens der Privat-Aktien-Gesellschaft, welche die Rochstraße anlegte, verlegt worden, nicht um zur Erleuchtung der Rochstraße zu dienen, sondern nur um einen stärkeren Gaszufluß in der Spandauer- und Königstraße zu erreichen. Die Gesellschaft ist nicht zur Fortnahme dieser Röhren oder Schadensersatz der Stadtgemeinde gegenüber verpflichtet.

Erkenntnis des Königlichen Ober-Tribunals vom 19. Februar 1866, betreffend die Abgabe von Gas an Privatpersonen aus den nach dem 1. Januar 1847 in einem Teil der Kommandantenstraße gelegten Rohrleitungen der Imperial-Continental-Gas-Association.

Das ausschließliche Recht der Stadtgemeinde, vom 1. Januar 1847 ab Privatpersonen mit Gas zu versorgen, ist das stärkere und nur soweit eingeschränkt, als der Imperial-Continental-Gas-Association noch Rechte aus dem Vertrage verblieben sind.

Die Imperial-Continental-Gas-Association darf den Vorbehalt des ferneren Gebrauchs ihres Eigentums nicht auf Rohrleitungen ausdehnen, welche bei Ablauf der Kontraktszeit noch nicht gelegt waren, zu der Zeit, von wo ab der Vorbehalt wirksam wurde, also noch gar nicht zu ihrem Eigentum gehörten.

Die Imperial-Gas-Association ist der Stadtgemeinde deshalb zur Schließung und Entfernung dieser Rohrleitungen und zum Ersatz des entstandenen Schadens und entgangenen Gewinns verpflichtet.

Das der Stadtgemeinde erteilte Privileg von 1846 enthält keine unzulässige Konstituierung einer ausschließlichen Gewerbeberechtigung oder eines Zwangs- und Bannrechts.

----

a) Erkenntnis des Königlichen Kammergerichts vom 7. Dezember 1866.

b) Erkenntnis des Königlichen Ober-Tribunals vom 19. September 1867.

Das Rechtsverhältnis zwischen der Stadtgemeinde und der Imperial-Continental-Gas-Association in den im Jahre 1861 einverleibten Teilen Schönebergs.

Der Vertrag der Imperial-Continental-Gas-Association vom 30. Juni 1853 / 2. Juni 1854 mit den Gemeinden Alt- und Neu-Schöneberg ist

rechtsbeständig.   Derselbe konstituiert weder eine unzulässige aus=
schließliche Gewerbeberechtigung, noch räumt er der Gesellschaft ein
Zwangs= oder Bannrecht ein.

Für die Dauer dieses Vertrages ist die Stadtgemeinde verpflichtet,
bezüglich der einverleibten Gebietsteile in den von der Gemeinde
Schöneberg mit der Imperial = Continental = Gas = Association abge=
schlossenen Kontrakt einzutreten. Sie ist daher auch bis zum 1. No=
vember 1904 bzw. bis zum 1. November 1901 nicht berechtigt, weder
selbst Gasröhren in dem einverleibten Gebiet Schönebergs zu legen,
noch anderen Personen neben der Imperial=Continental=Gas=Association
dies zu gestatten und daher auch zur Entfernung der von ihr wider=
rechtlich eingelegten Röhren und zum Schadenersatz verpflichtet.

§ 2 der Städteordnung und Reskript des Königlichen Ministeriums
des Innern vom 12. Juni 1861.   (Vgl. S. 31 ff.)

Erkenntnis des Königlichen Kammergerichts vom 9. Januar 1868.

Die Imperial=Continental=Gas=Association ist seit dem 1. Januar
1847 nicht freie und gleichberechtigte Konkurrentin der Stadtgemeinde
— auch nicht in Bezug auf die Privatbeleuchtung. Es handelt sich
nicht um zwei in ihrer Kraft nebeneinander bestehende Privilegien,
sondern das Privilegium der Stadt hat nur insoweit keine Wirksamkeit,
als die vertragsmäßigen Rechte der Imperial=Continental=Gas=
Association reichen.

Die Gesellschaft war nicht berechtigt, nach dem 1. Januar 1847 in den
Straßen der Friedrich-Wilhelm-Stadt, in welchen damals von ihr Gas=
leitungsröhren nicht gelegt waren, Röhren zu verlegen. Sie hat sich
deshalb der Abgabe von Leuchtgas aus diesen Röhren zu enthalten.
diese Röhren zu entfernen und die Stadtgemeinde wegen des entstan=
denen Schadens und entgangenen Gewinnes zu entschädigen.

Gutachten über das Rechtsverhältnis der Stadt Berlin zur Imperial=
Continental=Gas=Association zu London, erstattet von Justizrat D o r n
unterm 7. 3. 1868*).

---

a) Erkenntnis des Königlichen Kammergerichts vom 11. Mai 1868.

b) Erkenntnis des Königlichen Ober=Tribunals vom 3. Dezember 1868.

Der Vorbehalt des ferneren Gebrauchs ihres Eigentums und der weiteren
Versorgung der Privatpersonen mit Gas gibt der Imperial=Conti=
nental=Gas=Association nicht das Recht, nach dem 1. Januar 1847

---

*) Abgedruckt in der ersten Auflage Bd. 4 S. 132 ff.

noch neue Einrichtungen zu treffen und Röhrenleitungen in der Stadt Berlin über die Grenzen der bestehenden Röhrenlagen hinaus anzubringen.

Aus der Tatsache, daß sie am 1. Januar 1847 auf einer bestimmten Strecke der Ritterstraße Röhrenlagen besessen hat, kann sie eine Berechtigung nicht herleiten, ihre Röhrenlagen nach dem genannten Zeitpunkt auf eine beliebige Fortsetzung der Straße oder auf Straßenstrecken auszudehnen, wo bei Ablauf des Vertrages Röhrenlagen nicht vorhanden waren*).

Erkenntnis des Königlichen Kammergerichts vom 22. Juni 1868 — betreffend Röhrenerweiterung in der Alexandrinenstraße. — Der fernere Gebrauch ihres Eigentums besteht für die Imperial-Continental-Gas-Association nur noch in der Verabfolgung von Gas an Privatpersonen aus den beim Ablauf des Vertrages vorhandenen Einrichtungen. Kritik des Dornschen Gutachtens.

a) Erkenntnis des Königlichen Kammergerichts vom 5. November 1868.

b) Erkenntnis des Königlichen Ober-Tribunals vom 27. Mai 1869.

Die nach dem 1. Januar 1847 von der Imperial-Continental-Gas-Association ausgeführte Verlegung von Gasröhren in der Straße am Königsgraben ist ein rechtswidriger Eingriff in das Privileg der Stadtgemeinde. Die Exklusivberechtigung der Stadt ist nur soweit beschränkt, als der Vorbehalt für die Imperial-Continental-Gas-Association geht, weil derselbe als ein bloßes Reservat kein Privilegium ist, folglich über seinen Inhalt nicht ausgedehnt werden kann. Dieser Vorbehalt gibt der Gesellschaft nicht das Recht, ihre Röhrenleitungen zur Verabfolgung von Leuchtgas auf Straßen auszudehnen, in welchen sie nicht schon vor dem 1. Januar 1847 Röhren liegen hatte; ebensowenig darf sie auch in solchen Straßen, in welchen sie schon bei Ablauf ihres Vertrages Röhren besaß, nach diesem Zeitpunkt neue, selbständige Leitungsröhren liegen. Eine andere Auffassung des Vertrages vom 21. April 1825 läßt sich weder aus dem Präliminarvertrag vom 27. März 1825 noch durch das beigebrachte Rechtsgutachten des Justizrats Dorn begründen.

---

*) Es sind Erkenntnisse von gleichem Inhalte auch hinsichtlich der Friedrich-Wilhelm-Stadt, der Puttkamerstraße, der Dorotheenstraße, der Alexandrinenstraße, der Alten Jakobstraße, der Dragonerstraße, der Oranienstraße, der Anhaltischen Kommunikation, des Königsgrabens, der Besselstraße, der Spreestraße, der Stallschreiberstraße und der Hirschelstraße ergangen.

Erkenntnis des Königlichen Ober-Tribunals vom 7. Januar 1869. Der Imperial-Continental-Gas-Association ist durch § 28 des Vertrages vom 21. April 1825 der fortwährende Gebrauch einer Gasfabrikations-Anstalt zugesichert worden. Die Gesellschaft ist nicht berechtigt, über die Straßenstrecken hinaus, in welchen sie am 1. Januar 1847 Röhrenlagen angebracht hatte, neue Anstalten zu treffen; innerhalb der örtlichen Ausdehnung ihrer Röhrenlagen vom 1. Januar 1847 darf sie aber Gas an Privatpersonen und öffentliche Gebäude verabfolgen, neue Kunden erwerben und alle Maßnahmen treffen, die der fortgesetzte Betrieb der Gasfabrik nötig macht, insbesondere also auch die am 1. Januar 1847 vorhandenen Rohranlagen durch neue und bei steigendem Gaskonsum auch durch weitere Rohre ersetzen.

Die Stadt Berlin hat ihr Privileg lediglich unter Vorbehalt dieser Rechte empfangen und könnte Einwendungen nur erheben, soweit die Röhrenlagen der Imperial-Continental-Gas-Association die Führung anderer Röhrenleitungen verhindern sollten.

---

a) Erkenntnis des Königlichen Stadtgerichts vom 21. Januar 1869.

b) Erkenntnis des Königlichen Kammergerichts vom 21. Juni 1869.

c) Erkenntnis des Königlichen Ober-Tribunals vom 1. Februar 1870.

Das Rechtsverhältnis zwischen der Stadtgemeinde und der Imperial-Continental-Gas-Association auf dem 1861 einverleibten, früher zu den Gemeinden Lützow und Charlottenburg gehörigen Gebiet.

Da die Stadtgemeinde immer nur ein und dieselbe juristische Person ist, besitzt sie auf Grund ihres Privilegs vom 1. Januar 1847 in ihrem gesamten Weichbilde — ohne Rücksicht auf dessen erweiterten Umfang — das ausschließliche Recht, Privatpersonen und öffentliche Gebäude aus den durch die Straßen geführten Leitungsröhren mit Leuchtgas zu versorgen. Die Imperial-Continental-Gas-Association darf in dies ausschließliche Recht nicht weiter eingreifen, als die ihr aus dem Vertrage vom 21. April 1825 verbliebenen Rechte reichen: sie war nicht befugt, neue Röhren im Weichbilde der Stadt anzubringen, hat sich der Abgabe von Leuchtgas aus diesen Röhren zu enthalten und die Röhren auf ihre Kosten zu entfernen.

Ein Anspruch auf Schadenersatz ist nicht anzuerkennen, weil die Stadtgemeinde in den fraglichen Straßen überhaupt noch keine Röhrenanlagen besaß, folglich auch nicht in der Lage war, durch Vertreibung des Gases einen ihr durch die Imperial-Continental-Gas-Association entzogenen Gewinn zu machen.

---

a) Erkenntnis des Königlichen Kammergerichts vom 14. März 1872.

b) Erkenntnis des Reichs-Oberhandelsgerichts vom 4. April 1873.

Das Rechtsverhältnis zwischen der Imperial-Continental-Gas-Association und der Stadtgemeinde auf dem ehemaligen, 1861 einverleibten
Tempelhofer Gebiet.

Das Privilegium der Stadt gilt ohne weiteres auch in den Stadtteilen, die erst später dem Weichbilde der Stadt einverleibt worden
sind, weil dasselbe der Stadt Berlin seinerzeit als einer juristischen
Person ohne Rücksicht auf die damaligen geographischen Grenzen ihres
Weichbildes verliehen worden ist. Dasselbe ist also hinsichtlich des
Tempelhofer Gebiets mit dem 1. Januar 1861 in Kraft getreten,
besitzt aber keine rückwirkende Kraft.

Dem Anspruch der Stadt auf Entfernung der Röhrenanlagen fehlt
eine geeignete Begründung: das Privileg gesteht der Stadt nur ein
Untersagungsrecht in betreff der Erleuchtung selbst und der Verab-
reichung von Gas zu, ist für diesen Anspruch also ohne Bedeutung.
Daß aber die Stadtgemeinde Eigentümerin des Grund und Bodens
der in Rede stehenden Straßen sei, in denen die Röhren nach ihrer
Ansicht ohne Berechtigung liegen, hat die Stadtgemeinde nicht nachgewiesen. Daß gesetzlich die Vermutung für dies Eigentumsrecht streite,
ist weder landrechtlich noch nach kurmärkischem Provinzialrecht begründet.

Verträge der Stadtgemeinde mit der Imperial-Continental-Gas-Association*).

Nr. 178 des Notariatsregisters für 1901.

Verhandelt Berlin, den 13. März 1901**).

Vor mir, dem unterzeichneten, zu Berlin Jägerstraße 52 wohnhaften Notar im Bezirk des Königlichen Kammergerichts, Geheimen Justizrat August Eduard von Simson erschienen heute im Zimmer des Herrn Oberbürgermeisters im hiesigen Rathause, wohin der Notar sich behufs Aufnahme dieses Aktes auf Ersuchen begeben hatte,

1. Herr Oberbürgermeister Martin Kirschner, wohnhaft in Berlin, Alt-Moabit Nr. 90,
2. Herr Stadtrat Julius Namslau, wohnhaft in Berlin, Alexanderstraße Nr. 22,
3. Herr Bankier Ludwig Delbrück, wohnhaft in Berlin, Mauerstraße Nr. 61/62.

Die Herren Erschienenen zu 1. und 2. verhandeln unter Berufung auf § 56 Nr. 8 der Städteordnung vom 30. Mai 1853 namens des Magistrats zu Berlin in Vertretung der Stadtgemeinde Berlin. Der Herr Erschienene zu 3 legte die Vollmacht der Imperial-Continental-Gas-Association in London de dato London, den 25. Juni 1890, notariell beglaubigt und konsularisch legalisiert an dem nämlichen Tage, in Urschrift vor und erklärte, daß er namens und in Vertretung der genannten Gesellschaft auftreten und Erklärungen abgeben wolle.

---

*) Der Vertrag vom $\frac{17./25. \text{November}}{22. \text{Dezember}}$ 1869 wegen der Straßenbeleuchtung auf dem ehemaligen Schöneberger Gebiet usw. ist in der ersten Ausgabe Band 4, Seite 205 ff., abgedruckt.

**) Gemeindebeschluß vom 3. 2./21. 2. 1901, Gemeindeblatt Seite 78. Akten I¹, Band 6.

Sodann verlautbarten die Herren Komparenten was folgt: Zwischen der Stadtgemeinde Berlin und der Imperial-Continental-Gas-Association sind unter dem 30. Mai 1881, 6. September 1887 und 25. Juni 1895 die hierneben in einem Druckexemplar übergebenen Verträge geschlossen worden.

Die Stadtgemeinde Berlin beabsichtigt jetzt alles Gas — möge es zu Beleuchtungs- oder sonstigen Zwecken geliefert werden — zu einem einheitlichen Preise von 13 Pf. für das Kubikmeter abzugeben.

Dies vorausgeschickt, wird zwischen der Stadtgemeinde Berlin, vertreten durch ihren Magistrat, und der Imperial-Continental-Gas-Association, vertreten durch ihren Generalbevollmächtigten Herrn L u d w i g D e l b r ü c k hierselbst, folgendes vereinbart:

§ 1.

Die Verträge vom 30. Mai 1881 und 25. Juni 1895*), durch welchen letzteren der Vertrag vom 6. September 1887 bereits aufgehoben ist, treten mit dem in § 12 Absatz I bezeichneten Zeitpunkt außer Geltung.

§ 2.

Solange die Stadtgemeinde Berlin als Betriebsunternehmerin der städtischen Gaswerke den oben genannten Preis von 13 ₰ für das Kubikmeter Gas von den Privatkonsumenten erhebt und keinen höheren Rabatt als den in § 4 dieses Vertrages festgesetzten bewilligt, und solange in Berlin eine die Gasproduktion oder die Gaskonsumtion betreffende Abgabe nicht erhoben wird, zahlt die Imperial-Continental-Gas-Association an die Stadtgemeinde Berlin in halbjährlichen Postnumerationen am 1. Juli und 1. Januar jeden Jahres eine jährliche Rente. Der Betrag dieser Rente wird für die Zeit bis zum 1. Mai 1902 auf 477 541,37 ℳ jährlich festgesetzt.

§ 3.

Die im § 2 Absatz 2 normierte Jahresrente von 477 541,37 ℳ ist mit Rücksicht auf dasjenige Quantum Leuchtgas bemessen, welches im Jahre 1899 von dem seitens der Imperial-Continental-Gas-Association produzierten Gase im Gemeindebezirk von Berlin

---

*) Abgedruckt in der ersten Ausgabe Band 4, Seite 211, 218, 220

— ausschließlich der öffentlichen Beleuchtung — verkauft worden und auf 40 873 206 Kubikmeter berechnet ist.

Von 3 zu 3 Jahren, vom 1. Mai 1902 ab, wird der Jahres-betrag der an die Stadtgemeinde gemäß § 2 zu zahlenden Rente für die nächste dreijährige Periode anderweit festgesetzt. Diese Festsetzung erfolgt dergestalt, daß sich die Jahressumme der Rente zu der im letzten, der anderweitigen Festsetzung vorangegangenen Betriebsjahr der Gesellschaft von derselben im Gemeindebezirk Berlin an Private zur Konsumtion abgegebenen Zahl von Kubik-metern Gas verhält wie 477 541,37 zu 40 873 206.

Die Imperial=Continental=Gas=Association ist verpflichtet, der Stadtgemeinde rechtzeitig vor dem jedesmaligen Termin der Rentenfestsetzung die Zahl der im betreffenden Betriebsjahre in Berlin zur Konsumtion abgegebenen Kubikmeter Gas anzuzeigen. Diese Angaben erfolgen von dem Bevollmächtigten der Imperial=Continental=Gas=Association durch eine an Eidesstatt abgegebene Versicherung desselben.

§ 4.

Die Imperial=Continental=Gas=Association begibt sich für die Dauer des gegenwärtigen Vertrages des Rechtes, ohne Zu-stimmung der Stadtgemeinde Berlin Gas in Berlin billiger oder teurer als für 13 ₰ für das Kubikmeter abzugeben, jedoch ist so-wohl die Stadtgemeinde Berlin als auch die Imperial=Continental=Gas=Association berechtigt, ihren Konsumenten einen Rabatt von 5 Proz. zu gewähren.

§ 5.

Die Imperial=Continental=Gas=Association wird gegen die von der Stadtgemeinde Berlin beabsichtigte Verlegung von Ver-bindungsröhren von der Wilmersdorf=Schmargendorfer Gasanstalt der Stadt Berlin durch das Gebiet von Deutsch=Wilmersdorf und Schmargendorf nach Berlin keinen Einspruch erheben. Falls die Gemeinden Deutsch=Wilmersdorf und Schmargendorf von der Stadtgemeinde Berlin für die Erteilung der Genehmigung zur Verlegung dieser Verbindungsröhren eine Geldentschädigung — sei es eine einmalige Abfindung, sei es eine jährliche Abgabe — fordern, so vergütet die Imperial=Continental=Gas=Association der Stadtgemeinde Berlin die Hälfte der gezahlten Beträge, jedoch nur in Höhe bis zu 50 000 ℳ im ganzen (siehe auch § 8).

Dagegen gestattet die Stadtgemeinde Berlin der Imperial-Continental-Gas-Association die Weiterbenutzung bzw. Herstellung der Verbindungsröhren in den im Vertrage vom 30. Mai 1881 im § 4 angeführten Straßen und Brücken, und zwar:

1. in der Puttkamerstraße,
2. in der Königgrätzer Straße von der Belle-Alliance-Brücke bis zum Askanischen Platz,
3. in der Alexandrinenstraße von der Kürassier- bis zur Dresdener Straße,
4. in der Sebastianstraße von dem vorhandenen Rohr bis zu dem neu zu legenden in der Alexandrinenstraße,
5. bei der Weidendammer Brücke,
6. bei der Gertraudtenbrücke,
7. bei der Waisenbrücke,
8. bei der Kavalierbrücke (jetzt Kaiser-Wilhelm-Brücke)

sowie die Verlegung folgender neuer Verbindungsröhren:

1. in der Königgrätzer Straße vom Askanischen Platz bis zum Potsdamer Platz, oder in einer dem gleichen Zwecke entsprechenden anderen Straße, falls auf dem erstgenannten Straßenzuge technische Schwierigkeiten entstehen sollten,
2. in der Belle-Alliancestraße von der Tempelhofer Grenze ab, über den Blücherplatz, am Waterloo-Ufer über den Landwehrkanal bis an die Anstalt der Imperial-Continental-Gas-Association in der Gitschiner Straße 19,
3. von der Blücherstraße 61/62 bzw. 19/20 ab bis zur Berliner Grenze an der auf Tempelhofer Gebiet liegenden Straße Hasenhaide.

Die in Gemäßheit dieses Paragraphen verlegten Rohrleitungen können auch über die Dauer dieses Vertrages hinaus so lange liegen bleiben, als sie zur Durchführung von Leucht- bzw. Koch- und gewerblichem Gas benutzt werden.

Die Imperial-Continental-Gas-Association muß sich hinsichtlich der Legung bzw. späteren Umlegung ihrer Verbindungsröhren den Vorschriften und Anordnungen der Baupolizei und der Strombau-, Straßen- und Brückenbau-Verwaltung unterwerfen.

Aus diesen Verbindungsröhren darf auf den von ihnen durchzogenen Strecken Gas zur Konsumtion nicht abgegeben werden, auch müssen dieselben bei den Straßen und Brücken vorzugsweise unter den Bürgersteigen verlegt werden.

§ 6.

Falls bei Umpflasterungen von Straßen oder Straßenteilen oder infolge anderer durch das öffentliche Interesse gebotener von der Stadtgemeinde Berlin auszuführender Bauanlagen die Straßenbau-Verwaltung oder die Straßenbau-Polizei die Entfernung von unter dem Straßendamm liegenden Gasröhren der Imperial-Continental-Gas-Association verlangt, wird dieselbe auf ihre Kosten statt der Röhren unter dem Straßendamm auf jeder Seite der Straße unter dem Bürgersteige eine Röhre, jedoch mit Beobachtung der Vorschriften der Straßenbaupolizei, legen.

§ 7.

Für die Dauer dieses Vertrages wird in dem zurzeit gemeinschaftlichen Versorgungsgebiet den bisher von der Stadtgemeinde Berlin mit Gas versorgten Grundstücken auch in Zukunft nur von der Stadtgemeinde Gas geliefert werden, während andererseits den bisher von der Imperial-Continental-Gas-Association mit Gas versorgten Grundstücken auch in Zukunft nur von der Imperial-Continental-Gas-Association Gas geliefert werden darf. In den Grundstücken, in welchen die Stadtgemeinde Berlin und die Imperial-Continental-Gas-Association bisher gleichzeitig Gas abgegeben haben und ferner in den Grundstücken, welche bisher noch keinen Gas-Anschluß haben, sollen beide Kontrahenten auch in Zukunft Gas zu liefern berechtigt sein. Verzeichnisse von diesen Grundstücken werden nach Abschluß dieses Vertrages von beiden Kontrahenten gemeinsam aufgestellt werden.

Falls die Stadtgemeinde Berlin ein bisher von der Imperial-Continental-Gas-Association mit Gas versorgtes Berliner Grundstück kauft, so ist sie berechtigt, dieses Grundstück, sofern es nicht in dem in § 8 behandelten Versorgungsgebiet liegt, fortan selbst mit Gas zu versorgen. Ebenso ist die Imperial-Continental-Gas-Association berechtigt, von ihr gekaufte Berliner Grundstücke mit ihrem eigenen Gase zu versorgen, sofern dieselben in dem zurzeit gemeinschaftlichen Versorgungsgebiet liegen, auch wenn an diese Grundstücke bisher nur von der Stadtgemeinde Berlin Gas geliefert worden ist.

§ 8.

Die Imperial-Continental-Gas-Association besorgt von dem Tage ab, an welchem dieses Abkommen in Kraft tritt (cfr. § 12 Absatz 1), bis zum 1. November 1925 die öffentliche Beleuchtung mittels Gas in dem ehemals zu Schöneberg gehörigen Teile von Berlin unentgeltlich; die Entfernung der Laternen voneinander und die Leuchtkraft der Flammen soll dieselbe bleiben wie bisher. Dagegen räumt die Stadtgemeinde Berlin auch für die Zeit nach dem 1. November 1904, dem Ablaufstermin des jetzt bezüglich dieses Gebietes bestehenden Vertrages, der Imperial-Continental-Gas-Association bis zum 1. November 1925 das ausschließliche Recht ein, behufs Lieferung von Gas diesen Stadtteil mit Röhren zu belegen, Anschlußleitungen herzustellen sowie Änderungen und Ausbesserungen an Haupt- und Anschlußleitungen vorzunehmen und verpflichtet sich, daselbst weder eine eigene Gas-Anstalt zu errichten oder zu betreiben und Gasleitungsröhren zu verlegen noch die Herstellung oder den Betrieb einer Gas-Anstalt und die Legung von Gasleitungsröhren einem Dritten zu gestatten; jedoch ist die Stadtgemeinde Berlin berechtigt, Verbindungsröhren durch diesen Stadtteil zu legen. Die §§ 4, 5 und 6 finden auch auf dieses Gebiet sinngemäße Anwendung. Sollte die öffentliche Beleuchtung mit Gas ganz oder teilweise aufgegeben und eine andere Beleuchtungsart eingeführt werden, wozu die Stadtgemeinde Berlin jederzeit berechtigt ist, so soll an die Stelle dieser Leistung eine seitens der Imperial-Continental-Gas-Association bar zu zahlende Entschädigung treten für jede Laterne, für welche die Stadtgemeinde auf die fernere Gaslieferung verzichtet, und zwar soll diese Entschädigung 78 ℳ jährlich betragen für jeden C-Brenner mit ganzer Brennzeit von 3675 Stunden und soll entsprechend berechnet werden für die übrigen Flammen.

Falls die Stadtgemeinde Berlin das in diesem Paragraphen getroffene Abkommen über den 1. November 1925 hinaus nicht zu verlängern beabsichtigt, steht ihr das Recht zu, binnen einer Frist von drei Jahren vor Ablauf desselben die zur Beschaffung von Gas usw. für dieses Gebiet erforderlichen Einrichtungen und Anstalten zu treffen.

§ 9.

Die Kontrahenten verpflichten sich, die jährlichen Mieten für die entliehenen Gasmesser, welche jetzt betragen:

für einen zu			3	Lichten	2,40	ℳ
"	"	"	5	"	3,00	"
"	"	"	10	"	4,20	"
"	"	"	20	"	6,00	"
"	"	"	30	"	7,20	"
"	"	"	45	"	9,60	"
"	"	"	60	"	12,00	"
"	"	"	80	"	15,00	"
"	"	"	100	"	18,00	"
"	"	"	150	"	28,80	"
"	"	"	200	"	36,00	"
"	"	"	300	"	48,00	"
"	"	"	500	"	66,00	"
"	"	"	1000	"	96,00	"

nicht ohne gegenseitige Genehmigung abzuändern.

§ 10.

Die Kontrahenten sind berechtigt, selbstzählende Gasmesser (Automaten) aufzustellen ohne Berechnung der in § 9 festgesetzten Mieten und ohne Anrechnung irgendwelcher Kosten für die Zuleitungsrohre. Die Abnehmer dürfen das durch diese Gasmesser abgegebene Gas nicht billiger als zum Preise von 10 ₰ pro 675 l erhalten.

§ 11.

Die Kontrahenten sind berechtigt, die Zuleitungsrohre kostenlos zu legen, in der Regel nur bis zum Gasmesser.

§ 12.

Dieses Abkommen soll am 1. April 1901 in Kraft treten.

Die Dauer dieses Vertrages wird, soweit nicht andere Abmachungen in diesem Vertrage getroffen sind (cfr. §§ 5 und 8) zunächst auf 10 Jahre festgesetzt. Sofern nicht der Vertrag spätestens ein Jahr vor seinem Ablauf von einem der Kontrahenten schriftlich aufgekündigt wird, verlängert sich die Dauer seiner Geltung jedesmal auf drei Jahre.

§ 13.

Die Kosten dieses Vertrages trägt die Stadt Berlin, ebenso wie die Stempelabgaben, denen die Rentenzahlung etwa unterliegen sollte. Dagegen verpflichtet sich die Imperial-Continental-Gas-Association, die Abgabe halbjährlich kostenfrei an die Stadt-Hauptkasse pünktlich zu zahlen, und im Falle sie im Verzuge ist, 5 Proz. Verzugszinsen pro anno zu zahlen.

Es wird beantragt:

> diese Verhandlung einmal für den Magistrat der Stadt Berlin und ein zweites und drittes Mal für die Imperial-Continental-Gas-Association auszufertigen.

Das vorstehende Protokoll ist in Gegenwart des Notars den Herren Erschienenen laut vorgelesen, von den Beteiligten genehmigt und von ihnen wie folgt eigenhändig unterschrieben worden:

Martin Kirschner.

Julius Ramslau.

Ludwig Delbrück.

August Eduard von Simson,

Notar.

Nachtragsvertrag vom 1. Juni 1911.

Vertrag*).

Zwischen der Stadtgemeinde Berlin, vertreten durch ihren Magistrat, und der Imperial Continental-Gas-Association, anonyme Gesellschaft zu London, vertreten durch ihren Generalbevollmächtigten Herrn Ludwig Delbrück, hierselbst, wird behufs Ergänzung und Abänderung des zwischen der Stadtgemeinde Berlin und der Imperial-Continental-Gas-Association vereinbarten Vertrages vom 13. März 1901 folgender Nachtragsvertrag geschlossen, in dessen Text, soweit der Name nicht ausgeschrieben ist, unter der Bezeichnung „Stadtgemeinde" stets die Stadtgemeinde Berlin, unter der Bezeichnung „Gasgesellschaft" stets die Imperial-Continental-Gas-Association verstanden ist.

---

*) Gemeindebeschluß vom 17. 5./24. 5. 1911. Gemeindeblatt S. 262. Akten **I** 1. Band 10.

§ 1.

Zu § 7 des Vertrages vom 13. März 1901 wird ergänzend vereinbart:

Es soll vermieden werden, daß für die Dauer dieses Vertrages die Stadtgemeinde und die Gasgesellschaft gleichzeitig in einem Grundstück Gas liefern. Sämtliche Grundstücke, in denen die Stadtgemeinde und die Gasgesellschaft bisher gleichzeitig Gas liefern oder zu liefern berechtigt sind, worunter auch solche Grundstücke fallen, in welchen zurzeit kein Gas abgegeben wird, oder in welchen überhaupt noch keine Gasleitungen vorhanden sind, werden daher zu einem Teil der Stadtgemeinde und zum anderen Teil der Gasgesellschaft zur ausschließlichen Gaslieferung überwiesen.

Die Verteilung dieser Grundstücke erfolgt entsprechend dem ungefähren Verhältnis der von der Stadtgemeinde einerseits und der von der Gasgesellschaft andererseits abgegebenen Gasmenge zu gleichen Teilen. Bei der Verteilung soll als Grundsatz gelten, daß diejenigen dem Wettbewerb unterliegenden Grundstücke, welche bisher entweder von der Stadtgemeinde allein oder von der Gasgesellschaft allein mit Gas versorgt werden, dem bisherigen Lieferanten verbleiben.

Ein Verzeichnis der nach obigen Bestimmungen noch als weiteres ausschließliches Versorgungsgebiet der Stadtgemeinde beziehungsweise der Gasgesellschaft zugewiesenen Grundstücke wird nach Abschluß dieses Vertrages von beiden Vertragsschließenden gemeinsam aufgestellt werden. Sollten sich bei der Zuteilung der einzelnen Grundstücke Unstimmigkeiten ergeben, so ist die Entscheidung von einem Schiedsgericht zu treffen, zu dem jede Partei einen Schiedsrichter abordert, während um Ernennung des Obmannes der Präsident des Königlichen Landgerichts Berlin-Mitte zu ersuchen ist.

Werden Grundstücke, die nach § 7 des Vertrages vom 13. März 1901 und dem zugehörigen Häuserverzeichnis sowie nach der obigen Vereinbarung teils ausschließlich von der Stadtgemeinde, teils ausschließlich von der Gasgesellschaft versorgt werden oder versorgt werden dürfen, durch bauliche Umgestaltung derart zu einem baulichen Ganzen vereinigt, daß die Eigenart der baulichen Gestaltung auf die Ausübung eines bestimmten Gewerbes oder eine sonstige einheitliche Ausnutzung zugeschnitten ist, also die Grundstücke eine wirtschaftliche Einheit bilden, so fallen solche neugebildeten einheitlichen Grundstücke abwechselnd der Stadtgemeinde oder der Gasgesellschaft zur ausschließlichen Gasversorgung zu. Gelangen mehrere Grundstücke gleichzeitig zur Verteilung, so soll für die Reihenfolge der Zuweisung das Datum des polizeilichen Bauscheines maßgebend sein. Grundstücke mit jährlich mehr als 50 000 cbm Gasverbrauch, in denen einer der beiden Vertragschließenden vorher mehr als ¾ des Gesamtabsatzes geliefert hat, sollen diesem Lieferanten außer der Reihe zur ausschließlichen Gasversorgung zufallen.

Liegen solche eine wirtschaftliche Einheit bildenden Grundstücke zum Teil außerhalb des Versorgungsgebietes der Gasgesellschaft, so werden sie der Stadtgemeinde außer der Reihe zur alleinigen Gaslieferung zugewiesen, mit Ausnahme von solchen Grundstücken, in denen jährlich mehr als 50 000 cbm Gas verbraucht werden. Als außerhalb des Versorgungsgebietes der Gasgesellschaft liegende Grundstücke sind auch diejenigen anzusehen, welche von der Gasgesellschaft nicht unmittelbar aus dem Straßenrohr, sondern nur durch Verlängerung von Leitungen, welche sich auf dem Grundstücke selbst befinden, versorgt werden können. Eine Erweiterung ihres Rohrnetzes durch Inanspruchnahme weiterer Straßen und Straßenteile, als sie bis jetzt mit Röhren belegt hat, ist der Gesellschaft überhaupt versagt.

In denjenigen Fällen, in welche die eine wirtschaftliche Einheit bildenden Grundstücke einem der Vertragschließenden außer der Reihe zur alleinigen Gasversorgung zufallen, wird der andere Teil für die entgangene Gaslieferung auch außer der Reihe durch Zuteilung eines anderen Grundstückes entsprechend entschädigt.

Damit keiner der beiden Vertragsteile eine Einbuße erleide, erfolgt jedesmal nach Ablauf von 2 Jahren im Januar oder Februar (zum ersten Male im Jahre 1914) eine Prüfung sämtlicher in der abgelaufenen Periode jedem der beiden Vertragsteile zugefallenen neu gebildeten einheitlichen Grundstücke. Zu diesem Behufe wird zunächst festgestellt, welche Gesamtabgabe sowohl die Stadtgemeinde als die Gesellschaft in diesen Grundstücken innerhalb 12 Monaten vor der Vereinigung gehabt hat. Diese Zahlen dienen als Zuteilungsmaßstab; wenn also z. B. für die Stadtgemeinde in diesen Grundstücken eine Gasabgabe von 200 000 cbm und für die Gasgesellschaft eine Gasabgabe von 130 000 cbm festgestellt wurde, so wäre der Zuteilungsmaßstab $\frac{200\,000}{330\,000} : \frac{130\,000}{330\,000}$. Es wird sodann festgestellt, wie hoch der tatsächliche Gasabsatz der Stadtgemeinde und der Gasgesellschaft in sämtlichen ihnen während der zweijährigen Periode zugefallenen, eine wirtschaftliche Einheit bildenden Grundstücken gewesen ist. Ergibt sich hierbei, daß ein Vertragsteil tatsächlich weniger Gas abgegeben hat, als ihm nach dem Zuteilungsmaßstabe verhältnismäßig zusteht, so wird dieser Vertragsteil außer der Reihe durch Zuweisung der nächsten zur Verteilung gelangenden Grundstücke entsprechend entschädigt.

§ 2.

An Stelle des § 4 des Vertrages vom 13. März 1901 tritt folgende Bestimmung:

Die Stadt Berlin und die Gasgesellschaft verpflichten sich, während der Dauer dieses Vertrages Gas in Berlin weder billiger noch teurer als für 13 ₰ für das Kubikmeter abzugeben. Jedoch sind beide vertragschließenden Teile berechtigt, ihren Abnehmern folgende Rabatte zu gewähren:

a) im allgemeinen darf ein Rabatt von 5 Proz. auf den Preis von 13 ₰, also ein ermäßigter Nettopreis von 12,35 ₰ für das Kubikmeter Gas berechnet werden;

b) für das im Geschäfts- und Gewerbebetriebe für andere als Beleuchtungszwecke verbrauchte Gas (abgesehen von dem zum Betrieb von Motoren und zur zentralen Warmwasserversorgung verwendeten Gase, vgl. unter c) darf den Abnehmern auf den Preis von 13 ₰ für das Kubikmeter ein Rabatt gewährt werden von

10 Proz.	bei einer Entnahme von				50 000—100 000	cbm
12	„	„	„	„	„	100 001—150 000	„
14	„	„	„	„	„	150 001—200 000	„
16	„	„	„	„	„	200 001—250 000	„
18	„	„	„	„	„	250 001—300 000	„
20	„	„	„	„	„	300 001 und mehr	„

c) Für das zum Motorenbetriebe und zur zentralen Warmwasserversorgung von ganzen Häusern oder auch einzelnen Wohnungen verwendete Gas darf den Abnehmern ohne Rücksicht auf die Höhe des Gasverbrauches der Höchstrabatt von 20 Proz. auf den Preis von 13 ₰ für das Kubikmeter gewährt werden.

§ 3.

An Stelle der §§ 2 und 3 des Vertrages vom 13. März 1901 tritt folgende Bestimmung.

Die Gasgesellschaft zahlt für die Dauer dieses Vertrages, sofern in Berlin eine die Gasproduktion oder die Gaskonsumtion treffende Abgabe nicht erhoben wird, an die Stadtgemeinde eine jährliche Rente von 9,46 Proz. fürs Jahr der Bruttoeinnahme für das von der Gasgesellschaft im Gemeindebezirk Berlin — ausschließlich der öffentlichen Beleuchtung — für alle Zwecke (zur Beleuchtung, zum Kochen, zum Betriebe von Gaskraftmaschinen usw.) gelieferte Gas, sofern der Preis nicht niedriger als 13 ₰ abzüglich 5 Proz. Rabatt, d. h. netto 12,35 ₰ für das Kubikmeter. Sinkt der Preis für diejenige Gaslieferung, welche zu den im § 2 b und c dieses Vertrages angegebenen Zwecken erfolgt, durch die im genannten Paragraphen vereinbarte Rabattgewährung unter 12,35 ₰, so verringert sich auch der Prozentsatz der für diese Gaslieferung zu zahlenden Rente, und zwar dergestalt, daß bei einem Preise von netto

12	₰ für das Kubikmeter			8,42	Proz.
11,5	„	„	„	6,94	„
11	„	„	„	5,46	„
10,5	„	„	„	3,98	„
10	„	„	„	2,5	„

und bei den dazwischen liegenden Preisstufen ein entsprechender Prozentsatz gezahlt wird.

Die Rente wird gezahlt in halbjährlichen Nachtragszahlungen am 1. Juli und 2. Januar jedes Jahres, und zwar wird die hier vereinbarte Rente zum ersten Male am 2. Januar 1912 gezahlt werden, während am 1. Juli 1911 noch der nach den Bestimmungen des Vertrages vom 13. März 1901 berechnete Rentenbetrag in Höhe von 303 424,29 ℳ zu zahlen ist.

Von drei zu drei Jahren, vom 1. Mai 1911 ab, wird der Jahresbetrag der an die Stadtgemeinde zu zahlenden Rente für die nächste dreijährige Periode von neuem festgesetzt auf Grund der Bruttoeinnahme, welche die Gesellschaft in ihrem letzten, der anderweitigen Festsetzung vorangegangenen Betriebsjahre für das von ihr im Gemeindebezirk Berlin an Private zur Konsumtion abgegebene Gas erzielt hat.

Die Gasgesellschaft ist verpflichtet, der Stadtgemeinde recht=
zeitig vor dem jedesmaligen Termin der Rentenfestsetzung die Zahl
der im betreffenden Betriebsjahre in Berlin zur Konsumtion ab=
gegebenen Kubikmeter Gas anzuzeigen, und zwar getrennt nach den
einzelnen durch die Rabattgewährung entstehenden Preisskalen.
Diese Angaben erfolgen von dem Bevollmächtigten der Gasgesellschaft
durch eine an Eidesstatt abgegebene Versicherung desselben.

§ 4.

Die Stadtgemeinde gestattet der Gasgesellschaft unter den
im § 5 des Vertrages vom 13. März 1901 vereinbarten Bedingungen
die Verlegung folgender Verbindungsröhren:

1. Von Britz nach Niederschöneweide durch das von Berlin mit
   Gas versorgte Gemeindegebiet von Baumschulenweg für den
   Fall, daß die Gesellschaft mit der Gemeinde Baumschulen=
   weg zu einer Verständigung hierüber kommen sollte.
2. Von Heinersdorf in westlicher Richtung durch das von Berlin
   mit Gas versorgte Gemeindegebiet Pankow direkt mit dem
   Dorfe Niederschönhausen für den Fall, daß die Gesellschaft
   mit der Gemeinde Pankow zu einer Verständigung hierüber
   kommen sollte.
3. Von Heinersdorf nach Französisch=Buchholz durch das der
   Stadt Berlin gehörige Rieselgut in Blankenburg.
4. Von Oberschöneweide nach Friedrichsfelde=Karlshorst, sofern
   die jetzt dem Kreise Niederbarnim gehörige, von Oberschöne=
   weide durch die Wuhlheide nach Friedrichsfelde=Karlshorst
   führende Chausseestrecke in das Eigentum der Stadt Berlin
   übergehen sollte.

Dagegen gestattet die Gasgesellschaft der Stadtgemeinde
unter den gleichen Bedingungen und sofern die Stadtgemeinde
mit den betreffenden Gemeinden zu einer Verständigung hier=
über gelangen sollte, die Verlegung folgender Verbindungs=
röhren:

1. Durch das Gebiet von Schöneberg.
2. Von der städtischen Gasanstalt in der Danziger Straße zu
   Berlin durch Weißensee und Heinersdorf.
3. Von Pankow durch Niederschönhausen und Französisch=
   Buchholz.

4. Von der städtischen, an der Oberspree zu errichtenden Gas=
anstalt durch Oberschöneweide und Friedrichsfelde=Karls=
horst.
5. Durch das Gebiet von Adlershof.

§ 5.

Die Gasgesellschaft ist berechtigt, die ihr vertraglich zustehenden
Rechte oder auch einzelne dieser Rechte mit Genehmigung der
Stadtgemeinde einem Dritten abzutreten unter der Voraus=
setzung, daß der Erwerber der Rechte gleichzeitig die den über=
tragenen Rechten entsprechenden Verpflichtungen übernimmt.
Die Stadtgemeinde darf die Genehmigung nur versagen, wenn
begründete Bedenken gegen die Leistungsfähigkeit des die Rechte
und Pflichten Übernehmenden vorliegen. Durch die Übernahme
der der Gasgesellschaft obliegenden Verpflichtungen durch einen
Dritten wird die Gasgesellschaft von diesen Verpflichtungen der
Stadtgemeinde gegenüber befreit.

§ 6.

Dieser Nachtrag tritt mit dem 1. Juli 1911 in Kraft.

§ 7.

Der Vertrag vom 13. März 1901 wird in der nunmehrigen
Fassung bis zum 31. März 1924 verlängert, soweit nicht andere
Abmachungen in den §§ 5 und 8 des Vertrages vom 13. März 1901
getroffen sind. Sofern nicht der Vertrag spätestens 1 Jahr vor
seinem Ablaufe von einem der Kontrahenten schriftlich gekündigt
wird, verlängert sich die Dauer seiner Geltung jedesmal auf drei
Jahre.

§ 8.

Die Bestimmungen des Vertrages vom 13. März 1901 bleiben,
insoweit sie nicht durch diesen Vertrag abgeändert oder aufgehoben
sind, bestehen.

§ 9.

Die Kosten und Stempelabgaben dieses Vertrages tragen die
Vertragschließenden je zur Hälfte.

§ 10.

Die vertragschließenden Teile erklären übereinstimmend:

In § 1 Absatz 6 sind unter denjenigen Grundstücken, welche dort von der Regel ausgenommen werden, weil in ihnen jährlich mehr als 50 000 Kubikmeter Gas verbraucht werden, nur solche zu verstehen, in denen die Gasgesellschaft mehr als ¾ davon geliefert hat.

Berlin, den 1. Juni 1911.

Magistrat der Königlichen Haupt= und Residenzstadt Berlin
Kirschner. Namslau.

In Generalvollmacht der Imperial=Continental= Gas=Association.
Ludwig Delbrück.

———

Der innere Ausbau der Verwaltung der städtischen Gaswerke.

Geschäftsanweisung für die Deputation der städtischen Gaswerke*).

Die Leitung der gesamten städtischen Gaswerke ist einer Deputation übertragen, welche den Namen

„Deputation der städtischen Gaswerke"

führt und dem Magistrat untergeordnet ist.

§ 1.

Die in Gemäßheit des § 59 der Städteordnung aus 3 Magistratsmitgliedern, 6 Stadtverordneten und 2 Bürger-Deputierten gebildete Deputation der städtischen Gaswerke hat den Betrieb und die Verwaltung dieser Werke zu leiten und zu beaufsichtigen. Dieselbe ist dementsprechend die nächste, dem Verwaltungs-Direktor und dem gesamten Personal der Gaswerke vorgesetzte Instanz, deren Anordnungen auch die Direktoren Folge zu leisten haben.

§ 2.

Die Deputation versammelt sich zur Erledigung der ihr obliegenden Geschäfte, so oft die Verhältnisse es notwendig machen, in der Regel einmal monatlich auf Einladung ihres Vorsitzenden. Derselbe ist verpflichtet, eine Sitzung anzuberaumen, sobald 3 Mitglieder der Deputation es beantragen.

Zur Beschlußnahme der Deputation ist die Anwesenheit von mindestens 4 Mitgliedern derselben, worunter sich ein Magistratsmitglied und 2 Stadtverordnete befinden müssen, erforderlich.

Der Verwaltungs-Direktor, der technische Direktor und der Subdirektor der städtischen Gaswerke wohnen den Sitzungen mit beratender Stimme bei, sofern nicht im Einzelfalle der Vorsitzende eine abweichende Anordnung trifft.

---

*) Gemeindebeschluß vom 2. 7./11. 10. 1894. Gemeindeblatt Seite 449, Akten II 9 g, Band 1.

§ 3.

Der Beschlußfassung der Deputation unterliegen insbesondere folgende Angelegenheiten:

1. die Festsetzung des Tarifs, nach welchem Gas an Privatpersonen abzugeben ist, vorbehaltlich der Genehmigung durch die Gemeindebehörden;

2. die Entscheidung über Zeit und Art der Ausdehnung des Rohrnetzes und der Erweiterungsbauten, soweit dieselben von den Gemeindebehörden genehmigt sind, und mit den von diesen bewilligten Mitteln bewirkt werden können;

3. alle Anträge und Berichte an den Magistrat und die sonstigen vorgesetzten Behörden;

4. die dem Magistrat zu überreichenden Etatsentwürfe;

5. die Anstellung und Entlassung von Personen in denjenigen Stellungen, mit denen eine Pensionsberechtigung verbunden ist, unter Beobachtung der darüber in dem Pensionsreglement für Angestellte der wirtschaftlichen und industriellen Anstalten der Stadt Berlin enthaltenen Bestimmungen, sowie die Feststellung der Gehälter für diese Angestellten innerhalb der durch den Etat festgesetzten Grenzen.

   Die Anstellung der Verwaltungs-, des technischen und des Subdirektors erfolgt auf Vorschlag der Deputation durch den Magistrat, nach vorheriger Präsentation bei der Stadtverordneten-Versammlung, deren Zustimmung zur Festsetzung der Gehälter dieser drei Direktoren erforderlich ist;

6. die Prüfung und Feststellung des durch den Verwaltungs-Direktor vorzulegenden Jahresabschlusses und Verwaltungsberichtes;

7. die Entscheidung über etwaige Abänderungen im Betriebe der Werke, über den Ankauf von Kohlen und sonstigen Materialien von Erheblichkeit und über Neuanschaffung von Maschinen, Leitungsröhren und sonstigen Gegenständen von Bedeutung, ferner die Festsetzung bestimmter Normen für den Verkauf der bei der Gasfabrikation gewonnenen Nebenprodukte;

8. Die Entscheidung über Beschwerden gegen die Direktoren, über Vergleiche in Streitsachen und über die Absetzung uneinziehbarer Forderungen;

9. die Verwendung der zur öffentlichen Beleuchtung, zur Unterstützung an Angestellte, Arbeiter und Witwen derselben, sowie zu unvorhergesehenen Fällen, Versuchen usw. in den Etat eingestellten Mittel.

§ 4.

Die Deputation erläßt die Kassenanweisungen, mit Ausnahme derjenigen, welche lediglich die Annahme oder Herausgabe der von den Gasabnehmern zu leistenden Kautionen betreffen. Sie ist befugt, die einzelnen Anstalten, sowie alle Bücher und Bestände derselben zu revidieren, Einsicht von den Akten zu nehmen und jede Auskunft von dem Verwaltungs-Direktor zu erfordern, auch einzelne Mitglieder mit der Ausübung dieser Geschäfte zu beauftragen.

§ 5,

Die Deputation ist berechtigt, die Ausführung von Anordnungen und Maßregeln der Direktoren zu beanstanden und befugt, in dringenden Fällen die Direktoren ihrer Tätigkeit zu entheben. In letzterem Falle ist sie verpflichtet, sofort diejenigen Maßregeln zu treffen, die sie zur Abwendung eines Nachteils für die Verwaltung für notwendig hält, und dem Oberbürgermeister von dem Geschehenen Kenntnis zu geben.

§ 6.

Abänderungen dieser Geschäfts-Ordnung bleiben vorbehalten.

Berlin, den 22. Juni 1894.

Magistrat hiesiger Königlichen Haupt- und Residenzstadt.

Zelle.

Geschäftsanweisung für die Direktion der städtischen Gaswerke.*)

§ 1.

Die Direktion der städtischen Gaswerke, welche sich aus dem Verwaltungs-Direktor und dem Betriebs-Direktor zusammensetzt, bearbeitet unter Leitung und Aufsicht der Deputation der städtischen Gaswerke und nach Maßgabe dieser Geschäftsanweisung alle auf die städtischen Gaswerke und Gasleitungen, sowie auf die übrigen städtischen Beleuchtungsanlagen bezüglichen Angelegenheiten.

---

*) Gemeindebeschluß vom 27. 12. 1900 / 17. 1. 1901 Gemeindeblatt Seite 34, Akten II 9 g, Band 2.

§ 2.

Soweit nicht in folgendem die Befugnisse der beiden Direktoren gesondert bestimmt sind, ist die Geschäftsführung eine kollegialische und die Verantwortung eine solidarische. Im Falle der Meinungsverschiedenheit beider entscheidet der Vorsitzende der Deputation.

Die Vertretung der Direktion nach außen und die Korrespondenz erfolgt unter der Firma

„Direktion der städtischen Gaswerke"

und mit der handschriftlichen Unterschrift eines der beiden Direktoren.

Von sämtlichen Eingängen haben beide Direktoren Kenntnis zu nehmen; die Urschriften der Ausgänge sind von beiden Direktoren zu zeichnen.

Mit Genehmigung des Deputationsvorsitzenden können hiervon Abweichungen festgesetzt werden.

§ 3.

Die nächste Aufsichtsinstanz der Direktion ist die Deputation für die städtischen Gaswerke. Den Anordnungen derselben ist sie Folge zu leisten schuldig. Die Direktion hat die Entscheidung der Deputation in allen Angelegenheiten einzuholen, welche nach der Geschäftsanweisung für die Deputation deren Zuständigkeit unterliegen. Außerdem hat die Direktion nicht nur jederzeit auf Erfordern der Deputation vollständige Auskunft über alle die Verwaltung betreffenden Angelegenheiten zu geben, sondern auch von allen wichtigen Vorkommnissen den Vorsitzenden der Deputation unaufgefordert in Kenntnis zu setzen. Von besonders wichtigen Vorgängen hat die Direktion auch dem Oberbürgermeister sofort Nachricht zu geben.

§ 4.

Als gemeinsame Angelegenheiten der Direktion gelten alle diejenigen Angelegenheiten, welche der Entscheidung der Deputation unterliegen und im § 3 der für die Deputation gegebenen Geschäftsanweisung unter 1—9 aufgeführt sind.

§ 5.

Dem Verwaltungs-Direktor werden insbesondere folgende Angelegenheiten übertragen:

a) die Leitung der Buch-, Rechnungs- und Kassenführung, soweit sie nach den bestehenden Bestimmungen der Direktion obliegt,

b) der Vertrieb des Gases und die Überwachung der Revierinspektionen,

c) der Vertrieb der gesamten Nebenprodukte, soweit der einzelne
Abschluß 100 t nicht übersteigt, unter Innehaltung der von
der Deputation aufgestellten Normen.

Der Verwaltungs-Direktor hat darauf zu achten, daß ein
vollständiges Inventarium geführt wird und daß sowohl dieses
Inventarium, als auch die sämtlichen Materialienbestände alljährlich mindestens einmal und zwar bei Gelegenheit des Rechnungs-
abschlusses aufgenommen und festgestellt werden.

Er erläßt und zeichnet die Kassenanweisungen, welche lediglich
die Annahme oder Herausgabe der von den Gasabnehmern zu
leistenden Kautionen betreffen, während alle übrigen Einnahme-
und Ausgabeordres durch die Deputation erlassen werden.

Der Verwaltungs-Direktor ist berechtigt und verpflichtet,
die von der Kasse zurückgegebenen Rechnungen ev. im Prozeßwege
einzutreiben.

Der Verwaltungs-Direktor hat darüber zu wachen, daß die
hinsichtlich der Abnahme, Aufbewahrung und Buchung der Materialien bestehenden Bestimmungen genau befolgt, auch rechtzeitig
Versicherungen gegen Feuersgefahr veranlaßt werden.

§ 6.

Dem Betriebs-Direktor werden folgende Angelegenheiten zugewiesen;

a) die Leitung des gesamten technischen Betriebes der Gaswerke;

b) die Überwachung des Rohrnetzes;

c) die Ausführung aller Reparaturen und Erweiterungsbauten
in den Gaswerken und im Rohrnetz;

d) die öffentliche Beleuchtung.

Es liegt ihm die Pflicht ob, nicht nur die Gaswerke in gutem Zustande zu erhalten, die nötigen Neubauten, Reparaturen, die Erweiterungen und Vervollständigung der Röhren-Systeme, die
Vermehrung und Verbesserung der öffentlichen Straßenbeleuchtung
zu rechter Zeit zu beantragen, die erforderlichen Pläne und Kosten-
anschläge anfertigen und die genehmigten ausführen zu lassen,
sondern auch unter Berücksichtigung der Fortschritte der Wissen-

schaft und Technik für die möglichste Verbesserung der Werke Sorge
zu tragen.

Dem Betriebs-Direktor ist es nicht gestattet, ohne besondere
Ermächtigung des Magistrats Ausführungen, Einrichtungen oder
Entwürfe usw. für Fremde zu fertigen.

§ 7.

Die Direktion ist befugt, innerhalb der Grenzen und Bestimmungen des Etats und der sonst erlassenen Anordnungen die
im Bereiche der Verwaltung und des Betriebes der städtischen
Gaswerke erforderlichen einfachen Lohnarbeiter nach Bedürfnis
einzustellen und wieder zu entlassen.

Die Einstellung und Entlassung von technischem und Bureau-
personal sowie die Feststellung der Annahmebedingungen ist bei
der Deputation zu beantragen.

Die Genehmigung der Deputation ist einzuholen zum Abschluß von Verträgen und zu Neuanschaffungen, welche Gegenstände von über 1000 ℳ betreffen.

§ 8.

Sämtliche Beamte und Angestellte der städtischen Gaswerke,
sowie die bei denselben sonst beschäftigten Personen sind beiden
Direktoren unterstellt, indessen übt die spezielle Aufsicht über die
im Zentralbureau, sowie über die in der Buch-, Rechnungs- und
Kassenführung, endlich über die in den Revierinspektionen angestellten Beamten und beschäftigten Personen in der Regel der
Verwaltungs-Direktor, über alle im technischen Zentralbureau
und im technischen Betriebe und über die für die öffentliche Beleuchtung angestellten bzw. beschäftigten Personen in der Regel der
Betriebs-Direktor.

Der Direktion steht das Recht der vorläufigen Suspension
eines Angestellten zu; jedoch ist über letztere dem Vorsitzenden
der Deputation sofort Mitteilung unter Angabe der Gründe zu
machen.

Die Direktion ist berechtigt, und zwar jeder der Direktoren
bezüglich der ihm speziell unterstellten Personen, Urlaub bis zur
Dauer von 3 Tagen zu erteilen und, falls Stellvertretungskosten
nicht entstehen, ihnen für diese Zeit die Kompetenzen zu belassen;
sie sind jedoch verpflichtet, dem Vorsitzenden der Deputation Anzeige
zu machen.

Weitergehende Urlaubsgesuche hat die Direktion dem Vorsitzenden der Deputation mit Begutachtung zur Genehmigung vorzulegen.

Die Stellvertretung des Personals regelt die Direktion.

§ 9.

Die Direktion hat sich in den Grenzen des Etats und der einschlägigen Gemeindebeschlüsse zu halten und sorgfältig alle Etatsüberschreitungen zu vermeiden. Ergeben sich im Laufe des Etatsjahres oder der vorgesehenen Bauperiode Überschreitungen der genehmigten Beträge als unvermeidlich, so hat die Direktion der Deputation zeitig davon Anzeige zu machen und erforderlichenfalls begründete Anträge auf Bewilligung der notwendigen Mehrforderungen zu stellen.

§ 10.

Alljährlich hat die Direktion einen vollständigen Verwaltungsbericht nebst Bilanz über die Ergebnisse des verflossenen Geschäftsjahres der Deputation vorzulegen.

§ 11.

Bis zum 1. Oktober jedes Jahres hat die Direktion den Etatsentwurf für das nächstfolgende Verwaltungsjahr mit den erforderlichen Erläuterungen der Deputation zur Beschlußnahme vorzulegen, gleichzeitig auch ihre etwaigen Anträge über die in demselben vorzunehmenden Erweiterungen und Erneuerungen der Anstalten und des Rohr-Systems zu stellen.

§ 12.

Im Falle von Krankheit, Beurlaubung oder längerer Abwesenheit eines Direktors übernimmt der andere die Vertretung, falls die Deputation nicht eine anderweitige Stellvertretung anordnet.

Urlaub der Direktoren bis zu 14 Tagen kann durch den Vorsitzenden der Deputation erteilt werden. Längerer Urlaub ist durch Vermittelung des Vorsitzenden der Deputation bei dem Oberbürgermeister nachzusuchen.

§ 13.

In Ausführung dieser Geschäftsanweisung kann die Deputation die etwa erforderlichen besonderen Vorschriften erlassen. Auch

ohne solche besonderen Vorschriften bleiben die Direktoren allen
Verpflichtungen unterworfen, welche sich für sie aus den für Be=
amte der Stadt Berlin allgemein geltenden Vorschriften ergeben.

§ 14.

Abänderungen dieser Geschäftsanweisung bleiben jederzeit
vorbehalten.

Berlin, den 29. Januar 1901.

Magistrat hiesiger Königlicher Haupt= und Residenzstadt.
K i r s c h n e r.   N a m s l a u.

Dienstinstruktion für die Anstalts=Dirigenten vom 10. 10. 1902, Akten II 9 g, Band 2.

§ 1.

Die Anstaltsdirigenten haben die Anordnungen der Direktion
pünktlich zu befolgen, dieselbe von allen Vorkommnissen im Be=
triebe, bei den Bauten und Ausführungen fortwährend in Kenntnis
zu erhalten, über erforderliche Veränderungen oder Neubeschaffungen
rechtzeitig zu berichten und nach deren Bestimmungen, sowohl
hinsichtlich des Betriebes als auch der Ausführung der Bauten, und
von Reparaturen genau zu verfahren.

§ 2.

Dieselben haben für die Beschaffung der erforderlichen Anzahl
von Arbeitern zum Betriebe und für die übrigen vorkommenden
Arbeiten zu sorgen und darüber zu wachen, daß sämtliche Arbeiter
ihre Pflicht pünktlich erfüllen und ihren Anordnungen in jeder Be=
ziehung nachkommen. Sie haben dafür zu sorgen, daß das erfor=
derliche Gas in gehöriger Qualität und in den von dem Betriebs=
direktor für jede Anstalt zu bestimmenden Quantitäten zu rechter
Zeit angefertigt wird, daß die von dem Betriebsdirektor festgestellten
Druckverhältnisse möglichst eingehalten werden und hierbei auf den
möglichst vorteilhaften Betrieb der Anstalt, sowie auf die Reinheit
und die erforderliche Lichtstärke des Gases ihre Aufmerksamkeit zu
richten. Sie haben die Verwendung der zur Vergasung kommen=
den Kohlen, sowie des Materials zur Unterfeuerung der Retorten=
öfen, den Gewinn an Koks, Teer, Ammoniakwasser und den Ver=
brauch an Reinigungsmasse genau zu überwachen, auch darauf zu

sehen, daß die vorgeschriebene Zeit zur Chargierung der Retorten pünktlich innegehalten werde. Zu diesem Zweck haben sie die Arbeiter auf der Anstalt zu verschiedenen Tageszeiten und auch zur Nachtzeit zu kontrollieren, um sich dadurch die Überzeugung zu verschaffen, daß sowohl die Poliere als auch die Arbeiter ihren Anordnungen Folge leisten.

§ 3.

Die Annahme der zu liefernden Kohlen sowie der sonst zum Betriebe gehörigen Materialien haben die Anstaltsdirigenten zu kontrollieren, deren Richtigkeit zu bescheinigen und für deren ordnungsmäßige Aufbewahrung zu sorgen, auch den Verkauf und die Verwendung des gewonnenen Kokses, des Teers und der sonstigen Nebenprodukte nach der Bestimmung des Verwaltungsdirektors auszuführen. Über die gelieferten Kohlen und Betriebsmaterialien, sowie über die im Betriebe verwendeten Kohlen und Feuerungsmaterial sowie über die sämtlich gewonnenen Produkte haben sie nach einem für alle Anstalten übereinstimmend zu erteilenden Formulare genaue Listen zu führen und täglich kurrent zu erhalten. Aus diesen Listen sind die nach einem für alle Anstalten gleichmäßig eingerichteten Formulare die für den Betriebsdirektor täglich zu erstattenden Rapporte, sowie die wöchentlichen und die monatlichenBerichte zusammenzustellen.

§ 4.

Die Anstaltsdirigenten sind verpflichtet, dem Betriebsdirektor gleichzeitig mit ihren Anträgen auf Reparaturen an Gebäuden und Apparaten die Zahl der im Laufe des nächsten Jahres umzubauenden Retortenöfen anzugeben.

Sollten im Laufe des Jahres außer den vorgesehenen Reparaturen an den Gebäuden und Apparaten sich noch andere als unbedingt notwendig ergeben, so ist hierüber dem Betriebsdirektor sofortige Mitteilung zur weiteren Veranlassung zu machen.

Bei den unter ihrer Leitung auszuführenden Reparaturen, Neubauten und Erweiterungen sind dieselben verpflichtet, die speziellen Anweisungen des Betriebsdirektors zu beachten.

§ 5.

Dieselben haben für die sichere Unterbringung der von ihnen abzunehmenden Materialien zu den Bauten und Apparaten, für

deren Schutz gegen Beschädigung und deren ordnungsmäßige
Verwendung zu sorgen, auch über den Zu= und Abgang der ihnen
anvertrauten Materialien und über die Art der Verwendung der=
selben nach dem für alle Anstalten gleichmäßig festzustellenden
Formulare genaue Bestandsbücher zu führen und diese fortdauernd
kurrent zu erhalten.

Sie sind verpflichtet, die Rechnungen der Handwerker und
Lieferanten über die von ihnen abgenommenen Materialien zu
prüfen und zu bescheinigen, wobei dieselben für die Richtigkeit aller
Maßangaben, Gewichte usw. einzustehen haben.

§ 6.

Die Anstaltsdirigenten haben darauf zu achten, daß die Bücher
von dem unter ihnen stehenden Buchhalter genau nach den er=
lassenen Anweisungen geführt werden.

Über die eingehenden Briefe ist ein Briefjournal zu führen,
in welches die Briefe unter Vermerk des Namens des Absenders,
der Eingangszeit und des etwaigen Portos einzutragen sind. Die
darin enthaltenen Aufträge resp. Anfragen sind sofort zu erledigen.
Briefe, welche irrtümlich dem Bureau der Gasanstalt zugegangen
sind, und das Zentralbureau oder die Privat= oder öffentliche Er=
leuchtung betreffen, sind dem ersteren, den Revierinspektoren oder
dem Dirigenten für die öffentliche oder Privatbeleuchtung sofort
zuzusenden.

§ 7.

Jedem der Anstaltsdirigenten werden ein oder mehrere Be=
triebsassistenten und Buchhalter je nach den Bestimmungen der
Direktion zur Hilfe und zur Vertretung zugeteilt.

§ 8.

Sollten die Anstaltsdirigenten auf kürzere oder längere Zeit
Urlaub zu nehmen wünschen, so haben sie ihre Anträge an die Di=
rektion zu richten.

§ 9.

Es wird vorbehalten, Abänderungen bzw. Zusätze zu dieser
Instruktion zu machen, welchen die Anstaltsdirigenten in gleicher

Weise, wie der vorstehenden Instruktion nachzukommen verpflichtet sind.

Berlin, den 10. Oktober 1902.

Direktion der städtischen Gaswerke.

Fürst.   Schimming.

Dienstinstruktion für die Assistenten der Anstalts=Dirigenten vom 12. 7. 1911, Akten II 9 g, Band 2.

§ 1.

Die Assistenten der Anstaltsdirigenten, von denen in der Regel der Dienstälteste den Titel Betriebsingenieur führt, sind den Anstalts= dirigenten zur Unterstützung überwiesen. Sie haben die Dirigenten als ihre unmittelbaren Vorgesetzten zu betrachten. Abgesehen von Fällen der Gefahr, in denen sofortige Abhilfe notwendig ist, sind sie nicht befugt, im Betriebe oder bei Bauten usw. selbständige An= ordnungen zu treffen, ohne von dem Anstaltsdirigenten hierzu er= mächtigt zu sein. Erteilt die Direktion den Assistenten unmittelbar Aufträge, haben sie diese pünktlich auszuführen, ihren direkten Vorgesetzten aber unverzüglich Mitteilung zu machen.

§ 2.

Die Dienstzeit der Assistenten ist im allgemeinen auf die Zeit von 8—12 und 2½—6 Uhr festgesetzt. Mindestens einer der Assi= stenten hat sich auch während der Mittagszeit und von 6 Uhr abends bis 6 Uhr früh und an den Sonn= und Feiertagen dienstbereit in der Anstalt aufzuhalten. Die Zeiträume, an welchen sich die Assi= stenten, abgesehen von der gewöhnlichen Dienstzeit, dienstbereit zu halten haben, bestimmt der Dirigent. Zur ausnahmsweisen Abänderung des aufgestellten Dienstplans ist in jedem Falle die Genehmigung des Dirigenten einzuholen.

Alle Assistenten sind verpflichtet, wenn es der Betrieb nach dem Ermessen des Dirigenten erforderlich macht, auch über die normale Dienstzeit hinaus und auch während der Nacht Dienst zu tun, Ver= suche zu beaufsichtigen oder Kontrollen auszuführen, ohne hierfür eine besondere Entschädigung beanspruchen zu können. Während der Dienststunden dürfen die Assistenten die Anstalt nicht verlassen, wenn sie nicht von dem Anstaltsdirigenten hierzu Erlaubnis erhalten haben oder von demselben mit der Erledigung von Geschäften außerhalb der Anstalt beauftragt worden sind.

§ 3.

Das Leistungsgebiet der Assistenten läßt sich nicht genau umgrenzen. Die Bedürfnisse des Gasanstaltsbetriebes, das pflichtmäßige Ermessen des Dirigenten und der Eifer und die Umsicht der Assistenten müssen die maßgebenden Richtlinien geben.

Hauptsächlich haben die Assistenten ihr Augenmerk darauf zu richten, daß der Betrieb und Vertrieb nach den speziellen Anweisungen des Dirigenten ordnungsgemäß erfolgt und haben sie dabei darüber zu wachen, daß die sämtlichen Betriebsanlagen und -Geräte sich in gebrauchsfähigem Zustand befinden und ihrer Bestimmung gemäß verwendet werden, ferner daß die in der Anstalt zu verwendenden Materialien ordnungsgemäß verbraucht, unter anderem Kohlen und Koks usw. richtig zugemessen und nicht verschleudert werden, sowie daß Ordnung und Reinlichkeit auf den Plätzen und in den Gebäuden herrsche. Es steht ihnen ferner die Beaufsichtigung der Meister, Poliere und Arbeiter zu, welche sie zur Pflichttreue, Gewissenhaftigkeit und zum Fleiß anzuhalten haben. Sie mögen ferner darauf achten, daß die gewonnenen Produkte in gehöriger Ordnung gelagert werden, daß die Arbeitszeiten der bei der Anstalt beschäftigten Leute richtig notiert und die Löhne hiernach richtig berechnet werden, daß die erforderlichen Schutzvorkehrungen getroffen und die erlassenen Unfallverhütungsvorschriften streng eingehalten werden usw.

Die Assistenten haben die Pflicht, alle Vorkommnisse auf der Anstalt, insbesondere jede Abweichung von dem regelmäßigen Betrieb, jede Betriebsstörung usw. zur Kenntnis des Anstaltsdirigenten zu bringen und sich häufiger während der Nacht von dem ordnungsmäßigen Zustand des Betriebes zu überzeugen.

Die Assistenten müssen bemüht sein, den Dienst in bureau- und betriebstechnischer Hinsicht auf der Anstalt in allen seinen Einzelheiten, also auch über den ihnen speziell zugewiesenen Wirkungskreis hinaus, gründlich kennen zu lernen, so daß sie in der Lage sind, sich nicht nur selbst unter einander jederzeit, sondern auch erforderlichen Falles den Dirigenten vertreten zu können.

Im übrigen muß es den Assistenten überlassen bleiben, ihre Tätigkeit da einzusetzen, wo es gilt, den Betrieb einwandfrei und mustergiltig zu gestalten.

§ 4.

Die Assistenten haben den Dirigenten bei der Anfertigung von Projekten, Zeichnungen, Berechnungen, Berichten, Anschlägen, Baukontrollen usw. helfend zur Seite zu stehen.

§ 5.

Sie haben sich dem Publikum sowie den ihnen untergeordneten Meistern, Aufsehern und Arbeitern gegenüber eines gemessenen und freundlichen Entgegenkommens zu befleißigen und es zu vermeiden, unnötigerweise Unzufriedenheit und Verdrießlichkeit zu erzeugen.

§ 6.

Es bleibt vorbehalten, diese Instruktion abzuändern, Zusätze zu derselben zu machen oder auch die Assistenten zu anderen, ihrem Bildungsgang und Fähigkeiten entsprechenden Arbeiten als die vorstehend berührten zu verwenden.

Berlin, den 12. Juli 1911.

Direktion der städtischen Gaswerke.

F ü r st.   J. B. G a d a m e r.

Dienstanweisung für die Koks-Kontrolleure auf den städtischen Gasanstalten vom 30. 3. 1898 / 24. 2. 1903, Akten II 9 g, Band 2.

Die Kokskontrolleure auf den städtischen Gasanstalten sind dem Dirigenten der betreffenden Anstalt unterstellt und haben dessen Anordnungen pünktlich Folge zu leisten.

Sie haben darüber zu wachen, daß den Kokskäufern die auf den Marken vorgedruckte Menge durch die Arbeiter der Gasanstalt richtig zugemessen wird.   Hierbei ist zu beachten, daß die von den Käufern vorgelegten Marken einen gültigen nicht länger als 2 Tage laufenden Datumstempel tragen sollen.   Vorzeiger von Marken mit älteren Stempeln sind an das Bureau zu verweisen.   Es darf auf solche Marken erst vermessen werden, nachdem von dem Dirigenten der Anstalt oder einem Beauftragten desselben die Marken als gültig neu abgestempelt worden sind.

Hat der Kontrolleur die vorgelegte Marke als gültig befunden, so durchlocht er die an der Hauptmarke befindliche Kontremarke, trennt dieselbe ab und übergibt sie dem Käufer, wobei er demselben gleichzeitig einen Platz anzuweisen hat, wo ihm der gewünschte

Koks oder auch andere Nebenprodukte der Gaserzeugung verabfolgt werden sollen.

Nach beendetem Verkaufe hat der Kokskontrolleur die zurückbehaltenen Markenteile täglich im Bureau der Gasanstalt abzuliefern.

Beim Verladen von Koks auf Eisenbahnwagen haben die Kokskontrolleure darauf zu achten, daß der Koks frei von Asche und Breeze verladen wird, und daß das auf dem Frachtbrief angegebene Gewicht auf dem Wagen enthalten ist.

Das Verladen und Verwiegen der übrigen Nebenprodukte wie Teer, Ammoniakwasser, Graphit und ausgebrauchte Reinigungsmasse gehört ebenfalls zu den Obliegenheiten des Kokskontrolleurs, wenn nicht für diese Zwecke ein besonderer Wiegemeister vorhanden ist.

Die Kokskontrolleure haben sich täglich mit dem Platzmeister zu verständigen, damit ihnen rechtzeitig die genügende Anzahl von Arbeitern zum Vermessen und Verwiegen aller Produkte zur Verfügung gestellt werden können.

Wenn Koks auf Lager gekarrt wird, so hat der Kokskontrolleur die damit beschäftigten Arbeiter zu beaufsichtigen, die Menge aufzuschreiben und am Abend die betreffenden Zahlen in das Betriebsbuch einzutragen.

Außerdem haben sie ein Lagerbuch zu führen, in welchem sie täglich den Zu- bzw. Abgang vom Lager einzutragen haben.

Den Verbrauch von Asche zur Dampfkesselfeuerung, den Gewinn an Breeze und Asche durch den Koksbrecher und den Rückstand aus den Generatoraschfällen haben sie täglich aufzuschreiben und in die dafür bestimmten Bücher einzutragen.

Die Kokskontrolleure haben ferner die Karrbahnen und Karrgänge zu beaufsichtigen und etwaige Mängel an denselben sofort zu melden; ebenso haben sie für die Sicherheit der Koksladebrücken und für die Instandhaltung derselben, sowie für die vorschriftsmäßige Beschaffenheit der Meßgefäße Sorge zu tragen. Alle Meldungen hierüber sind dem Dirigenten oder einem Betriebsassistenten zu erstatten. In eiligen Fällen haben sich die Kokskontrolleure behufs Abstellung etwaiger Übelstände an den Werkmeister oder Platzmeister zu wenden.

Die Kokskontrolleure haben sich dem Publikum sowie den ihnen unterstellten Aufsehern und Arbeitern gegenüber eines ge

messenen, freundlichen Benehmens zu befleißigen und alle Unzu=
friedenheiten und Verdrießlichkeiten zu vermeiden.

Die Dienststunden der Kokskontrolleure dauern in den Wochen=
tagen von 6 Uhr morgens bis 12 Uhr mittags und von 1 Uhr mittags
bis nach beendeter Kontrolle der Marken durch den damit betrauten
Beamten; an Sonntagen und den Festtagen, an denen Koksverkauf
stattfindet, ist die Arbeitszeit von 6 bis 9 Uhr morgens bzw. bis
zum Schluß des Vermessens. Abweichungen hiervon bleiben
der Genehmigung des Verwaltungsdirektors vorbehalten.

Der Verwaltungsdirektor behält sich vor, Abänderungen und
Zusätze zu dieser Dienstanweisung zu machen. Die Kokskontrolleure
sind verpflichtet, den abgeänderten oder zusätzlichen Bestimmungen
in gleicher Weise wie den in dieser Dienstanweisung enthaltenen Be=
stimmungen nachzukommen.

Dem Verwaltungsdirektor soll es auch freistehen, die Koks=
kontrolleure zu anderen Zwecken im Dienste der Gasanstalten zu
verwenden.

Berlin, den 30. März 1898.
Der Verwaltungsdirektor der städtischen Gaswerke.
S t r e i c h e r t.

Die Dienstanweisung für die Kokskontrolleure bei den städti=
schen Gasanstalten vom 30. März 1898 wird dahin abgeändert,
daß:

a) der Absatz 4 in Zukunft lautet:

„Nach beendetem Verkaufe hat der Kokskontrolleur die
zurückbehaltenen Markenteile täglich im Bureau der Gas=
anstalt abzuliefern",

b) auf Seite 4 in der dritten Zeile von oben anstatt des Wortes
Koksverkäufer

„damit betrauten Beamten"

zu setzen ist.

Gleichzeitig wird hinsichtlich des bei dem Verkaufe von Koks
und sonstigen Nebenprodukten zu beobachtenden Verfahrens noch
folgendes bestimmt:

α) Die Kolonnenführer der zum Aufladen bestimmten Arbeiter
dürfen mit dem Aufladegeschäft erst beginnen, nachdem
ihnen die Käufer die vorschriftsmäßig durchlochten Kontre=

Marken eingehändigt haben. Vor Rückgabe dieser Marken an die Käufer haben die Kolonnenführer dieselben stets durch Abreißen der rechten unteren Ecke zu entwerten.

β) Wenn die Käufer mit den gekauften Waren die Anstalt verlassen, hat ihnen der Anstaltsportier die Kontremarken abzunehmen und letztere in einen verschlossenen Blechkasten zu werfen, dessen Schlüssel im Bureau aufzubewahren ist. Den Kokskontrolleuren ist es unbedingt verboten, Kontre=marken an sich zu behalten oder solche in Vertretung des Portiers anzunehmen.

γ) Nach beendetem Verkaufe hat an jedem Tage ein von dem Dirigenten der Anstalt damit zu betrauender Beamter des Bureaus die von dem Kokskontrolleur abzuliefernden Markenteile mit den aus dem Blechkasten zu entnehmenden Kontremarken zu vergleichen und die sich hierbei etwa er=gebenden Differenzen dem Anstaltsdirigenten zu melden. Letzterem soll es jedoch freistehen, mit der Entgegennahme derartiger Meldungen einen anderen Beamten zu betrauen. Der Koksverkäufer ist hiermit als beim Verkauf beteiligter Beamter nicht zu beauftragen.

Berlin, den 24. Februar 1903.

Direktion der städtischen Gaswerke.

Fürst.   Schimming.

Dienstanweisung für die Magazinverwalter der städtischen Gaswerke vom 28. 8. 1905, Akten II 9 g, Band 2.

§ 1.

Geschäftsbereich — Dienstzeit.

Der Geschäftsbereich und die Dienstzeit der Magazinverwalter werden nach dem Bedürfnis durch besondere Verfügungen geregelt.

§ 2.

Arbeiter.

Dem Magazinverwalter unterstehen die im Magazin beschäftigten Arbeiter.

Im Verkehr mit denselben hat der Magazinverwalter ein be=stimmtes, ruhiges und sachliches Verhalten zu beobachten.

Differenzen zwischen Magazinverwalter und Arbeitern sind von dem Dirigenten der Anstalt, auf welcher das betreffende Magazin belegen ist, zu regeln.

Anträge auf Vermehrung oder Verminderung des Magazin= personals sind an denselben Dirigenten zu richten.

Der Magazinverwalter hat auf pünktliche Innehaltung der für die Magazinarbeiter festgesetzten Dienstzeit zu halten und für die Ver= teilung und Ausführung der vorzunehmenden Arbeiten zu sorgen.

Die Kontrolle über die geleistete Arbeitszeit der ständig im Magazin beschäftigten Arbeiter hat der Magazinverwalter in einem besonderen Lohnbuch zu führen und in dasselbe die Arbeitszeiten täglich einzutragen.

§ 3.
Magazinbestände.

Der Magazinverwalter ist dafür verantwortlich, daß die im Ma= gazin geführten Materialien, Werkzeuge und sonstigen Gegenstände stets in genügender Menge und in brauchbarer Beschaffenheit auf Lager sind, und daß für die verausgabten Stücke rechtzeitig die Be= schaffung des erforderlichen Ersatzes beantragt wird.

Die von den Revierinspektionen, von den Rohrlegern oder von anderen Dienststellen zurückgegebenen Gasmesser, Magazingegen= stände und Werkzeuge sind von dem Magazinverwalter auf ihre Wiederverwendbarkeit zu prüfen.

Die reparaturbedürftigen Gasmesser und Werkzeuge werden an das Zentralmagazin zur Prüfung und von dort zur Reparatur gegeben, die unbrauchbar gewordenen durch neue ersetzt. Die hier= durch erforderlich werdenden Bestellungen finden in Gemäßheit der Vorschriften des § 4 statt.

Werden Gegenstände zurückgegeben, welche durch Fahrlässigkeit oder mit Absicht beschädigt sind, hat der Magazinverwalter dem Dirigenten des Zentralmagazins unter Einreichung der beschädigten Stücke Bericht zu erstatten.

§ 4.
Bestellung und Abnahme von Magazingegen= ständen.

Die Bestellung von Magazingegenständen erfolgt für alle Maga= zine nach Genehmigung des Dirigenten des Zentralmagazins von Seiten des Magazinverwalters des Zentralmagazins. Die Be=

stellung wird in das Bestellbuch eingetragen. Ein mit dieser Eintragung gleichlautender Bestellzettel geht an den Lieferanten.

Bestellbuch und Bestellzettel sind aber zunächst dem Betriebsassistenten, welcher mit der Abnahme der Materialien betraut ist, zur Prüfung und dann dem Dirigenten des Zentralmagazins zur Vollziehung vorzulegen.

Etwaige Liefertermine sind auf dem Bestellzettel zu vermerken.

Bestellzettel für Gegenstände des eigenen Bedarfs der einzelnen Gasanstalten werden im Bureau derselben ausgestellt und vom Dirigenten der betreffenden Anstalt unterschrieben.

Die Bestellung des für die Petroleumbeleuchtung erforderlichen Petroleums erfolgt für die einzelnen Magazine vom Bureau der öffentlichen Beleuchtung.

Der Magazinverwalter hat den Empfang des Petroleums auf dem Empfangsschein durch Namensunterschrift zu bescheinigen, ebenso wie es bei den übrigen Lieferanten geschieht.

Die Abnahme derjenigen angelieferten Gegenstände, welche nur auf Gewicht und Stückzahl zu prüfen sind, kann durch den Magazinverwalter erfolgen.

Alle anderen Gegenstände usw., bei deren Abnahme Prüfungen der Güte des Materials und der bedingungsgemäßen Ausführung vorzunehmen sind, sind von einem Betriebsassistenten abzunehmen.

Unbrauchbare oder den Anforderungen nicht genügende Gegenstände sind nicht abzunehmen. Von den Liefer= bzw. Empfangsscheinen oder den sonstigen Belägen sind dieselben mit entsprechendem Vermerk abzusetzen.

Die den Lieferanten zu erteilende Quittung ist auf den Empfangsschein zu setzen, welcher mit dem Lieferschein übereinstimmen muß und zwar durch den Beamten, welcher die Gegenstände usw. abgenommen hat.

Erfolgt eine durch das Zentralmagazin bestellte Lieferung infolge besonderer Anordnung direkt an ein Zweigmagazin, so ist die Abnahme der Ware und die Behandlung der Empfangs= und Lieferscheine genau so wie für das Zentralmagazin vorgeschrieben ist, durch den Magazinverwalter des Zweigmagazins bzw. durch einen Betriebsassistenten der betreffenden Anstalt zu bewirken.

Nach erfolgter Abnahme einer derartigen Lieferung ist der von dem abnehmenden Beamten unterschriebene Lieferschein dem Zentralmagazin zuzuschicken.

Nach erfolgter Lieferung und eventueller Richtigstellung des Lieferscheines von seiten des Beamten, welcher die gelieferten Gegenstände abgenommen hat, sind von dem Magazinverwalter unter Angabe des Lieferungstages die einzelnen Posten der Lieferung bzw. Teillieferung im Bestellbuche abzuschreiben.

Nach Eintragung der Rechnung in die Prima-Nota ist das Datum der letzteren und die Rechnung bei den betreffenden Posten im Bestellbuch zu vermerken.

Die Einlieferung und Abnahme der von den Revierinspektionen an die Magazine zurückgegebenen Gasmesser erfolgt auf Grund besonderer Eingangs- bzw. Umtauschzettel und Begleitscheine, welche vom Revierinspektor ausgestellt und unterschrieben sein müssen.

Der Magazinverwalter hat in einem besonderen Gasmesserquittungsbuche der betreffenden Revierinspektion über den Empfang durch Namensunterschrift Quittung zu leisten.

Die Zweigmagazine haben die von den Revierinspektionen zurückgegebenen Gasmesser mit Nachweisungen und Begleitscheinen an das Zentralmagazin zu senden.

Automatgasmesser müssen besonders aufgeführt werden.

Beschädigte Gasmesser, deren Reparaturkosten der Konsument zu tragen hat, sind mit einem Vermerk sogleich dem Zentralmagazin zur weiteren Veranlassung zu übersenden.

Die Magazinverwalter der Filialmagazine haben allwöchentlich eine tabellarische Übersicht ihrer Bestände an Gasmessern, Kochern und Beleuchtungsgegenständen für Automateinrichtungen an das Zentralmagazin zu senden, damit das letztere den Gesamtbestand ermitteln und notwendig gewordene Neubestellungen anregen kann.

§ 5.

Einnahme und Verbuchung von Magazingegenständen.

Sämtliche von den Lieferanten gelieferten, sowie die von den einzelnen Dienststellen (Revierinspektionen, Anstalten, öffentliche Beleuchtung usw.) mit Ausnahme des Röhrensystems zurückgegebenen magazingegenstände sind in die Eingangskladde einzutragen, welche Mit Lieferscheinen und sonstigen Belägen an die Buchhalterei des Zentralmagazins zur weiteren Verbuchung zu übergeben ist.

In den Filialmagazinen erfolgt die Eintragung der Lieferungen und der von den einzelnen Revierinspektionen zurückgegebenen Magazingegenstände direkt an das Journal bzw. in das sogenannte Piecenbuch, aus welchem die Übertragung in das Lagerbuch erfolgt.

Diese Bücher sind monatlich behufs Vergleichung und Verbuchung dem Zentralmagazin einzureichen.

Lieferscheine, Empfangsscheine und sonstige Beläge sind nach Abnahme der Lieferungen und Eintragung derselben baldmöglichst an das Zentralmagazin zu senden.

Die bei Arbeiten des Röhrensystems aus dem Erdreich genommenen und nicht an derselben Stelle wieder verwendeten Gegenstände und Materialien, welche mit einem vom Kolonnenführer unterschriebenen Begleitschein an das Magazin gegeben werden, hat der Magazinverwalter in Bezug auf ihre Brauchbarkeit zu prüfen und den Begleitschein mit einem Vermerk über das Ergebnis der Prüfung zu versehen.

Die so gesichteten Posten sind dann in ein besonderes Herausnahmebuch einzutragen.

Nach Vergleichung des zu der betreffenden Herausnahme gehörigen Rohrlegerzettels mit dem Herausnahmebuch und nach eventueller Berichtigung des Rohrlegerzettels erfolgt vom Magazinverwalter die Übertragung in die Eingangskladde, welche mit Rohrlegerzetteln und sonstigen Belägen zur weiteren Verbuchung an die Buchhalterei des Zentralmagazins zu geben ist.

Die für eine bestimmte Rohrleitung empfangenen, aber für dieselbe tatsächlich nicht verbrauchten Gegenstände werden mit einem Begleitschein zum Magazin zurückgeliefert. Sie werden, nachdem sich der Magazinverwalter von ihrer tadellosen Beschaffenheit überzeugt und die entsprechenden Bemerkungen auf dem Begleitschein gemacht hat, in dem Abrechnungsbuche des Kolonnenführers von dem betreffenden Ausgabeposten abgesetzt. Bei der Arbeit unbrauchbar gewordene Gegenstände sind vom Magazinverwalter in ein besonderes Buch einzutragen, von hier mindestens allmonatlich in die Ausgangskladde zu übertragen und diese zur weiteren Verbuchung an die Buchhalterei des Zentralmagazins zu geben.

§ 6.
Ausgabe von Magazingegenständen.

Die Ausgabe von Magazingegenständen für Privatleitungen erfolgt gegen eine schriftliche Anweisung der Direktion und einen von dem Revierinspektor ordnungsmäßig ausgestellten Empfangs= schein.

In dringenden Fällen können auch ausnahmsweise nur auf Quittung des Revierinspektors Gasmessereinrichtungsgegenstände verabfolgt werden.

Die Magazine haben jedoch in solchen Fällen der Direktion An= zeige zu machen, wenn ihnen die fehlende Anweisung der Direktion nicht nach 5 Tagen zugegangen ist.

Der Empfangsschein darf nur in besonders eiligen Fällen mit Bleistift geschrieben sein und muß innerhalb 24 Stunden gegen einen mit Tinte geschriebenen ausgetauscht werden.

Findet ein solcher Austausch nicht binnen 48 Stunden statt, so hat das betreffende Magazin an die Direktion zu berichten.

Die Ausgabe von Magazingegenständen an die Rohrlegerkolonnen erfolgt auf Grund der Bestellung, welche der Kolonnenführer in das seinen Namen tragende Abrechnungsbuch eingeschrieben hat.

Die darin verzeichneten Gegenstände werden nach der Ausgabe in ein vom Magazin geführtes Buch eingetragen. In dem Buche des Kolonnenführers ist darauf nach Eintragung der verabfolgten Gegenstände jeder geschlossene Posten vom Magazinverwalter zu unterschreiben.

Die Ausrüstung der Gußrohrkolonnen geschieht durch den Magazinverwalter des Zentralmagazins. Derselbe hat rechtzeitig Anträge zu stellen, damit stets ein genügender Reservebestand von Ausrüstungsgegenständen vorhanden ist.

Die Ausgabe von Materialien, Rüstungen, Werkzeugen und sonstigen Gegenständen, deren Wert auf den Rechnungen nicht be= sonders zum Ausdruck gebracht wird, sondern in den Aufschlägen auf Lohn usw. mit enthalten ist, erfolgt allein gegen die Quittung des Vorstehers der requirierenden Dienststelle (Inspektion, Gasanstalt usw.).

Die Verausgabung von Petroleum für die Petroleumlaternen erfolgt gegen einen von dem betreffenden Laternenversorger zu quittierenden Empfangsschein. Dieser Schein ist nach Verbrauch) des Petroleums mit dem vom Magazinverwalter zu bescheinigenden Leergewicht des Gefäßes zu versehen und an die öffentliche Beleuchtung zurückzugeben.

Die Kontrolle über die Verausgabung von Rüböl und Spiritus für die Laternen der öffentlichen Beleuchtung geschieht durch Kontrollmarken, welche von der Dienststelle der öffentlichen Beleuchtung an die Laternenwärter und von diesen beim Empfang der Materialien an das Magazin gegeben werden. Das Magazin gibt diese Marken wieder an die Dienststelle der öffentlichen Beleuchtung zurück.

Die Ausgabe bzw. der Umtausch von Gasmessern erfolgt nur gegen Gasmesser-Ausgangs- bzw. Umtauschzettel, welche vom Revierinspektor ausgestellt und unterschrieben sein müssen.

Gegenstände, welche nicht zum Inventar einer Dienststelle gehören, sondern zwar für besondere Arbeiten verausgabt, aber im Inventar des Magazins weitergeführt werden, sind von dem Magazinverwalter in ein besonderes Buch einzutragen unter Angabe des Empfängers und des Datums der Ausgabe. Nach erfolgter Rückgabe sind diese Gegenstände unter Angabe des Datums in diesem Buche wieder abzustreichen.

§ 7.

Abrechnung mit den Revierinspektionen.

Die Abrechnung der Revierinspektionen mit dem Magazin über die zu Privatleitungen verausgabten Magazingegenstände erfolgt in einem Abrechnungsbuche der betreffenden Revierinspektion durch den von dem Revierinspektor mit der Ausführung der Arbeit Beauftragten. Hierbei sind die nicht verbrauchten Gegenstände vom Magazin zurückzunehmen und auf dem Empfangsschein als solche zu vermerken. Jede einzelne Abrechnung hat der Magazinverwalter in dem Abrechnungsbuche der Revierinspektion mit Angabe des Datums der Abrechnung durch seine Namensunterschrift zu bescheinigen.

Piecenvergleichung.

Die von den Revierinspektionen über jede geldwerte Leistung ausgeschriebenen und an das Magazin gesandten Piecen (Konzeptrechnungen) sind von dem Magazinverwalter mit dessen auf dem Empfangsschein befindlichen Abrechnung zu vergleichen, und sind unvollständige oder zweifelhafte Angaben durch Rücksprache mit der betreffenden Revierinspektion aufzuklären. Außerdem sind die Piecen mit dem auf der Anweisung der Direktion befindlichen Aktenzeichen und der Journalnummer zu versehen und dann mit Angabe des Datums von dem Revierinspektor durch Namensunterschrift zu bescheinigen. Auf Grund dieses Materials findet alsdann die Buchung im Magazin statt.

Der Revierinspektion ist über die verglichenen Piecen in dem mitgesandten Piecenquittungsbuche vom Magazinverwalter durch Namensunterschrift Quittung zu leisten.

Piecenverbuchung.

Die Verbuchung der Piecen erfolgt im Zentralmagazin.

In den Zweigmagazinen sind die auf den Piecen aufgeführten Gegenstände vom Magazinverwalter in das sogenannte Piecenbuch einzutragen. Eine monatliche Zusammenstellung ist zu fertigen und in das Lagerbuch zu übertragen. Dieses Buch ist behufs Vergleichung mit den Büchern des Zentralmagazins an letzteres zu senden.

Die Abrechnung der Dienststelle für die öffentliche Beleuchtung mit dem Zentralmagazin über die zu Arbeiten für Straßenlaternen usw. erhaltenen Magazingegenstände erfolgt durch den vom Beleuchtungsinspektor mit der Ausführung der Arbeit Beauftragten, in derselben Weise wie mit den Revierinspektionen.

Für die beim Zentralmagazin bestellten und in dessen Werkstatt anzufertigenden Gegenstände hat der Magazinverwalter die dafür verausgabten Materialien auf dem Bestellzettel aufzuführen, die nicht verbrauchten nach Fertigstellung der Arbeit abzusetzen, das wirklich verbrauchte Material in die Ausgangskladde einzutragen und diese zur weiteren Verbuchung an die Buchhalterei des Zentralmagazins zu geben.

Gasmesserverbuchung.

Die Gasmesserzettel sind seitens der Magazine, nach Revierinspektionen, Stadtbezirken, Haus- und Blattnummern geordnet, in die dafür bestimmten Gasmesserbücher einzutragen. Die Zweigmagazine übertragen hierauf die Gasmesser, nach Größen geordnet, in das Lagerbuch und senden dieses zur weiteren Verbuchung an das Zentralmagazin. Außerdem haben die Magazine am Schlusse eines jeden Monats eine genaue Aufnahme ihrer Gasmesserbestände

behufs Vergleichung mit dem Lagerbuch vorzunehmen und das Auf=
nahmeergebnis der Buchhalterei des Zentralmagazins einzureichen.

Abrechnung mit den Kolonnenführern.

Die Abrechnung der Kolonnenführer des Röhrensystems mit
dem Magazin erfolgt durch die sogenannten Rohrlegerzettel, welche,
vom technischen Bureau des Röhrensystems geprüft, zum Magazin
gelangen. Die auf denselben vermerkten Ausgangsposten hat der
Magazinverwalter mit dem von ihm geführten Abrechnungsbuch
genau zu vergleichen, alle für richtig befundenen Posten zu unterhaken
und die Zettel als Unterlage für die weitere Verbuchung an die
Buchhalterei des Zentralmagazins zu geben. Etwaige Differenzen
in der Abrechnung sind vorher durch Rücksprache mit dem technischen
Bureau des Röhrensystems zu erledigen.

§ 8.
Inventur.

Alljährlich in den Monaten Februar und März, ungefähr 4 bis
6 Wochen vor dem Schluß des Etatsjahres hat der Magazinverwalter
sämtliche im Magazin befindlichen Gegenstände und Materialien
aufzunehmen und diese Inventur bis zum 31. März zu beenden.

Bereits abgenommene, aber in den Büchern noch nicht in Ein=
gang gestellte Gegenstände, sind bei der Inventur von dem sich
ergebenden Bestande abzusetzen, während alle tatsächlich schon veraus=
gabten, aber noch nicht in Ausgang gestellten Gegenstände demselben,
als noch vorhanden, zuzuzählen sind.

Die bei der Aufnahme der Magazinbestände sich gegen die
Sollbestände des Lagerbuches ergebenden Plus= oder Minus=
Differenzen sind als solche bei der Inventur aufzuführen.

In keinem Falle dürfen über den Sollbestand des Lagerbuches
vorhandene Gegenstände als Reserve zurückgestellt werden, um die=
selben später zum Ausgleich gegen etwaige Minusdifferenzen zu
benutzen.

Die Zweigmagazine haben den Inventurabschluß nach Fertig=
stellung sofort an das Zentralmagazin zu senden.

§ 9.
Revision des Inventars.

Alljährlich in den Monaten Januar bis März, je nachdem die
vorliegenden Arbeiten es gestatten, hat der Magazinverwalter des

Gußrohrzentralmagazins eine Revision des Inventars der Gußrohr=
legerkolonnen vorzunehmen.

Als Grundlage dient das vom Kolonnenführer als richtig aner=
kannte Inventarienverzeichnis, welches ihm bei der Ausrüstung
seiner Kolonne vom Magazinverwalter übergeben ist.

§ 10.

Abänderungen dieser Dienstanweisung durch besondere Ver=
fügungen bleiben vorbehalten.

Berlin, den 28. August 1905.

Direktion der städtischen Gaswerke.

Fürst.   Schimming.

Dienstanweisung für die Meister der Berliner städtischen Gaswerke.

§ 1.

Die Meister sind den technischen Betriebsbeamten der Gaswerke
(Dirigent, Betriebsingenieur, Betriebsassistent) unterstellt und haben
deren Anordnungen in jeder Weise Folge zu leisten. Sie sind ferner
verpflichtet, den Anordnungen der mit der Aufsicht usw. beauftragten
Techniker nachzukommen.

§ 2.

Die Meister haben insbesondere die Pflicht, innerhalb der ihnen
vom Anstaltsdirigenten überwiesenen Betriebsabteilung die ihnen
unterstellten Poliere, Vorarbeiter und Arbeiter auf die einzelnen
Arbeitsstellen zu verteilen, zu beaufsichtigen und zum Fleiß anzu=
halten, damit der Betrieb und Vertrieb der Anstalt ordnungsgemäß
geführt und die vorliegenden Arbeiten schnell und sachgemäß erledigt
werden. Ferner liegt den Meistern die gewissenhafte Führung der
Lohnlisten, die Bewachung und Beaufsichtigung des Areals, der Ge=
bäude, der Apparate, Maschinen, Werkzeuge, Geräte und Materialien,
die Kontrolle über Maße und Gewichte der Rohmaterialien und der
Produkte ob. Etwa erforderliche Reparaturen der ihrer Aufsicht unter=
stellten Maschinen, Apparate usw. haben sie ihren Vorgesetzten zu
melden. Die Meister haben ferner darüber zu wachen, daß die vor=
handenen Unfallverhütungs= und Schutzmittel seitens der Arbeiter=
schaft sachgemäß angewendet und die von der Berufsgenossenschaft
erlassenen Vorschriften erfüllt werden.

Über alle Vorkommnisse, die Arbeiten und Mannschaften be=
treffen, haben die Meister ihren Vorgesetzten Meldung zu erstatten.
Unregelmäßigkeiten und Vergehen der Mannschaften gegen die
Arbeitsordnung sind in jedem Falle anzuzeigen.

§ 3.

Die Meister müssen sich so zeitig zum Dienst einfinden, daß sie
den ihnen unterstellten Arbeitern die Arbeiten zuweisen und den pünkt=
lichen Arbeitsbeginn kontrollieren können.

Die Dienststunden der einzelnen Meisterkategorien mit Aus=
nahme der Gasmeister richten sich nach der Arbeitszeit der ihnen
unterstellten Arbeiter, soweit nicht besondere Bestimmungen ge=
troffen sind. In dringenden Fällen haben die Meister auf Verlangen
ihrer Vorgesetzten auch über die festgesetzte Zeit hinaus Dienst zu ver=
richten, ohne hierfür eine besondere Vergütung beanspruchen zu können.

§ 4.

Die Meister müssen bemüht sein, den Dienst der übrigen Meister
und der Kokskontrolleure in allen Teilen gründlich kennen zu lernen,
sich über die Lage der Betriebsrohrleitungen, der Be= und Ent=
wässerungsleitungen, der Gasleitungen und der elektrischen Leitungen
zu informieren, so daß sie im Notfalle auch den Dienst der Kollegen
übernehmen und dieselben zeitweise vertreten können.

§ 5.

Es steht den Meistern nicht zu, im Betriebe oder bei den Bauten,
welche bei den Gaswerken vorkommen, Anordnungen zu treffen,
ohne von den ihnen vorgesetzten technischen Beamten hierzu er=
mächtigt zu sein. Bei Unregelmäßigkeiten, außergewöhnlichen Vor=
kommnissen sowie bei Unglücksfällen usw. haben sie den genannten
Beamten umgehend Meldung zu machen.

In Fällen dringender Gefahr haben die Meister die geeigneten
Maßnahmen sofort nach bestem Ermessen selbst zu treffen. Sie sind
jedoch verpflichtet, den zunächst erreichbaren Vorgesetzten von der
Sachlage sowie von den getroffenen Maßnahmen auf dem schnellsten
Wege Kenntnis zu geben.

§ 6.

Die Meister haben sich dem Publikum sowie den ihnen unter=
geordneten Polieren, Vorarbeitern und Arbeitern gegenüber eines
gemessenen und freundlichen Verhaltens zu befleißigen.

§ 7.

Es bleibt vorbehalten, den Meistern auch in anderen Zweigen der Verwaltung eine ihrer Stellung und ihren Fähigkeiten entsprechende Beschäftigung zu geben sowie diese Dienstanweisung zu ändern und zu erweitern. Den durch spätere Änderungen getroffenen Anordnungen haben die Meister in gleicher Weise wie der vorstehenden Dienstanweisung Folge zu leisten.

Berlin, den 4. August 1911.

Direktion der städtischen Gaswerke.

J. V.　　　　J. V.
Krause.　　　　Gadamer.

Dienstanweisung für den Dirigenten der öffentlichen Beleuchtung und des Röhrensystems vom 2. 10. 1911, Akten II 9 g, Band 2.

§ 1.

Der Dirigent des Röhrensystems und der öffentlichen Beleuchtung ist der Direktion unterstellt. Er hat dieselbe von allen wichtigen Vorkommnissen im Betriebe, bei den Bauausführungen usw. laufend in Kenntnis zu halten.

§ 2.

Der Dirigent hat die Erweiterungen und Verstärkungen des Rohrnetzes und der öffentlichen Beleuchtung auszuführen. Auf Grund der von ihm veranlaßten Druckmessungen im Versorgungsgebiet hat er die erforderlichen Anträge auf Erweiterung und Verstärkung des Rohrnetzes rechtzeitig und soweit erforderlich mit den nötigen Plänen und Anschlägen zu stellen und nach erfolgter Genehmigung die Rohrverlegungen bzw. Beleuchtungseinrichtungen auszuführen zu lassen. Er hat dafür Sorge zu tragen, daß das für die Rohrverlegungen und Kandelaberaufstellungen erforderliche Planmaterial so schnell als möglich angefertigt und stets auf dem laufenden gehalten wird. Zu seinen Obliegenheiten gehört es auch, für die gute Instandhaltung der Straßenrohrleitungen, Kandelaber, Laternen, Lampen usw. Sorge zu tragen und die erforderlichen Genehmigungen zu den Arbeiten am Rohrnetz und den öffentlichen Beleuchtungseinrichtungen bei den betreffenden Behörden rechtzeitig nachzusuchen. Er ist ferner verpflichtet, die öffentliche Straßenbeleuchtung zu kontrollieren und etwaige Mängel durch geeignete Maßnahmen so schnell als möglich beseitigen zu lassen.

§ 3.

Der Dirigent hat für die Beschaffung der erforderlichen Anzahl von Arbeitern für die zu erledigenden Arbeiten zu sorgen und darüber zu wachen, daß sämtliche Arbeiter und die ihm unterstellten Beamten und Hilfskräfte ihre Pflicht pünktlich und gewissenhaft erfüllen.

§ 4.

Dem Dirigenten liegt es ob, für die sichere Unterbringung der von ihm abzunehmenden Materialien zu den Bauten und Apparaten, für deren Schutz gegen Beschädigung und deren ordnungsmäßige Verwendung Sorge zu tragen. Er ist verpflichtet, die Rechnungen der Handwerker und Lieferanten über die von ihnen abgenommenen Materialien und Arbeiten zu prüfen und zu bescheinigen, wobei er für die Richtigkeit aller Maßangaben, Stückzahlen, Gewichte usw. einzustehen hat. Ferner hat er die Rechnungen über Arbeiten und Lieferungen, welche von der öffentlichen Beleuchtung und dem Röhrensystem der städtischen Gaswerke für andere städtische Verwaltungen ausgeführt werden, zu revidieren und festzustellen.

§ 5.

Der Dirigent hat darauf zu achten, daß die Bücher genau nach den erlassenen Anweisungen geführt werden.

Über die eingehenden Briefe ist ein Briefjournal zu führen, in welches die Briefe unter Vermerk des Namens des Absenders, der Eingangszeit und des etwaigen Portos einzutragen sind. Die darin enthaltenen Aufträge bzw. Anfragen sind möglichst sofort zu erledigen.

§ 6.

Dem Dirigenten sind die erforderlichen Betriebsassistenten, Beleuchtungs- und Plankammerinspektoren, Techniker und Buchhalter usw. zugeteilt.

§ 7.

Anträge des Dirigenten um Urlaub sind an die Direktion zu richten.

§ 8.

Es wird vorbehalten, Abänderungen bzw. Zusätze zu dieser Dienstanweisung zu machen, welchen der Dirigent des Röhren= systems und der öffentlichen Beleuchtung in gleicher Weise wie der vorstehenden Anweisung nachzukommen verpflichtet ist.

Berlin, den 2. Oktober 1911.

Direktion der städtischen Gaswerke.

Fürst.   Schimming.

Dienstanweisung für die in der Abteilung Röhrensystem und öffent= liche Beleuchtung beschäftigten Betriebsassistenten vom 2. 10. 1911, Akten II 9 g, Band 2.

§ 1.

Die Betriebsassistenten, von denen in der Regel der dienst= älteste die Amtsbezeichnung Betriebsingenieur führt, sind dem Dirigenten des Röhrensystems und der öffentlichen Beleuchtung zur Unterstützung in allen seinen dienstlichen Verrichtungen über= wiesen und haben diesen als ihren unmittelbaren Vorgesetzten zu betrachten. Abgesehen von Fällen der Gefahr, in denen so= fortige Abhilfe notwendig ist, sind die Betriebsassistenten nicht befugt, bei Arbeiten an den der öffentlichen Beleuchtung und der Gasversorgung dienenden Anlagen selbständige Anordnungen zu treffen, ohne von dem Dirigenten hierzu ermächtigt zu sein. Falls ihnen Aufträge von der Direktion erteilt werden, haben sie diese unverzüglich auszuführen und dem Dirigenten umgehend hiervon Mitteilung zu machen.

§ 2.

Die Dienstzeit der Betriebsassistenten ist im allge= meinen auf die Zeit von 8—3 Uhr festgesetzt. Mindestens einer der Betriebsassistenten muß sich auch während der übrigen Zeit, in der Nacht und an den Sonn= und Feiertagen in seiner Wohnung dienstbereit halten.

Alle Betriebsassistenten sind verpflichtet, wenn es der Betrieb erfordert, auch über die normale Dienstzeit hinaus, auch während der Nacht, Dienst zu tun, Versuche zu beaufsichtigen oder Kon= trollen auszuführen, ohne hierfür eine besondere Entschädigung beanspruchen zu können.

§ 3.

Da die von den Betriebsassistenten zu leistenden Arbeiten sehr verschiedenartig sind, lassen sich die ihnen obliegenden Pflichten nicht genau umgrenzen. Die Bedürfnisse, die sich aus dem Betriebe der Gasversorgung und der Unterhaltung der öffentlichen Beleuchtung ergeben, das pflichtmäßige Ermessen des Dirigenten und der Eifer und die Umsicht der Betriebsassistenten müssen die maßgebenden Richtlinien geben.

Die Betriebsassistenten sind verpflichtet, die ihnen erteilten Aufträge umgehend zu erledigen und über die erfolgte Ausführung dem Dirigenten Mitteilung zu machen. Von allen Vorkommnissen, welche auf das Rohrnetz, auf die öffentliche Beleuchtung sowie auf die Ausführung der angeordneten Arbeiten Bezug haben, von jeder Abweichung vom regelmäßigen Dienst, von außergewöhnlichen Ereignissen, wie Verstopfungen und Rohrbrüchen und Gefährdungen der zur Gasversorgung und Beleuchtung dienenden Anlagen durch die Arbeiten anderer Verwaltungen, sowie von mangelhaften oder vorschriftswidrigen Arbeiten der Kolonnenführer haben sie sofort dem Dirigenten Anzeige zu erstatten. Es liegt ihnen auch die Beaufsichtigung der Meister, Poliere und Arbeiter ob, welche sie zur Pflichttreue, Gewissenhaftigkeit und zum Fleiß anzuhalten haben. Sie haben ferner darauf zu achten, daß die Arbeitszeiten der im Röhrensystem und bei der öffentlichen Beleuchtung beschäftigten Leute richtig notiert und die Löhne hiernach richtig berechnet werden, daß die erforderlichen Schutzvorkehrungen getroffen, und die erlassenen Unfallverhütungsvorschriften streng eingehalten werden usw.

Die Betriebsassistenten müssen bemüht sein, den Dienst des Dirigenten sowie sämtlicher Beamten der Abteilung Röhrensystem und öffentliche Beleuchtung in allen Teilen gründlich kennen zu lernen, so daß sie in der Lage sind, sich nicht nur selbst untereinander, sondern auch erforderlichen Falles den Dirigenten zu vertreten.

Im übrigen muß es den Betriebsassistenten überlassen bleiben, ihre Tätigkeit da einzusetzen, wo es gilt, den Betrieb einwandfrei und mustergiltig zu gestalten.

§ 4.

Die Betriebsassistenten haben dem Dirigenten bei der Anfertigung von Projekten, Zeichnungen, Berechnungen, Berichten, Anschlägen, Baukontrollen usw. Hilfe zu leisten.

§ 5.

Die Betriebsassistenten haben sich dem Publikum, den Behörden sowie den ihnen untergeordneten Beamten und Arbeitern gegenüber eines gemessenen und freundlichen Entgegenkommens zu befleißigen.

§ 6.

Es bleibt der Direktion vorbehalten, den Betriebsassistenten des Röhrensystems und der öffentlichen Beleuchtung auch in anderen Zweigen der Verwaltung eine ihrer Stellung und ihren Fähigkeiten entsprechende Beschäftigung zu geben, sowie diese Dienstanweisung abzuändern oder Zusätze zu derselben zu machen.

Berlin, den 2. Oktober 1911.

Direktion der städtischen Gaswerke.

Fürst.   Schimming.

Dienstanweisung für die Rohrlegermeister der Berliner städtischen Gaswerke vom 4. 8. 1911, Akten II 9 g, Band 2.

§ 1.

Die Rohrlegermeister sind den technischen Betriebsbeamten der Abteilung Röhrensystem und öffentliche Beleuchtung (Dirigent, Betriebsingenieur, Betriebsassistenten) unterstellt und haben deren Anordnungen in jeder Hinsicht Folge zu leisten. Sie sind ferner verpflichtet, den Anordnungen der mit der Bauleitung usw. beauftragten Techniker nachzukommen.

§ 2.

Die Pflichten und Arbeiten der Meister sind der Hauptsache nach folgende:

Sie haben

1. alle ihnen aufgetragenen Arbeiten ordnungsmäßig auszuführen und sich eventuell auch nachts, sofern dies erforderlich, zur Verfügung zu halten,

2. die Ausführung der Rohrlegungsarbeiten durch die ihnen
   unterstellten Rohrleger und Arbeiter zu überwachen und
   die Mannschaften zum Fleiß anzuhalten,
3. für die gute Instandhaltung der Werkzeuge, Geräte und
   Maschinen zu sorgen,
4. die Lohn- und Materialienbücher richtig und gewissenhaft
   zu führen,
5. die Abrechnungen nach Beendigung der Arbeiten nach den
   hierüber erlassenen Bestimmungen anzufertigen,
6. den die Baustelle revidierenden Vorgesetzten über alle die
   Arbeiten und Mannschaften betreffenden Vorkommnisse
   auf der Baustelle Meldung zu machen. Unregelmäßigkeiten
   und Vergehen der Mannschaften gegen die Arbeitsordnung
   sind in jedem Falle anzuzeigen;
7. alle Vorkehrungen zu treffen, um Unfälle zu vermeiden,
   sowie darüber zu wachen, daß die vorhandenen Schutzmittel angewendet und die von der Berufsgenossenschaft
   erlassenen Vorschriften erfüllt werden.

§ 3.

Die Rohrlegermeister müssen sich so zeitig zum Dienst einfinden, daß sie den ihnen unterstellten Mannschaften die Arbeiten
zuweisen und den pünktlichen Arbeitsbeginn kontrollieren können.

Die Dienststunden richten sich nach der Arbeitszeit der ihnen
unterstellten Arbeiter. In dringenden Fällen haben die Meister
auf Verlangen ihrer Vorgesetzten auch über die festgesetzte Zeit hinaus
Dienst zu verrichten, ohne hierfür eine besondere Vergütung beanspruchen zu können.

§ 4.

Die Rohrlegermeister haben dafür zu sorgen, daß die durch
die Aufgrabungen freigelegten Anlagen anderer Werke, wie Wasser-,
Kanalisations-, Gas und Kabelanlagen genügend geschützt und
nicht beschädigt werden. Die von den beteiligten Verwaltungen
zur Überwachung ihrer Anlagen bestimmten Beamten hat der
Meister auf die an den fraglichen Anlagen vorgefundenen Mängel
und Fehler aufmerksam zu machen, damit nicht später die Gaswerke hierfür haftbar gemacht werden können. Jede Beschädigung
anderer Anlagen durch die ihm unterstellten Arbeiter hat der
Rohrlegermeister unverzüglich seinen Vorgesetzten zu melden.

§ 5.

Die Rohrlegermeister dürfen bei der Ausführung der Arbeiten nicht selbständig Änderungen an den auszuführenden Projekten vornehmen. Erweisen sich während der Bauausführungen Ab=änderungen als notwendig, so sind sie nicht befugt, nach eigenem Gutdünken zu handeln, sondern haben sofort den bauleitenden Tech=niker bzw. den zuständigen Betriebsassistenten zu benachrichtigen, welche die etwa nötigen Anordnungen treffen werden.

In Fällen der Gefahr, bei Rohrbrüchen von Gas=, Wasser= oder Kanalisationsleitungen, Gasausströmungen, Kurzschluß usw. haben die Rohrlegermeister die geeigneten Maßnahmen sofort nach bestem Ermessen selbst zu treffen, um die Gefahr zu beseitigen. Von den getroffenen Maßnahmen haben sie den zunächst erreich=baren Vorgesetzten umgehend Kenntnis zu geben.

§ 6.

Im Verkehr mit dem Publikum und mit den Beamten der eigenen und anderer Verwaltungen haben die Rohrlegermeister sich ruhig und taktvoll zu benehmen. Ihren Untergebenen gegen=über haben sie sich eines gemessenen Verhaltens zu befleißigen.

§ 7.

Es wird erwartet, daß die Rohrlegermeister durch ihre Um=sicht, Aufmerksamkeit, Pünktlichkeit und Fleiß das in sie gesetzte Vertrauen zu rechtfertigen bemüht sein werden.

§ 8.

Es bleibt vorbehalten, den Rohrlegermeistern auch in anderen Zweigen der Verwaltung eine ihrer Stellung und ihren Fähig=keiten entsprechende Beschäftigung zu geben, sowie diese Dienst=anweisung zu ändern und zu erweitern. Den durch spätere Ände=rungen getroffenen Anordnungen haben die Rohrlegermeister in gleicher Weise wie der vorstehenden Dienstanweisung Folge zu leisten.

Berlin, den 4. August 1911.

Direktion der städtischen Gaswerke.

J. V.   J. V.
Krause.   Gadamer.

Instruktion für den Beleuchtungs=Inspektor bei den Berliner städtischen Gas=Anstalten vom 26. 7. 1887, Akten II 9 g, Band 1.

Die Aufsicht über die öffentliche Beleuchtung durch Gas und Petroleumlaternen innerhalb des Weichbildes der Stadt und über das zur Überwachung und Bedienung derselben angestellte Personal führt der Beleuchtungs=Inspektor nach Maßgabe der nachfolgenden Instruktion und der ihm von seinen Vorgesetzten zugehenden speziellen Verfügungen und Aufträge.

§ 1.

Der Beleuchtungs=Inspektor ist verpflichtet, den Anordnungen des Verwaltungs=Direktors, des Sub=Direktors, des Ober=Dirigenten und des Dirigenten der öffentlichen und Privaterleuchtung, welcher letztere der unmittelbare Vorgesetzte desselben ist, sowie den Stellvertretern der genannten Vorgesetzten, pünktlich nachzukommen.

§ 2.

Derselbe führt die Aufsicht über die gesamte städtische öffentliche Beleuchtung, sowohl durch Gas als durch Petroleum, inkl. des von der englischen Anstalt beleuchteten sogenannten Schöneberger Gebiets. Ihm ist das ganze für die Bedienung und Unterhaltung derselben angestellte und verwendete Personal unterstellt; er hat dasselbe in die Geschäfte einzureihen und über die Tätigkeit aller ihm überwiesenen Personen eine genaue Aufsicht und Kontrolle zu führen.

Er hat für den guten Zustand der Beleuchtungsgegenstände, sowie der beim Betriebe und den Einrichtungsarbeiten zur Verwendung kommenden Werkzeuge und Geräte Sorge zu tragen, die schadhaften oder unbrauchbar gewordenen entweder reparieren oder durch neue rechtzeitig ersetzen zu lassen.

Er hat die ihm aufgegebene Aufstellung und Einrichtung von neu genehmigten Laternen und die Veränderung und Versetzung vorhandener durch die ihm überwiesenen Arbeiter oder angenommenen fremden Meister ausführen zu lassen und die Tätigkeit derselben, sowie den Materialienverbrauch dabei, zu beaufsichtigen und zu kontrollieren.

Er hat für die Anzünder und die ihm unterstellten Arbeiter rechtzeitig die Lohnlisten und Verzeichnisse der etwaigen Strafabzüge aufzustellen und einzureichen, auch bei der Auszahlung zugegen zu sein und unter den Lohnlisten durch seine Unterschrift die erfolgte Zahlung zu bescheinigen.

Die vorkommenden schriftlichen Arbeiten hat derselbe auszuführen und die vorschriftsmäßigen Bücher und Verzeichnisse ordnungsmäßig zu führen.

§ 3.

Der Beleuchtungs-Inspektor hat je nach den hinzugetretenen Laternen die Verteilung der in den verschiedenen Stadtteilen zu versorgenden Gas- und Petroleumlaternen an die einzelnen Anzünder vorzunehmen und diesen den bei dem Anzünden und Löschen zu verfolgenden Gang vorzuschreiben.

Für die Einteilung der Laternenreviere ist zu beachten, daß die einem Anzünder überwiesene Zahl von Laternen in der vorschriftsmäßigen Zeit angezündet und gelöscht werden kann. Bei der Festsetzung des Ganges ist darauf zu sehen, daß die belebtesten Straßen stets zuerst angezündet und zuletzt gelöscht werden. Änderungen der Einteilung der Anzünderreviere bedürfen der Genehmigung des Dirigenten der öffentlichen und Privatbeleuchtung, welche der Beleuchtungs-Inspektor vor der Ausführung nachzusuchen hat.

Über die zum Eintritt als Anzünder sich meldenden Personen ist von dem Inspektor ein Verzeichnis zu führen. Zur Eintragung in dies Verzeichnis ist die Verfügung des Verwaltungs-Direktors erforderlich, welchem zu diesem Behufe sämtliche Gesuche um Anstellung als Laternenanzünder vorzulegen sind.

Werden Vertretungen erkrankter Anzünder notwendig, so hat der Beleuchtungs-Inspektor geeignete notierte Personen einzustellen. Zu dauernder Besetzung von vakanten oder neu hinzutretenden Stellen hat der Beleuchtungs-Inspektor unter Vorlage der Liste der Bewerber dem Dirigenten der öffentlichen Beleuchtung geeignete Personen in Vorschlag zu bringen und wird dieser eventuell die Genehmigung des Verwaltungs-Direktors zur Einstellung derselben herbeiführen.

§ 4.

Der Beleuchtungs-Inspektor hat darauf zu achten, daß die Flammen der Gas- und Petroleumbeleuchtung zu der in der Erleuchtungstabelle angegebenen Zeit, und die Flammen mit abgekürzter Brennzeit den gegebenen Bestimmungen gemäß, pünktlich angezündet und gelöscht werden, auch während der Brennzeit in der vorgeschriebenen Größe brennen, und daß das Putzen der Laternen rechtzeitig und ordnungsmäßig geschieht. Er hat darüber zu wachen, daß die Petroleumlaternen mit richtiger Füllung versehen werden, so daß sie die vorgeschriebene Brennzeit aushalten.

Bei Frostwetter, oder Verstopfungen durch Naphtalin, hat er darauf zu halten, daß die Leitungen der zu klein brennenden oder ganz ausgegangenen Flammen so schleunig als möglich wieder gangbar gemacht werden.

Sofern der Beleuchtungs-Inspektor wahrnimmt, daß das Gas in ganzen Stadtteilen schwächer brennt, oder Schwankungen am Licht sich zeigen, hat er dem Dirigenten für die öffentliche und Privatbeleuchtung davon schnellstens Mitteilung zu machen.

§ 5.

Der Beleuchtungs-Inspektor hat dafür zu sorgen, daß das zur Bedienung der Anzündemaschinen erforderliche Öl und der Docht rechtzeitig beschafft und an die Anzünder verteilt wird, und daß im Winter der zum Auftauen dienende Spiritus rechtzeitig vom Zentralmagazin bezogen und ausgegeben werden kann.

§ 6.

Der Beleuchtungs-Inspektor hat für die rechtzeitige Ausgabe des erforderlichen Petroleums an die Anzünder der Petroleumlaternen zu sorgen und falls Klagen über die Qualität des gelieferten Petroleums einlaufen, sich von der Richtigkeit derselben zu überzeugen und geeignetenfalls den Umtausch bei dem Lieferanten zu veranlassen.

Bis zum 25. oder 26. eines jeden Monats ist eine Berechnung des im Laufe des folgenden Monats von den einzelnen Anzündern mutmaßlich zu brauchenden Quantums aufzustellen und dem Lieferanten unter Angabe des Datums der einzelnen Liefertage, des Ortes der Lieferung und des Namens des Anzünders mitzuteilen.

Bei Veränderung der Zahl der Laternen für einzelne Anzünder im Laufe des Monats hat der Inspektor rechtzeitig die Bestellung eines größeren oder geringeren Bedarfs zu bewirken.

Die Lieferung des Petroleums hat auf den Gas-Anstalten zu erfolgen, von wo die Anzünder die für sie bestimmten Quantitäten abzuholen haben. Dem Beleuchtungs-Inspektor werden von den Beamten der Anstalten die Lieferscheine mit der Nummer der gelieferten Fässer und dem Bruttogewichte, sowie nach Rückgabe der leeren Fässer durch die Anzünder das Taragewicht mitgeteilt werden.

Am Schluß jedes Monats hat der Inspektor von den Petroleum-Anzündern einen nach vorgeschriebenen Schema ausgestellten Bericht über das empfangene Petroleum und den Vorrat am Schluß des Monats einzufordern und die Richtigkeit nach Maßgabe der Zahl der Laternen, der in der Beleuchtungstabelle festgesetzten Brennzeit und des stündlichen Petroleumverbrauches zu revidieren. Demnächst ist auf einem vorgeschriebenen Schema eine Gesamtberechnung über die monatliche Lieferung und den monatlichen Verbrauch zusammenzustellen und der Buchhalterei einzureichen, welche dieselbe prüfen und dem Verwaltungs-Direktor vorlegen wird. Auf Grund dieser Liste ist dann die vom Lieferanten aufzustellende Rechnung über die Petroleumlieferung in duplo und unter Beifügung der Börsenpreise während des Monats vom Inspektor in Empfang zu nehmen, auf dem Duplikat zu bescheinigen und der Buchhalterei einzusenden.

§ 7.

Der Beleuchtungs-Inspektor hat sich davon zu überzeugen, daß die Anzünder über ihre Dienstobliegenheiten richtig instruiert sind, daß die abendlichen und morgendlichen Rendezvous der Kontrolleure und Anzünder pünktlich abgehalten werden und die Patrouillengänge richtig geleistet werden. Er hat von den Ober-Kontrolleuren und Kontrolleuren, welche ihm untergeordnet sind, an jedem Morgen die Meldungen über vorgekommene Unregelmäßigkeiten in der Beleuchtung, Schadhaftigkeit an Laternen, Scheiben, Brennern usw., die Angaben über die an den öffentlichen Manometern abgelesenen Druckmessungen und die Meldung von Erkrankungen der Anzünder und allen sonst auf den Dienst bezüglichen Vorkommnissen entgegenzunehmen und, soweit er hierzu nach Maßgabe der Instruktion ermächtigt ist, sofortige Abhilfe anzuordnen, andernfalls dem Dirigenten der öffentlichen Beleuchtung umgehend Anzeige zu erstatten. Für die gemeldeten Mängel und Beschädigungen an Kandelabern und Laternen hat er durch die ihm überwiesenen Glaser und Arbeiter sofortige Abhilfe zu veranlassen

und hierbei sowohl selbst zu kontrollieren als auch durch die Ober=
Kontrolleure darauf achten zu lassen, daß die Arbeiter ihre Arbeits=
zeit rechtzeitig beginnen und beendigen, und daß die Ausführung der
ihnen aufgegebenen Arbeiten sachgemäß geschieht.

Die Beschaffung der zu jeder Reparatur erforderlichen Gegen=
stände, Scheiben, Werkzeuge und Hilfsmaterialien hat er durch
einen mit seiner Namensunterschrift versehenen Bestellzettel entweder
aus dem Zentralmagazin, oder falls für einzelne Gegenstände
andere Lieferanten vorgeschrieben sind, von diesen zu bewirken.

Die ordnungsmäßige, sparsame und richtige Verwendung der
Materialien und Verbrauchsgegenstände bei diesen Arbeiten durch
die Schlosser, Anzünder und Kontrolleure hat er zu prüfen und
dafür zu sorgen, daß die Abrechnungen über die empfangenen
Gegenstände mit dem Magazin regelmäßig stattfinden.

Die Rechnungen der fremden Lieferanten sind von ihm zu
revidieren auf dem Duplikat mit dem Richtigkeitsattest und mit
der Angabe des Zweckes der Verwendung zu versehen und der
Buchhalterei des Zentralmagazins einzureichen.

§ 8.

Der Beleuchtungs=Inspektor hat sich davon zu überzeugen,
daß die für die Beleuchtung dienenden Kandelaber, Holzständer,
Stützen, Laternen, Leitungen, Emailledachscheiben, Petroleum=
lampen und sonstigen Apparate in gutem und gefahrlosem Zustande
sich befinden.

Die den Anzündern und Arbeitern übergebenen Leitern,
Werkzeuge und Geräte, über welche ein Verzeichnis mit den Namen
der Empfänger geführt werden muß, sind von Zeit zu Zeit auf
ihre Brauchbarkeit zu revidieren, die unbrauchbar gewordenen zu
ersetzen oder zu reparieren und der Ersatz für Fehlendes dem Be=
treffenden aufzuerlegen.

§ 9.

Die Reparaturen der durch fremde Personen geschehenen Be=
schädigungen an Kandelabern und Laternen und anderen Be=
leuchtungsgegenständen sind in gleicher Weise zu bewirken; über
dieselben sind besondere Rechnungspiecen auszuschreiben und der
Buchhalterei des Zentralmagazins zur weiteren Veranlassung ein=
zureichen.

Von allen solchen Beschädigungen ist gleichzeitig eine Meldung auf dem vorgeschriebenen Formular dem Verwaltungs-Direktor einzureichen.

Sollte der Beleuchtungs-Inspektor mit der Einziehung des Schadensersatzes von den Tätern beauftragt werden, so hat er für die rechtzeitige Einziehung zu sorgen und die eingezogenen Beträge gegen Quittung an die Hauptkasse der städtischen Werke abzuführen.

<h3 style="text-align:center">§ 10.</h3>

Alle Anlagen von Schmiederohrleitungen zu neu einzurichtenden Flammen der öffentlichen Beleuchtung auf Kandelabern, die Anbringung der Stützen, die Aufstellung größerer Kandelaber, das Aufsetzen der Laternen und die Einrichtung der Brennervorrichtungen, sowie alle entsprechenden bei Veränderung vorhandener Kandelaber vorkommenden Arbeiten hat der Beleuchtungs-Inspektor durch die ihm zugewiesenen Schlosser und Arbeiter auszuführen und ist er für die gute und vorschriftsmäßige Ausführung verantwortlich.

Im Falle für einzelne Arbeiten die Hilfe von fremden Meistern und Arbeitern nötig wird, hat der Beleuchtungs-Inspektor die Annahme derselben beim Dirigenten der öffentlichen Beleuchtung zu beantragen und nach erfolgter Genehmigung die Ausführung der Arbeiten unter seiner Verantwortlichkeit anzuordnen und zu beaufsichtigen.

Wo für Arbeiten auf der Straße zur Aufnahme von Pflaster, Aufstellung von Rüstungen u. dgl. die Genehmigung besonderer Behörden erforderlich ist, hat er dafür zu sorgen, daß diese vorher in der vorgeschriebenen Form in der Regel durch den mit diesen Meldungen beauftragten Beamten eingeholt wird, und darf die Arbeit nicht beginnen, bevor ihm nicht die Genehmigungszettel übergeben worden sind. Er hat die rechtzeitige Wiederherstellung des bei diesen Arbeiten aufgebrochenen Pflasters und etwa notwendig gewordene Reparatur desselben durch Bestellung bei dem betreffenden Steinsetzmeister zu veranlassen. Es muß dies stets unter gleichzeitiger Mitteilung an den Dirigenten der öffentlichen Beleuchtung geschehen, damit dieser imstande ist, hiernach die Rechnungen der Steinsetzmeister zu prüfen und zu bescheinigen. Die bei diesen Arbeiten erforderlichen Materialien hat der Beleuchtungs-Inspektor aus dem Zentralmagazin auf besonderen Bestellzettel zu übernehmen unter Angabe

und der Bezeichnung des Kontos der Ausführung, sowie des Ortes
der Verwendung.

§ 11.

Der Beleuchtungs-Inspektor hat dafür zu sorgen, daß die neu=
gestellten Kandelaber den ordnungsmäßigen Ölfarbenanstrich er=
halten und die vorhandenen Kandelaber und Laternen in ordnungs=
mäßigem Anstrich erhalten werden.   Er hat die Bestellung an den
vom Verwaltungs-Direktor für diesen Zweck angenommenen Maler=
meister zu machen und deren ordnungsmäßige Ausführung zu kon=
trollieren, oder den Anstrich durch ihm überwiesene Malergehilfen
bewirken zu lassen.

Ebenso muß er für das Anbringen der vorschriftsmäßigen
Nummernpfeile und Kandelabernummern und für deren dauernde
Erhaltung sorgen.

Die darüber von dem betreffenden Meister eingehenden Rech=
nungen sind von ihm zu prüfen, auf dem Duplikat nach den ver=
schiedenen Konten zu trennen und mit dem Richtigkeitsattest der
Buchhalterei des Zentralmagazins einzureichen.

§ 12.

Der Beleuchtungs-Inspektor hat sich durch geeignete Kontrolle
von der Richtigkeit der täglich von den Kontrolleuren abgelesenen
Druckmessungen zu überzeugen und die Notierungen in das darüber
zu führende Buch zusammentragen zu lassen.   Dieses Buch ist täglich
nach Fertigstellung dem Dirigenten einzureichen und geht nach Ein=
sichtnahme durch den Ober-Dirigenten dem Beleuchtungs-Inspektor
bis zum folgenden Morgen wieder zu.   Ebenso hat er die ihm auf=
getragenen außerordentlichen Druckmessungen in den Laternen behufs
Erforschung von Unregelmäßigkeiten im Röhrensystem der Stadt,
sowie die umfassenden Druckmessungen an einzelnen Abenden nach
Maßgabe der ihm vom Dirigenten der öffentlichen Beleuchtung er=
teilten Anweisung zu bewirken bzw. zu übernehmen, die Resultate
zusammenzustellen und dieselben so schnell als möglich dem Dirigenten
der öffentlichen Beleuchtung einzureichen.

§ 13.

Der Beleuchtungs-Inspektor hat allwöchentlich am Donnerstag
auf dem vorgeschriebenen Formular für die ihm zugewiesenen Ar=
beiter, den Glasermeistern und die Laufburschen der Reviere eine

Lohnliste nach den in den einzelnen Arbeitsbüchern notierten und von ihm auf ihre Richtigkeit geprüften Notizen mit Angabe der für dieselben genehmigten Lohnsätze und der Art der geleisteten Arbeiten aufzustellen und der Buchhalterei des Zentral-Bureaus einzureichen.

Für die Gasanzünder sind die Lohnlisten stets am 15. und letzten Tage jedes Monats aufzustellen und dem Dirigenten der öffentlichen Beleuchtung zur Prüfung vorzulegen. Der Lohnliste für die zweite Hälfte des Monats sind die Verzeichnisse der Strafabzüge und die Liste der durch Unachtsamkeit beschädigten Scheiben beizufügen.

Die Lohnlisten für die Petroleumanzünder sind monatlich, und zwar am letzten Tage des Monats, aufzustellen und dem Dirigenten für die öffentliche Beleuchtung zur Revision und Bescheinigung vorzulegen.

<h2 style="text-align:center">§ 14.</h2>

Der Beleuchtungs-Inspektor hat die Aufsicht über die mit dem Auspumpen des Kondensationswassers aus den Wassertöpfen beauftragten Arbeiter zu üben, von denselben die Angaben über das aus den Töpfen gepumpte Wasser entgegenzunehmen und zu kontrollieren, daß die Töpfe in der gehörigen Zeit und Reihenfolge entleert werden. Das von dem Arbeiter geführte Buch ist von dem Beleuchtungs-Inspektor zu revidieren und hat letzterer sich mindestens alle 4 Wochen davon zu überzeugen, daß das Wassertopfverzeichnis des Arbeiters sich mit dem im Zeichen-Bureau geführten Original in Übereinstimmung befindet.

Arbeiten behufs Veränderungen an den Saugevorrichtungen, den Wasser- und Absperrtöpfen, Veränderungen oder Ersatz von Klötzen an denselben hat der Beleuchtungs-Inspektor durch seine Arbeiter ausführen zu lassen und, falls solche Arbeiten von Privatpersonen zu bezahlen sind, der Buchhalterei des Zentralmagazins darüber eine Rechnungspiece zuzustellen.

<h2 style="text-align:center">§ 15.</h2>

Der Beleuchtungs-Inspektor hat außer den schon erwähnten, noch folgende Bücher zu führen:

   1. ein Verzeichnis sämtlicher im Betriebe der städtischen GasAnstalt befindlichen und zur öffentlichen Beleuchtung benutzten Kandelaber, Stützen, Laternen und Petroleumlampen,

nach den verschiedenen Gattungen rubriziert, mit Angabe der Daten der Aufstellung bzw. Anbringung derselben.

2. ein Verzeichnis der für eine kurze Zeitdauer außer Benutzung gesetzten Laternen (Baulaternen) mit Rubrik für den Tag der Betriebseinstellung, den Ort und die Art der Flammen, den Tag der Wiederbenutzung und den Grund der zeitweiligen Fortnahme.

3. ein Verzeichnis der neueingerichteten und eingegangenen Gasflammen und Petroleumlampen, einschließlich der auf englischem Gebiet eingerichteten Flammen, mit Rubriken für das Datum der Genehmigung, den Ort der Aufstellung, die Art der Brenner und das Datum des Beginns oder des Endes der Benutzung. Dieses Buch soll für gewöhnlich sich im Bureau des Dirigenten der öffentlichen und Privaterleuchtung befinden.

4. ein Buch, in welches die täglichen Druckmessungen an den öffentlichen Manometern eingetragen werden (crf. § 10).

5. ein Buch über die zur Reparatur verwendeten Laternenscheiben nach den verschiedenen Tagen der Verwendung und der Art der Scheiben und über die kleinen Materialien.

6. ein Bestellbuch nach vorgeschriebenem Formular.

7. ein Verzeichnis der von den Anzündern der öffentlichen Beleuchtung mitbedienten Privatlaternen, Polizeischilder, Feuermelder, mit dem Datum des ersten Tages der Versorgung.

8. ein Verzeichnis der bei der öffentlichen Beleuchtung beschäftigten Personen mit Angabe des Tages ihrer Geburt und ihres Diensteintritts bei der Anstalt.

9. ein Inventarienverzeichnis aller dem Inspektor und seinem Personal übergebenen Magazingegenstände, Apparate, Werkzeuge und Geräte, mit Notizen über den Ab- und Zugang, und unter Angabe der Empfänger; dasselbe muß betreffendenfalls mit den in den Händen der speziellen Empfänger befindlichen Exemplaren, bzw. dem des Zentralmagazins übereinstimmen.

10. ein Journal über alle während des Tages zur Ausführung gelangenden Arbeiten, gemeldeten Unregelmäßigkeiten, und auf den Dienst bezüglichen Vorkommnisse, welches täglich dem vorgesetzten Dirigenten vorgelegt werden soll.

§ 16.

Bei Versuchen, welche mit anderen neuen Beleuchtungsarten, Beleuchtungsvorrichtungen und Apparaten, oder bei Prüfungen von Gegenständen auf Brauchbarkeit, Dauerhaftigkeit und Zweckmäßigkeit angestellt werden, hat der Beleuchtungs-Inspektor Hilfe zu leisten und bzw. dieselben zu überwachen, die Erfahrungen zu notieren, die Notizen zusammenzustellen und vorzulegen.

§ 17.

Kommen dem Beleuchtungs-Inspektor Umstände zur Kenntnis, welche auf den regelmäßigen Betrieb der Gas-Anstalten von Einfluß sind, oder für die Gas-Anstalt von Nachteil sind, als Undichtheiten am Röhrensystem, mangelhafte Beleuchtung einzelner Straßen und Stadtteile, instruktionswidrige Handlungsweisen der Arbeiter, Pflichtwidrigkeiten der von den Kolonnen für ihre Utensilien angestellten Wächter, Saumseligkeiten der Steinsetzmeister bei den ihnen übergebenen Arbeiten, Reparaturbedürftigkeit des im Auftrage der Gas-Anstalt hergestellten Pflasters usw., so hat derselbe dem vorgesetzten Dirigenten davon Kenntnis zu geben. In gleicher Weise hat er von Neuanlagen, Neu- und Umpflasterungen von Straßen und Plätzen, Veränderung und Regulierung von Straßenfluchten und Bürgersteigen demselben Anzeige zu machen, damit seitens der städtischen Gas-Anstalt etwa noch auszuführende Arbeiten rechtzeitig erledigt werden können.

§ 18.

Wünscht der Beleuchtungs-Inspektor auf kürzere oder längere Zeit von seinem Dienst dispensiert zu sein, so hat er rechtzeitig bei dem Dirigenten um Urlaub nachzusuchen. Auch darf derselbe ohne Genehmigung des Verwaltungs-Direktors eine Wohnung außerhalb des Weichbildes von Berlin nicht beziehen.

§ 19.

Der Beleuchtungs-Inspektor hat sich dem Publikum, den ihm untergeordneten Ober-Kontrolleuren, Kontrolleuren, Anzündern, Schlossern und Arbeitern gegenüber eines gemessenen und freundlichen Entgegenkommens zu befleißigen. Dienstvernachlässigungen der Ober-Kontrolleure, Kontrolleure und Anzünder hat der Beleuchtungs-Inspektor zu rügen, im Wiederholungsfalle, oder wenn dieselben erheblicher Natur sind, dem Dirigenten der öffentlichen Beleuchtung zur Anzeige zu bringen. Eine solche Anzeige ist in jedem Falle zu erstatten, wo eine der bezeichneten Personen im Dienste betrunken getroffen wird, oder den Anordnungen der Vorgesetzten nicht Folge leistet.

§ 20.

Es ist dem Beleuchtungs-Inspektor nicht gestattet, für Privat- personen irgend welche Arbeiten auszuführen, oder Buchführungen zu übernehmen.

§ 21.

Außer den vorstehend aufgeführten Bestimmungen bleibt es vorbehalten, dem Beleuchtungs-Inspektor besondere mit der öffent- lichen Beleuchtung im Zusammenhang stehende Aufträge durch die Vorgesetzten entweder mündlich oder schriftlich zu erteilen, sowie Abänderungen der Instruktionen vorzunehmen, und ist der Beleuchtungs-Inspektor auch für diese zur genauen Befolgung verpflichtet.

Berlin, den 26. Juli 1887.

Der Verwaltungs-Direktor
der städtischen Erleuchtungs-Angelegenheiten.

Dienstinstruktion für die Ober-Kontrolleure bei der öffentlichen Be- leuchtung vom 6. 1. 1890, Akten II 9 g, Band 1.

Die Ober-Kontrolleure führen die Aufsicht über die öffentliche Beleuchtung durch Gas- und Petroleum-Laternen in dem ihnen durch den Verwaltungs-Direktor zugewiesenen Teile der Stadt, nach Maßgabe der nachfolgenden Instruktion und nach den ihnen von ihren Vorgesetzten zugehenden besonderen Aufträgen.

§ 1.

Allgemeine Dienstverrichtungen.

Die von den Ober-Kontrolleuren zu verrichtenden Arbeiten bestehen

einerseits in der Aufsicht über die in ihrem Revier be- schäftigten Kontrolleure, Anzünder und die mit der Neu- aufstellung von Laternen und Ausführung von Reparaturen an den letzteren beschäftigten Arbeiter, über das Auspumpen

der Wassertöpfe, über die ihnen angegebenen Pflaster=
reparaturen usw.

andererseits in der Anfertigung der mit diesem Dienst
zusammenhängenden schriftlichen Arbeiten und in der
Führung der Dienstbücher. Dieselben haben sich deshalb
mit den Einrichtungen und Konstruktionen der aufgestellten
Laternen und Kandelaber und mit ihrer Bedienung, sowie
mit den bei Neueinrichtung oder Reparaturen derselben,
und bei Abhilfe von kleinen Fehlern erforderlichen Arbeiten
genau vertraut zu machen.

Durch wiederholte tägliche Kontrolle haben sie streng darüber
zu wachen, daß sowohl die ihnen untergeordneten Kontrolleure
als die Anzünder in den unter ihrer Aufsicht stehenden Revieren
in Gemäßheit der für dieselben erlassenen Instruktionen, von denen
sie je 1 Exemplar erhalten und deren Kenntnis sie sich zu eigen
machen müssen, ihren Dienstpflichten und den ihnen erteilten be=
sonderen Aufträgen pünktlich nachkommen.

§ 2.

Tägliche Kontrolle des Anzündens und Löschens
der Gasbeleuchtung.

Die Ober=Kontrolleure haben darauf zu achten, daß die La=
ternen täglich vor dem Beginn des Anzündens ordentlich ge=
putzt sind, daß die Reinigung der Dachscheiben, besonders im
Winter vom Schnee vor dem Anzünden, der Reflektoren, Zylinder,
und Glasglocken, sowie der Bassins in den Petroleumlaternen
nicht vernachlässigt wird und die beschädigten Laternenscheiben
rechtzeitig und ordnungsmäßig ersetzt werden. Durch abwechselnde
Kontrolle haben sie sich zu überzeugen, daß die Kontrolleure sich
vor der durch die Erleuchtungstabelle festgesetzten Zeit auf den
bestimmten Versammlungsplätzen einfinden und von dort aus die
Anzünder ihrer Abteilungen zur rechten Zeit zum Anzünden,
zum Löschen der Flammen mit abgekürzter Brennzeit, sowie
zum Auslöschen der Flammen des Morgens in die betreffenden
Reviere senden, daß das Anzünden und Auslöschen der Flammen
ohne Unterbrechung rasch hintereinander erfolgt, daß der Pa=
trouillengang von den damit beauftragten Anzündern ordnungs=
mäßig ausgeführt und von den Kontrolleuren beaufsichtigt wird.

§ 3.
Kontrolle über den Zustand der Beleuchtung und der Beleuchtungseinrichtungen.

Während der Brennzeit müssen die Ober-Kontrolleure das ihnen zugeteilte Hauptrevier so oft als möglich nach verschiedenen Richtungen durchgehen und dabei auf den Zustand der Scheiben und der Laternen, sowie auf die richtige Höhe der Flammen, und besonders im Winter darauf achten, daß bei den zu klein brennenden Flammen durch Einspritzen von Spiritus usw. die richtige Höhe der Flammen wieder hergestellt, oder wenn hierdurch Abhilfe nicht zu erreichen ist, daß die verstopften Leitungen so schleunig als möglich wieder gangbar gemacht werden.

Sofern die Ober-Kontrolleure wahrnehmen, daß das Gas in ganzen Stadtteilen oder einzelnen Straßen und Plätzen schwächer brennt, oder Schwankungen am Licht sich zeigen, haben sie ihren Vorgesetzten schnellstens Mitteilung eventuell auch der nächsten Gas-Anstalt Meldung zu machen, und bei Schwankungen oder Druckmangel durch Messungen des Druckes an den Kandelabern die fehlerhaften Stellen zu ermitteln.

Jede Unregelmäßigkeit und Nachlässigkeit ist, wenn irgend möglich, durch die Ober-Kontrolleure selbst sofort zu beseitigen, wobei sie sich nötigenfalls zunächst der Patrouille zu bedienen haben. In dringenden Fällen, oder wo Gefahr vorhanden ist, sind sie berechtigt, entweder auf einer der Gas-Anstalten, in einem Revier-Büreau oder in anderer Weise sich die geeignete Hilfe zu verschaffen.

§ 4.
Kontrolle der Tarifflammen.

Die Ober-Kontrolleure haben darauf zu achten, daß die in ihrem Hauptrevier vorhandenen und ihnen angegebenen, auf der Straße befindlichen Tarifflammen in der richtigen Höhe und Brennzeit benutzt werden und sind verpflichtet, etwaige Unregelmäßigkeiten dem Beleuchtungs-Inspektor zu melden.

§ 5.
Kontrolle der Petroleumlaternen.

Die Ober-Kontrolleure haben die in ihrem Hauptrevier befindlichen Petroleumlaternen mit zu beaufsichtigen und darauf zu achten, auch durch zeitweiliges Nachmessen sich davon zu überzeugen, daß dieselben mit der für jeden Tag bestimmten Menge Petroleum gefüllt, daß die Lampen und Zylinder gut gereinigt werden, überhaupt daß diese Lampen mit gleicher Sorgfalt wie die Gaslaternen bedient werden. Wenn sie bemerken, daß einzelne dieser Lampen früher erlöschen, oder des Morgens länger brennen als durch die Beleuchtungstabelle festgestellt ist, so haben sie hiervon dem Beleuchtungs-Inspektor am folgenden Morgen Anzeige zu machen.

§ 6.

B u r e a u d i e n st.

Bei der an jedem Morgen stattfindenen Zusammenkunft der Kontrolleure haben die Ober-Kontrolleure die Meldungen der ihnen untergebenen Kontrolleure entgegenzunehmen, namentlich über die Beschädigung an Scheiben und Laternen, über vorgekommene Unregelmäßigkeiten in der Bedienung derselben, über die mangelhaft brennenden Flammen, über die Resultate der Druckmessungen, über die ausgeführten Reparaturen am Straßenpflaster, an Wassertopfklötzen und Saugevorrichtungen, über etwaigen Gasgeruch oder sonstige Vorkommnisse, über Unfälle und Erkrankungen von Anzündern usw. Sie haben dieselben in die für die einzelnen Meldungen eingerichteten Bücher zu notieren. (Rapport-, Reparaturenbuch, Druckmessungsbuch, Hauptbuch der Laternenscheiben, [elektrische Beleuchtung] usw., Strafbuch)), auch die erforderlichen Reparaturzettel für die Glaser und Schlosser zu schreiben. Die von den Kontrolleuren zu führenden Lohnbücher der Anzünder haben sie wöchentlich zu revidieren.

Die sämtlichen ihnen gemachten Meldungen, sowie die Anzeigen über die von ihnen selbst beobachteten Unregelmäßigkeiten haben sie hierauf täglich dem Beleuchtungs-Inspektor zu übergeben, damit die nötigen Anordnungen getroffen bzw. die weiteren Meldungen geschehen können.

Die sämtlichen erhaltenen Meldungen und Aufträge haben sie in ein Tagebuch zu schreiben, aus denen jederzeit ersichtlich sein muß, in welcher Weise die Arbeiten erledigt sind und welche derselben ihre Erledigung noch nicht gefunden haben. Sie haben sich durch öftere Kontrolle ebenso zu überzeugen, daß die von den Kontrolleuren geführten Bücher und Verzeichnisse in ordentlichem Zustande sich befinden.

7*

Zur bestimmten Zeit des Nachmittags haben sich die Ober-Kontrolleure abermals in das Bureau zu begeben, behufs Erledigung von schriftlichen Arbeiten und Entgegennahme besonderer Aufträge.

§ 7.
Reparaturen.

Zu den Obliegenheiten der Ober-Kontrolleure gehört es, sich davon zu überzeugen, daß die Reparatur der Brennervorrichtungen und Laternen, sowie der Leitungen von den damit beauftragten Schlossern und Arbeitern rechtzeitig und tadellos hergestellt wird, so daß Kandelaber und Laternen wieder in brauchbarem Zustande sind.

Für die durch Schlosser und Rohrleger ausgeführten Arbeiten an Leitungen usw. gelten die in der Dienstinstruktion für die Revier-schlosser getroffenen Bestimmungen. Ein Exemplar dieser Instruktion wird den Ober-Kontrolleuren übergeben.

Sie haben zeitweise die Laternen mit Hilfe eines von ihnen hierzu bestimmten Anzünders oder eines ihnen vom Beleuchtungs-Inspektor überwiesenen Arbeiters auf ihren Zustand genau zu untersuchen und dem Beleuchtungs-Inspektor von dem Befund in einer besonderen Meldung Mitteilung zu machen.

§ 8.
Druckmessungen.

Von der Richtigkeit der durch die Kontrolleure angestellten Druckmessungen haben sich die Ober-Kontrolleure durch selbst anzu-stellende Kontrollmessungen zu überzeugen, auch die Manometer auf ein zuverlässiges Funktionieren öfter zu untersuchen.

§ 9.
Schriftliche Arbeiten.

Dem Beleuchtungs-Inspektor haben die Ober-Kontrolleure in seinen schriftlichen Arbeiten, namentlich bei Aufstellung der Lohn-, Straf- und Scheibenlisten, des Flammenverzeichnisses, Wassertopf-buches, Berechnung des Petroleumverbrauches, der Instandhaltung des Inventarien-Verzeichnisses der Kandelaber, Röhren, Laternen, des Nationale der Anzünder und Arbeiter, der Anfertigung von Meldungen aller Art, sowie bei der Einziehung der Gelder für

Laternen usw. =Beschädigungen, die von Privatpersonen zu erstatten sind, zu unterstützen.

§ 10.
Ausgabe der Magazingegenstände und sonstiger Bedürfnisse.

Die aus dem Magazin zu entnehmenden Materialien, Werkzeuge und sonstige Gegenstände werden nur gegen eine mit Unterschrift des Beleuchtungs=Inspektors oder dessen Stellvertreters versehenen Quittung verabfolgt.

Bei der Ausgabe und Verteilung der für den Dienst erforderlichen Materialien an die Kontrolleure und Anzünder, als z. B. Brenner, Streichhölzer, Lampendocht, Öl, Spiritus, Ersatzwerkzeuge sowie des Petroleums, haben die Ober=Kontrolleure behilflich zu sein und mit der größten Gewissenhaftigkeit dafür zu sorgen, daß die Eintragungen in die betreffenden Bücher und Verzeichnisse in der vorgeschriebenen Weise richtig gemacht werden.

§ 11.
Inventarium.

Die Ober=Kontrolleure haben sich davon zu überzeugen, daß die für die Beleuchtung dienenden Kandelaber, Holzständer, Stützen=Laternen, Leitungen, Emaille=Dachscheiben, Petroleumlampen und sonstigen Apparate in gutem und gefahrlosem Zustande sich befinden.

Die den Schlossern und Arbeitern übergebenen Leitern, Werkzeuge und Geräte, über welche ein Verzeichnis mit den Namen der Empfänger geführt werden muß, sind von Zeit zu Zeit, mindestens einmal im Vierteljahr auf ihre Brauchbarkeit zu revidieren. Von allen hierbei ermittelten Mängeln, insbesondere von fehlenden, unbrauchbaren oder reparaturbedürftigen Gegenständen ist dem Beleuchtungsinspektor Meldung zu machen.

Dasselbe hat zu geschehen, falls vom Beleuchtungs=Inspektor besondere außergewöhnliche Revisionen angeordnet werden.

§ 12.
Beaufsichtigung der auszuführenden Arbeiten an den Beleuchtungsgegenständen.

Alle in dem Revier vorkommenden Anlagen von Schmiederohrleitungen zu neu einzurichtenden Flammen der öffentlichen

Beleuchtung auf Kandelabern, die Anbringung der Stützen, die Aufstellung größerer Kandelaber, das Aufsetzen der Laternen und die Einrichtung der Brennervorrichtungen, sowie alle entsprechenden bei Veränderung vorhandener Kandelaber vorkommenden Arbeiten haben die Ober-Kontrolleure zu überwachen; dieselben sind für die gute und vorschriftsmäßige Ausführung verantwortlich.

Wo für Arbeiten auf der Straße zur Aufnahme von Pflaster, Aufstellung von Rüstungen und dergleichen die Genehmigung besonderer Behörden erforderlich ist, haben sie dafür zu sorgen, daß diese Genehmigung rechtzeitig in der vorgeschriebenen Form eingeholt wird und daß die Arbeiten, sofern nicht Gefahr im Verzuge vorliegt, nicht begonnen werden, bevor ihnen nicht die Genehmigungszettel übergeben worden sind.

Sie haben dafür zu sorgen, daß die neugestellten Kandelaber den ordnungsmäßigen Ölfarbenanstrich erhalten.

§ 13.

Revision der für die Gas-Anstalt gefertigten Pflasterarbeiten.

Die Ober-Kontrolleure müssen sich öfter durch eigene Besichtigung davon überzeugen, ob die ihnen von den betreffenden Kontrolleuren als ausgeführt angegebenen Pflasterreparaturen in der vorgeschriebenen Weise hergestellt sind, dabei auch darauf achten, daß etwa später entstehende Senkungen und Schadhaftigkeiten an solchen auf Veranlassung der städtischen Gas-Anstalt hergestellten Pflasterungen dem Beleuchtungs-Inspektor zur weiteren Meldung angegeben werden.

§ 14.

Meldungen über Unregelmäßigkeiten und Pflichtwidrigkeiten im Dienst der Gas-Anstalt.

Kommen den Ober-Kontrolleuren Umstände zur Kenntnis, welche auf den regelmäßigen Betrieb der Gas-Anstalten von Einfluß oder für die Gas-Anstalt von Nachteil sind, als Undichtheiten am Röhrensystem, Gasgeruch an öffentlichen und Privatleitungen, mangelhafte Beleuchtung einzelner Straßen und Stadtteile, instruktionswidrige Handlungsweisen der Arbeiter, Pflichtwidrigkeiten der von den Kolonnen für ihre Utensilien angestellten Wächter,

Saumseligkeiten der Steinsetzmeister bei den denselben übertragenen Arbeiten, Reparaturbedürftigkeit des im Auftrage der Gas-Anstalt hergestellten Pflasters usw., so haben dieselben dem Beleuchtungs-Inspektor davon Kenntnis zu geben. In gleicher Weise haben sie von Neuanlagen, Neu- und Umpflasterungen von Straßen und Plätzen, Veränderung und Regulierung von Straßenfluchten und Bürgersteigen demselben Anzeige zu machen, damit seitens der städtischen Gas-Anstalt etwa noch auszuführende Arbeiten recht-zeitig erledigt werden können.

§ 15.
Abgang und Annahme von Anzündern.

Wegen Wiederbesetzung der durch den Abgang von Anzündern erledigten Stellen haben die Ober-Kontrolleure rechtzeitig mit dem Beleuchtungs-Inspektor Rücksprache zu nehmen, damit die Meldung an den Verwaltungs-Direktor, welcher über die Besetzung der Stellen entscheiden wird, sofort erfolgen kann.

§ 16.
Hilfsleistung bei Versuchen.

Bei Versuchen, welche mit neuen Beleuchtungsarten, Be-leuchtungsvorrichtungen und Apparaten, oder bei Prüfung von Gegenständen auf Brauchbarkeit, Dauerhaftigkeit und Zweck-mäßigkeit angestellt werden, haben die Ober-Kontrolleure Hilfe zu leisten und bzw. dieselben zu überwachen, die Erfahrungen zu notieren und die Notizen zusammenzustellen.

§ 17.
Benutzte Fahrten im Dienst.

Sind die Oberkontrolleure genötigt, zur Erledigung der ihnen übertragenen Dienstverrichtungen in einzelnen Fällen öffent-liches Fuhrwerk zu benutzen, so haben sie die verauslagten Be-träge mit genauer Angabe der Zeit, der Anfangs- und Endpunkte, sowie des Zweckes der Fahrt unter Beifügung der erhaltenen Fahr-scheine am Schlusse jeden Monats zur Erstattung einzureichen. Dieselbe kann nur erfolgen, wenn die Fahrten in bezug auf Richtig-keit und Notwendigkeit von dem Beleuchtungs-Inspektor „beglaubigt", und von dem Dirigenten der öffentlichen Beleuchtung bescheinigt worden sind.

(Fahrten, deren Notwendigkeit nicht anerkannt wird, werden nicht erstattet.)

§ 18.
Beurlaubung und Krankheit. Wohnung.

Wünschen die Ober-Kontrolleure aus irgendeinem Grunde auf kürzere oder längere Zeit von ihrem Dienst dispensiert zu sein, so haben sie rechtzeitig ihrem Vorgesetzten Meldung zu machen. Im Fall der Erkrankung haben sie davon dem Beleuchtungs-Inspektor so rechtzeitig Kenntnis zu geben, daß nötigenfalls für eine Vertretung gesorgt werden kann.

Die Ober-Kontrolleure dürfen ohne Genehmigung des Verwaltungs-Direktors ihren Wohnsitz nicht außerhalb des Weichbildes von Berlin verlegen.

§ 19.
Dienstliche und außerdienstliche Führung.

Die Ober-Kontrolleure haben sich ihren sämtlichen Untergebenen und dem Publikum gegenüber in ihrem dienstlichen und Privatverkehr einer gesetzten und würdigen Haltung zu befleißigen.

Falls eine Pflichtverletzung seitens der ihnen untergebenen Kontrolleure und Anzünder vorkommt, haben sie diese in ruhiger Weise an ihre Pflicht zu erinnern, sowie sie geeignetenfalls zur Bestrafung zu melden.

Es ist ihnen streng untersagt, ihnen bekannt gewordene, für die Anstalt nachteilige Vorkommnisse, Unterlassungen oder Vergehen einzelner Personen aus irgendeinem Grunde zu verheimlichen, vielmehr sind sie verpflichtet, dieselben stets sofort zur Anzeige zu bringen.

§ 20.
Vorgesetzte.

Die Ober-Kontrolleure sind zunächst dem Beleuchtungs-Inspektor untergeordnet, sind aber auch verpflichtet, den Anordnungen ihrer übrigen Vorgesetzten, namentlich des Verwaltungs-Direktors, des Subdirektors, des Ober-Dirigenten, des Dirigenten der öffentlichen Erleuchtung pünktlich nachzukommen.

Den ihnen von den Dirigenten der Gas-Anstalten oder von den Revier-Inspektoren in Bezug auf die öffentliche Erleuchtung angezeigten Mängeln sollen sie bemüht sein, abzuhelfen bzw. davon dem Beleuchtungs-Inspektor Meldung zu machen.

§ 21.
Nebenarbeiten für Andere.

Den Ober=Kontrolleuren ist nicht gestattet, für andere Behörden oder Privatpersonen irgendwelche Arbeiten auszuführen, Buch=führungen zu übernehmen oder ein anderes Geschäft zum Neben=verdienst zu führen.

§ 22.
Besondere Aufträge und Abänderung der Instruktion.

Die Ober=Kontrolleure sind verpflichtet, im Fall der Be=hinderung von anderen Ober=Kontrolleuren und Kontrolleuren deren Dienst auf Anordnung des Beleuchtungs=Inspektors zeit=weise zu versehen, auch besondere mit der öffentlichen Beleuchtung im Zusammenhange stehende durch die Vorgesetzten entweder münd=lich oder schriftlich empfangene Aufträge pünktlich und gewissenhaft auszuführen.

Es bleibt vorbehalten, Abänderungen dieser Instruktion vor=zunehmen; die Ober=Kontrolleure sind auch zur genauen Befolgung der hierbei getroffenen Bestimmungen verpflichtet.

Berlin, den 6. Januar 1890.

Der Verwaltungsdirektor.

Cuno.

Dienstanweisung für die Kontrolleure der öffentlichen Beleuchtung vom 10. 9. 1902, Akten II 9 g, Band 2.

§ 1.

Der Kontrolleur hat bei der regelmäßigen Ausführung der Straßenbeleuchtung mitzuwirken und insbesondere die Laternen=wärter bei Erfüllung ihrer Dienstpflichten zu überwachen. Er unter=steht in dienstlichen Angelegenheiten der Direktion, dem Dirigenten der öffentlichen Beleuchtung, dem Beleuchtungsinspektor, den Ober=kontrolleuren sowie den Vertretern dieser Beamten und hat ihre Be=fehle und Anweisungen unweigerlich und pünktlich zu befolgen. Der unmittelbare Vorgesetzte des Kontrolleurs ist der zuständige Oberkontrolleur.

§ 2.

Der Kontrolleur hat strengstens darauf zu achten, daß seitens der Laternenwärter die Vorschriften der Arbeitsordnung vom 16. November 1901 genau befolgt werden.

Er ist verpflichtet, täglich sämtliche Laternen des ihm zugeteilten Reviers mit Aufmerksamkeit daraufhin zu kontrollieren, daß sich die Laternen, Brenner, Glühkörper und Zylinder stets in vollkommen ordnungsmäßig sauberem und brauchbarem Zustande befinden. Die Beseitigung vorgefundener Mängel ist von ihm umgehend zu veranlassen.

Während der Winterszeit hat er besonders dafür zu sorgen, daß den infolge der Kälte eintretenden Störungen im ordnungsmäßigen Brennen der Flammen durch Einspritzen von Spiritus in die Leitung abgeholfen werde. An jedem Morgen ist dem Oberkontrolleur Anzeige darüber zu machen, welche Brenner einer besonderen Abhülfe bedürfen.

§ 3.

Auf die ordnungsmäßige und pünktliche Zupflasterung der bei der Verlegung von Gasröhren aufgenommenen Straßenstrecken hat der Kontrolleur zu achten und Verzögerungen bei diesen Arbeiten sofort zur Anzeige zu bringen.

§ 4.

Von dem Kontrolleur sind täglich Druckablesungen an den in den Revieren aufgestellten Manometern nach dem Anzünden, und zwar bis 12 Uhr nachts, vorzunehmen. Die Ergebnisse dieser Druckablesungen sind aufzuzeichnen und der Beleuchtungsinspektion am nächsten Morgen mitzuteilen.

§ 5.

Die Laternen der öffentlichen Petroleumbeleuchtung hat der Kontrolleur in gleicher Weise wie diejenigen der Gasbeleuchtung auf ihren ordnungsmäßigen Zustand zu beobachten und insbesondere sich davon zu überzeugen, daß die Petroleumlampen in vorschriftsmäßiger Weise brennen, sowie daß die Laternenwärter die festgesetzten Brennzeiten genau innehalten und jede Lampe mit der für die tägliche Brennzeit erforderlichen Menge Petroleum versehen.

§ 6.

Von Zeit zu Zeit sind seitens des Kontrolleurs die Laternen=
wärter daraufhin zu revidieren, ob sie beim Anzünden die im § 4 der
Arbeitsordnung bezeichneten Gegenstände in brauchbarem und
ordnungsmäßigem Zustande bei sich führen. Auf die gute Beschaffen=
heit der Leitern hat er ganz besonders zu achten und die Auswechselung
schadhafter Leitern umgehend zu veranlassen.

§ 7.

Der Kontrolleur ist verpflichtet, jeden Abend rechtzeitig auf
dem Versammlungsplatze festzustellen, ob die Laternenwärter sämtlich
zur bestimmten Zeit vor dem Anzünden anwesend sind. Er ordnet
den Beginn des Anzündens an und sorgt dafür, daß damit zu der fest=
gesetzten Zeit in den Revieren begonnen wird.

Ebenso hat er am Morgen auf dem Versammlungsplatz genau
Aufsicht zu führen und das Löschen der Laternen anzuordnen. Kein
Laternenwärter darf mit dem Anzünden oder Auslöschen beginnen,
bevor er dazu die Anweisung von dem Kontrolleur erhalten hat.

Falls der Kontrolleur es unterläßt, sich nach dem Versammlungs=
platze zu begeben, hat er hiervon dem Oberkontrolleur s o f o r t
Anzeige zu machen.

§ 8.

Die Anzeigen der Laternenwärter über Mängel oder Beschädi=
gungen an den Laternen, Brennern, Glühkörpern und Zylindern
sowie über etwa fehlende Utensilien hat der Kontrolleur täglich ent=
gegenzunehmen und dem Oberkontrolleur zu überbringen, ebenso
hat er darauf zu achten, daß die mit dem Ersatz der Glühkörper und
Zylinder, der Regulierung und Reinigung der Brenner beschäftigten
Monteure und Arbeiter die ihnen übertragenen Arbeiten sachgemäß
und pünktlich ausführen.

Beschädigungen, Störungen, mangelhaftes Brennen und sonstige
auffallende Erscheinungen an den der öffentlichen Gas=, Petroleum=
oder elektrischen Beleuchtung dienenden Anlagen sind stets dem
nächsten Vorgesetzten unverzüglich zu melden. Bei Wahrnehmung
von Gasgeruch ist die Ursache zu ermitteln und sofort Anzeige darüber
zu erstatten, ebenso wie über jede Nachlässigkeit, Saumseligkeit oder
Pflichtverletzung der Laternenwärter, Monteure und Arbeiter, damit
die schuldigen Personen zur Strafe gezogen werden können.

§ 9.

Den Laternenwärtern, welche Patrouillendienst oder ihren Ruhetag haben, ist am Tage vorher hiervon Mitteilung zu machen.

Sind bei Beurlaubungen oder Erkrankungen von Laternenwärtern Reserveleute nicht eingestellt, so hat der Kontrolleur eine sachgemäße Verteilung der mitzulöschenden oder anzuzündenden Laternen an die Laternenwärter benachbarter Reviere vorzunehmen, nötigenfalls selbst mit einzugreifen.

§ 10.

Ist der Kontrolleur mit Einziehung von Rechnungen oder mit Ermittelungen des Tatbestandes von Laternenbeschädigungen usw. beauftragt worden, so hat er diese Aufträge so schnell als möglich zu erledigen und Bericht zu erstatten, sowie die eingezogenen Geldbeträge unverzüglich abzuliefern.

§ 11.

Das Dienstverhältnis kann von jeder Seite für den Schluß eines Monats unter Einhaltung einer monatlichen Kündigungsfrist gekündigt werden.

§ 12.

Der Kontrolleur erhält einen monatlichen Lohn, welcher ihm in halbmonatlichen Raten ausbezahlt wird.

§ 13.

Es steht der Direktion der städtischen Gaswerke frei, diese Dienstanweisung abzuändern oder zu derselben Zusätze zu machen; jeder Kontrolleur ist verpflichtet, sich den abgeänderten oder neuen Bestimmungen gleichfalls zu unterwerfen.

Berlin, den 10. September 1902.

Direktion der städtischen Gaswerke.

Fürst.   Schimming.

Dienstanweisung für die in der Beleuchtungsinspektion der städtischen Gaswerke beschäftigten Arbeiter vom 17. 5. 1909, Akten II 33, Band 1.

§ 1.

Sachkenntnis und Ausführung der Arbeiten.

Jeder bei der Beleuchtungsinspektion Beschäftigte hat sich behufs Ausführung der ihm übertragenen Arbeiten von den nach-

folgenden Bestimmungen genau zu unterrichten. In allen zweifel=
haften Fällen hat er von älteren Mitarbeitern oder von seinem
Vorgesetzten Unterweisung einzuholen.

Für alle aus Unkenntnis oder Nichtbeachtung dieser Vorschriften
entstehenden Schäden oder Gefahren ist der betreffende Arbeiter
gemäß der Arbeitsordnung sowohl den Gaswerken als auch den
Privaten, der Polizeibehörde und den Gerichten gegenüber verant=
wortlich.

Die den Arbeitern überwiesenen Arbeiten sind sorgfältig und
vorschriftsmäßig mit möglichster Schnelligkeit genau nach den
Anordnungen des Vorgesetzten auszuführen; treten besondere
Schwierigkeiten und nicht vorgesehene Fälle ein, so hat der Ar=
beiter so schleunig als möglich dem Vorgesetzten Meldung zu machen
und dessen Anordnungen einzuholen.

Jeder Arbeiter hat sich behufs Ausführung der ihm übertragenen
Arbeiten von der Beschaffenheit der Konstruktion und Behandlung
der jeweilig vorhandenen Beleuchtungseinrichtungen und deren Zube=
hörteilen sowie über die Benennung derselben genau zu unterrichten.

Die mit der Instandhaltung der Beleuchtungseinrichtungen
und deren Zubehörteilen betrauten Arbeiter haben beschädigte.
Teile gegen brauchbare auszuwechseln und letztere auf den richtigen
Gaskonsum einzustellen und laufend in bestimmten Zwischenräumen
zu reinigen und zu putzen.

Zu der von der Beleuchtungsinspektion angegebenen Zeit
haben sich die Arbeiter täglich am Vormittage im Arbeitsraume
dieser Abteilung pünktlich einzufinden und die abgenommenen Zu=
behörteile in gereinigtem Zustande zur Wiederergänzung der etwa
zu ersetzenden Teile an das hierfür eingerichtete Magazin zurück=
zureichen.

An jedem Nachmittag haben sie sich gleichfalls zur festgesetzten
Zeit in dem vorbenannten, ihnen bekanntgegebenen Magazin oder
auf dem von dem Vorgesetzten bestimmten Versammlungsplatz ein=
zufinden und alle auf den Dienst bezüglichen Meldungen sofort zu
erstatten. Hierzu gehören auch alle Beobachtungen über etwaige
Beschädigungen von Beleuchtungseinrichtungen oder Wahrnehmungen
betreffend Gasgeruch an den Einrichtungen der Beleuchtung, der
Rohrleitungen sowie alle sonstigen Vorkommnisse, welche auf das
Beleuchtungswesen, auch der elektrischen Straßenbeleuchtung Bezug
haben.

Beim Reinigen und Putzen von Apparaten, Scheiben und dergleichen mehr hat der Arbeiter mit möglichster Vorsicht zu verfahren, damit die Teile, welche leicht beschädigt werden können, geschont werden.

Nicht von den Gaswerken bezogene Ersatzteile eigenmächtig zu verwenden, ist verboten.

Bei der Bedienung hoch angebrachter Beleuchtungseinrichtungen hat sich der Arbeiter stets des ihm übergebenen Sicherheitsgürtels zu bedienen.

Erhält der Arbeiter von seinem Vorgesetzten z. B. in betreff des Ersatzes von Beleuchtungsteilen Aufträge, so hat er diese schnellstens zu erledigen und Mängeln sofort abzuhelfen.

Zum Auftauen von Leitungsröhren wird Spiritus aus dem Magazin verabfolgt, der mit der größten Sparsamkeit zu verwenden ist.

Soll eine Leitung aufgetaut werden, hat der Arbeiter die Wasserschraube zu lösen und Spiritus in die Leitung einzugießen, worauf die Wasserschraube wieder geschlossen wird.

In hartnäckigen Fällen soll mit einem dünnen, ausgeglühten Draht versucht werden, die Leitung zu reinigen. Auch läßt sich unter Umständen bei Kandelabern die Leitung von außen mit heißem Wasser anwärmen, indem das Wasser in die Öffnung unterhalb der Laterne zwischen den Kandelaber und die Leitung gegossen wird, so daß sich das Zuleitungsrohr erwärmt.

In keinem Falle darf jedoch heißes Wasser in die Gasleitung gegossen werden.

Die Verwendung des Spiritus zu anderen Zwecken als zum Auftauen der Leitungen wird mit sofortiger Entlassung bestraft.

§ 2.

Entnahme und Ablieferung von Gegenständen.

Die sämtlichen zu den Arbeiten benötigten Materialien sind vom Magazin gegen einen vom Dirigenten der öffentlichen Beleuchtung oder dessen Stellvertreter, von dem Beleuchtungsinspektor oder einem anderen Vorgesetzten ausgeschriebenen Schein oder gegen Empfangsbuch nach Zahl, Maß oder Gewicht, eventuell unter Angabe des Namens der Straße oder des Gasabnehmers, für welche sie verwendet werden sollen, abzulangen. Ist der Schein oder das Empfangsbuch in einzelnen Fällen nicht sofort zu beschaffen, so hat der Schlosser für nachträgliche Beibringung der Bescheinigung zu sorgen.

Jeder Arbeiter ist verpflichtet, über die zur Ausführung einer Arbeit aus dem Magazin entnommenen Gegenstände und über die Verwendung derselben ein Abrechnungsbuch zu führen. In dieses Buch sind nach Beendigung einer jeden Arbeit und vor Beginn einer neuen Arbeit sauber und übersichtlich die erforderlichen Notizen einzutragen.

Die zu einer Arbeit nicht verwendeten Materialien sind nach Beendigung der Arbeit an das Magazin zurückzuliefern, und der Magazinverwalter hat durch Unterschrift in der betreffenden Spalte des Abrechnungsbuchs den Empfang derselben zu bescheinigen.

Ohne besondere vorherige Anordnung des Dirigenten bzw. des Beleuchtungsinspektors oder anderer Vorgesetzten, welche für jeden einzelnen Fall einzuholen ist, dürfen Einrichtungsgegenstände, als Haupthähne, Verbindungsstücke, Röhren usw., welche nicht aus dem Magazin der Gaswerke entnommen, sondern von einem andern geliefert worden sind, durchaus nicht verwendet werden.

Gegenstände, welche von einer vorhandenen Leitung abgenommen sind und nicht bei Anfertigung der Leitung wieder verwendet, oder welche nicht zurückgenommen und an das Zentralmagazin abgegeben werden sollen, sind sämtlich an den zur Annahme Berechtigten gegen Quittung desselben auszuhändigen.

§ 3.

Bestimmungen für die Verlegung und Beschaffenheit der Gasleitungen.

Die zu einer Gasleitung verwendeten Materialien sollen dauerhaft sein und gegen äußere Beschädigungen ausreichende Sicherheit bieten. Die Leitung soll in allen Teilen sicher befestigt sein. Sie muß möglichst überall zugänglich und derartig angelegt sein, daß Verstopfungen durch Kondensationswasser, Rostabsätze usw. nicht entstehen können, und daß eine Reinigung auf leichte Weise möglich ist. Ferner soll die Leitung völlig dicht und in der Arbeit sorgfältig ausgeführt sein.

Zur Erreichung dieser Anforderungen hat der betreffende Arbeiter die nachfolgenden Anordnungen genau zu beachten, wobei bemerkt wird, daß Bleiröhren, Röhren von Kompositionen aus Zinn und Blei usw. und Kupferröhren nicht verwendet werden dürfen.

Vor der Verwendung der Gegenstände aus dem Magazin hat der Schlosser sich genau von ihrer Brauchbarkeit zu überzeugen. Er hat jedes Stück auf Dichtheit und Sauberkeit der Innenfläche zu prüfen und namentlich schadhafte Verbindungsstücke und gerissene Röhren auszusondern.

Die T-, Knie-, Kreuzstücke, Absatzmuffen usw. müssen vor der Verwendung inwendig mittels des Pinsels sorgfältig mit mäßig dünnem Kitt ausgestrichen werden.

Die anzuwendenden Langgewinde müssen mit Gegenmuttern versehen und dicht sein, die Muffen sollen gut passen und müssen ohne besondere Kraftanstrengung gleichmäßig über die Röhren festgeschraubt werden können, ohne deshalb zu schlottern.

Während der Arbeit ist die Leitung öfter auf ihre Dichtheit zu untersuchen, um etwaige Fehler zu entdecken.

Die Gasleitungen sind möglichst mit Gefälle anzulegen.

Bei Verlegung von Gasrohr in wagerechter Richtung ist wenigstens in den Hauptsträngen stets das nötige Gefälle zu geben, welches mindestens 1 cm auf 1 m Länge der Leitung betragen soll.

An allen tiefsten Punkten der Rohrleitung ist stets ein Wassersack anzubringen.

Werden unter elektrischen Freileitungen Gasröhren aus Kandelabern herausgenommen oder in dieselben eingezogen, so ist streng darauf zu achten, daß die Berührung der elektrischen Leitungen mit dem Gasrohr vermieden wird.

Bei der Ausführung der Arbeiten sind stets die Kandelaber umzulegen und dann erst die Rohrleitungen ein- bzw. herauszunehmen.

Die Muffen und anderen Verbindungsstücke sollen, nachdem die Rohrgewinde mit mäßig dickem Dichtungskitt schwach bestrichen sind, so weit auf die Röhren geschraubt werden, als dies ohne besondere Anstrengung und ohne Gefahr des Sprengens der Muffe möglich ist, mindestens aber auf 7 Gewindegänge. Aller Kitt, welcher aus dem Gewinde hervortritt, muß sauber abgewischt werden. In besonderen Fällen kann man auch so verfahren, daß man zuerst das Gewinde etwa 4—5 Gänge anschraubt, dann einen feinen mit Kitt getränkten Flachsfaden in das Gewinde legt und hierauf noch weiter fest anzieht.

Bei Langgewinden muß zwischen Muffe und Gegenmuttern, bei Nippeln zwischen die zu verbindenden Stücke stets ein solcher Faden eingelegt werden.

Es ist sorgfältig darauf zu achten, daß die Röhren und Ver=
bindungsstücke an den Wänden und Decken überall fest anliegen,
daß die einzelnen Röhren derselben Strecke genau dieselbe Richtung
haben, daß aufsteigende und abfallende Röhren genau lotrecht und
daß die Röhren an den Decken genau winkelrecht zu den Wänden an=
gebracht werden. Die Blechkloben und Hefthaken müssen das Rohr
rechtwinklig und fest umspannen, die Stifte sollen senkrecht zu den=
selben eingeschlagen werden.

§ 4.

Verantwortlichkeit für Werkzeuge, über=
nommene Materialien und dergl. mehr.

Der Schlosser bzw. Arbeiter hat für die sichere Unterbringung
der ihm übergebenen Materialien und Werkzeuge zu sorgen und ist
für dieselben verantwortlich.

Dieselben müssen während der Nacht in einem verschlossenen
Raume untergebracht werden. Der Schlosser hat allabendlich die
Stückzahl zu notieren und am folgenden Morgen sich von der Richtig=
keit derselben zu überzeugen.

Sollten hierbei Gegenstände vermißt werden, so ist sofort dem
Vorgesetzten Anzeige zu machen.

Kluppen und sonstige wertvolle Gegenstände sind allabendlich
in das Bureau zu bringen oder auf eigene Verantwortung so zu ver=
wahren, daß sie nicht gestohlen werden können.

Wird eine Arbeit, zu der eine Feldschmiede erforderlich ist,
nicht an einem Tage beendet, so darf die Feldschmiede ohne Genehmi=
gung des zuständigen Polizeireviers während der Nacht nicht auf der
Straße stehen bleiben. Vielmehr ist dafür zu sorgen, daß dieselbe,
nachdem das Feuer auf dem Herde gehörig gelöscht worden, wo=
möglich nach zuvor eingeholter Genehmigung des betreffenden Haus=
wirts auf dem Hofe eines Hauses untergebracht wird. Wenn dies nicht
möglich ist, und der Polizeireviervorstand nicht gestattet, daß die Feld=
schmiede auf der Straße stehen bleiben darf, so muß sie nach der An=
stalt oder dem Grundstück des Bureaus zurückgefahren werden. An
jeder Feldschmiede, welche des Abends bzw. während der Nacht
auf der Straße stehen bleibt oder gefahren wird, muß eine brennende
Laterne angehängt sein und so befestigt werden, daß sie nicht ent=
wendet werden kann.

Wenn die vorstehenden Bestimmungen nicht beachtet werden und infolgedessen eine Polizei= usw. Strafe festgesetzt wird, so fällt diese dem betreffenden Schlosser zur Last.

Das Einspannen der Haupt= und Brennerhähne in den Schraub= stock ist verboten. Entstehen durch ein solches Verfahren Undichtheiten oder Brüche an den Hähnen, so hat der betreffende Arbeiter dieselben vollständig zu ersetzen.

Die Anwesenheit unberufener Personen während der Arbeit darf nicht geduldet werden, insbesondere nicht bei Ermittelung von Undichtheiten.

§ 5.

Reparaturen.

Der Schlosser erhält für die Ausführung jeder Reparatur einen Zettel mit der allgemeinen Angabe des zu beseitigenden Mangels.

Nach Beendigung der Arbeit ist die zur Ausführung der Reparatur verwendete Arbeitszeit auf dem Reparaturzettel zu vermerken und dieser Zettel im Bureau vorzulegen.

Vor der Rückgabe an den Vorgesetzten ist von dem Beauftragten durch eine kurze Notiz die ermittelte genaue Ursache des Mangels (die Art und der Ort der Undichtheit, der Grund der Verstopfung durch Rost, Wasser, Naphthalin usw., der Grund des Versagens und der= gleichen mehr) anzugeben.

Bei der Ausführung von Reparaturen und kleinen Abhilfen darf der Schlosser sich nicht damit begnügen, seinen Auftrag auszu= führen, sondern er hat seine Aufmerksamkeit auch auf die sonstige Beschaffenheit der Rohrleitung sowie der Kandelaber und Laternen= hähne usw. zu richten und sich von dem ordnungsmäßigen Funktio= nieren derselben Kenntnis zu verschaffen. Etwaige Mängel sind, wenn dieselben gefährlich erscheinen, sofort dem Vorgesetzten mit= zuteilen.

Das bloße Bestreichen undichter Stellen mit Kittmitteln, nassem Ton oder Lehm oder mit Gipsbrei ist streng verboten.

Treten Fälle ein, wo Gefahr durch ausströmendes Gas zu be= fürchten ist, z. B. Bruch von Gußrohr, von Flanschen usw., oder ist eine Gasausströmung vorhanden, eine Undichtheit an der Gasein= richtung aber nicht aufzufinden, oder kommen andere nicht vorher= gesehene Zufälle vor, so ist der Arbeiter verpflichtet, seinem Vorge= setzten sofort durch einen besonderen Boten hiervon Mitteilung zu machen. Bis zur Ankunft desselben hat er nach seiner besten Kenntnis unter Beachtung der ihm erteilten Vorschriften geeignete Vorsichts=maßregeln zu treffen.

Namentlich ist dafür zu sorgen, daß, wenn Gas von außerhalb in geschlossene Räume dringt, bis nach ermittelter und beseitigter Undichtheit sämtliche Feuer und Lichter gelöscht, Türen und Fenster, insbesondere die oberen Fenster aber geöffnet werden.

Den Bewohnern solcher Räume ist das Schlafen und der Aufent=halt in denselben vor Zeugen auf das dringlichste zu verbieten.

Läßt sich die Stelle, von der aus dem Erdreich Gas in einen Raum dringt, annähernd bestimmen, so ist durch Aufwerfen eines Grabens vor dem Hause dem Gas ein Ausgang zu verschaffen und, wenn es möglich ist, noch vor Ankunft einer Gußrohrlegerkolonne die schadhafte Stelle an der Leitung aufzusuchen und unschädlich zu machen.

Das Ableuchten zum Aufsuchen von Undichtheiten ist verboten; Zuwiderhandlungen gegen dieses Verbot werden nach der Arbeits=ordnung bestraft. Falls durch eine Übertretung dieses Verbots eine Beschädigung entstehen sollte, wird der Staatsanwaltschaft un=nachsichtlich Anzeige erstattet werden.

Das Ausspülen einer Leitung mit Wasser, namentlich unter stärkerem Druck, zur Prüfung auf ihre Dichtheit oder zur Beseitigung von Verstopfungen ist verboten.

§ 6.
Prüfung der Gasleitungen.

Bei allen Rohrleitungen von größerer Ausdehnung, welche die Gaswerke anfertigen, soll eine erste Untersuchung auf Dicht=heit vorgenommen werden, während die Röhren noch nirgends eingeputzt und in allen Teilen noch freiliegend und zugänglich sind. Namentlich sind auch alle Stellen zu untersuchen, wo Röhren durch Mauern oder Decken gehen.

Die Untersuchung ist vorzunehmen, bevor die Beleuchtungs=gegenstände angeschraubt worden sind, und ehe Gas in die Leitung eingelassen wird.

Die Untersuchung kann je nach Bestimmung entweder mittels Manometers oder des kleinen Gasbehälters geschehen; sie ist in Gegenwart des Beleuchtungsinspektors bzw. dessen Stellvertreters

8*

vorzunehmen. Der Beleuchtungsinspektor muß sofort benachrichtigt werden, sobald sich auffallende Mängel vorfinden.

Prüfung mittels des Manometers.

Hierzu wird ein Manometer, welches ungefähr 150 bis 200 mm Wassersäule hält, mit der Rohrleitung dicht verbunden. Nach Verschluß sämtlicher übrigen Ausläße wird durch einen Schlauchhahn entweder mit dem Munde oder mit dem Blasebalg oder einer Luftpumpe Luft in die Rohrleitung eingeblasen oder aus derselben ausgesaugt, bis das Manometer eine Druckhöhe von 100 bis 150 mm Wassersäule zeigt. Nach Verschluß des Schlauchhahnes darf das Manometer während der ersten 10 bis 20 Minuten in allmählich abnehmendem Maße bis auf etwa die Hälfte des ursprünglichen Druckes sinken, muß sich dann aber durch mindestens 10 Minuten annähernd auf konstanter Höhe erhalten. Andernfalls kann die Leitung nicht als ausreichend dicht angesehen werden.

Prüfung mittels des kleinen Gasbehälters.

Die Glocke desselben hat einen nutzbaren Inhalt von 10 Liter. Die mittlere Führungsstange zeigt eine Teilung, in welcher 25 mm Höhe 1 Liter entsprechen. Das Eigengewicht der Glocke gibt einen Druck von 70 mm Wassersäule, jedes beigegebene Gewicht (1 kg) eine Vermehrung von 25 mm.

Bei der Prüfung wird der Gasbehälter mit der Rohrleitung verbunden, und der Überdruck in der Leitung wird auf 100—150 mm Wassersäule gebracht. Der durch das Sinken der kleinen Glocke angezeigte Verlust in je 5 Minuten darf höchstens ein Teilstrich gleich $^1/_{10}$ Liter betragen.

Beide Prüfungen sind bei möglichst gleichmäßiger Temperatur und bei größeren Leitungen für einzelne abgesperrte Teile vorzunehmen; bei keiner einzelnen Strecke dürfen die obigen Grenzzahlen überschritten werden.

Es ist bei Strafe nach der Arbeitsordnung verboten, beim Ausblasen von Leitungen das ausströmende Gas zur Prüfung auf seine Reinheit oder zu anderen Zwecken anzuzünden. Ist durch irgendeinen Zufall das entströmende Gas dennoch entzündet worden, so darf der Haupthahn zur Vermeidung einer Explosion erst geschlossen werden, nachdem die Flamme gelöscht und die Öffnung verschlossen worden ist.

§ 7.

Revisionen.

Bei der Revision der Wasser= und der Absperrtöpfe ist darauf zu achten, daß die Verschlußschraube willig geht, aber nicht zu lose sitzt. Sie muß mit Lederscheibe gedichtet sein. Ferner ist darauf zu achten, daß die Vierkante der Schrauben zu dem Loch des Schlüssels der Gaswerke bzw. der Feuerwehr passen, und daß die Klappen sich in ordnungsmäßigem Zustande befinden. Das aus den Töpfen aus= gepumpte Kondensationswasser darf nur in die hierzu bestimmten Wasserwagen gegossen werden, welche in den Gasanstalten zu ent= leeren sind. Bei Frostwetter dürfen die Absperrtöpfe nicht auf längere Zeit gefüllt bleiben, da sie sonst der Zerstörung anheim= fallen.

§ 8.

Abgesperrte Leitungen.

Die Absperrung von Leitungen geschieht mittels Kappen, Stöpsel oder durch Blechschieber, welche zwischen die Flanschet= platten geschoben werden. Auch sind bei Absperrung stets die etwa vorhandenen Absperrtöpfe zu überfüllen.

Berlin, den 17. Mai 1909.

Direktion der städtischen Gaswerke.

Fürst.   Schimming.

Anhang.

Auszug aus dem Strafgesetzbuch.

§ 222.

Wer durch Fahrlässigkeit den Tod eines Menschen verursacht, wird mit Gefängnis bis zu 3 Jahren bestraft.

Wenn der Täter zu der Aufmerksamkeit, welche er aus den Augen setzte, vermöge seines Amtes, Berufes oder Gewerbes be= sonders verpflichtet war, so kann die Strafe bis auf 5 Jahre Gefängnis erhöht werden.

§ 230.

Wer durch Fahrlässigkeit die Körperverletzung eines anderen verursacht, wird mit Geldstrafe bis zu 300 Talern oder mit Gefängnis bis zu 2 Jahren bestraft.

Brennzeit der öffentlichen Straßenflammen.

Von wann ab?	Anfang Uhr Abds.	Ende Uhr Morg.	Dauer Stunden
1. Jan.	4¼	7½	15¼
6. "	4½	7½	15
10. "	4½	7¼	14¾
14. "	4¾	7¼	14½
21. "	5	7	14
30. "	5¼	7	13¾
3. Febr.	5¼	6¾	13½
7. "	5½	6¾	13¼
11. "	5½	6½	13
15. "	5¾	6½	12¾
18. "	5¾	6¼	12½
22. "	6	6	12
1. März	6¼	5¾	11½
7. "	6½	5½	11
14. "	6¾	5¼	10½
21. "	7	5	10
27. "	7	4¾	9¾
30. "	7¼	4½	9¼
7. April	7½	4¼	8¾
14. "	7¾	4	8¼
21. "	8	3¾	7¾
26. "	8	3½	7½
30. "	8¼	3¼	7
7. Mai	8½	3¼	6¾
10. "	8½	3	6½
16. "	8¾	3	6¼
20. "	8¾	2¾	6
25. "	9	2½	5½
2. Juni	9¼	2¼	5
11. "	9½	2	4½
24. "	9½	2¼	4¾

Von wann ab?	Anfang Uhr Abds.	Ende Uhr Morg.	Dauer Stunden
3. Juli	9¼	2½	5¼
11. "	9¼	2¾	5½
20. "	9	3	6
28. "	8¾	3¼	6½
5. August	8½	3¼	6¾
11. "	8¼	3½	7¼
17. "	8	3¾	7¾
24. "	7¾	4	8¼
30. "	7½	4	8½
3. Sept.	7½	4¼	8¾
5. "	7¼	4¼	9
11. "	7	4½	9½
17. "	6¾	4¾	10
23. "	6½	4¾	10¼
27. "	6½	5	10½
29. "	6¼	5	10¾
4. Oktob.	6	5¼	11¼
12. "	5¾	5½	11¾
17. "	5½	5¾	12¼
25. "	5¼	6	12¾
1. Novbr.	5	6¼	13¼
8. "	4¾	6¼	13½
10. "	4¾	6½	13¾
16. "	4½	6½	14
20. "	4½	6¾	14¼
27. "	4½	7	14¾
6. Dezbr.	4¼	7¼	15
10. "	4	7¼	15¼
16. "	4	7½	15½
25. "	4¼	7½	15¼

Im Gemeinjahre in Summa 3675 Brennstunden.

War der Täter zu der Aufmerksamkeit, welche er aus den Augen setzte, vermöge seines Amtes, Berufes oder Gewerbes besonders verpflichtet, so kann die Strafe bis auf 3 Jahre erhöht werden.

Aus § 309.

Wer durch Fahrlässigkeit einen Brand nach § 306

1. in einem Gebäude, welches zur Wohnung von Menschen dient,
2. in Räumlichkeiten zu einer Zeit, während welcher Menschen in denselben sich aufzuhalten pflegen,

herbeiführt, wird mit Gefängnis bis zu einem Jahre oder mit Geld= strafe bis zu 300 Talern und, wenn durch den Brand der Tod eines Menschen verursacht worden ist, mit Gefängnis von 1 Monat bis zu 3 Jahren bestraft.

§ 311.

Die gänzliche oder teilweise Zerstörung einer Sache durch Gebrauch von .... explodierenden Stoffen ist der Inbrandsetzung der Sache gleich zu achten.

Dienstanweisung für den Dirigenten der Privatbeleuchtung der Berliner städtischen Gaswerke vom 2. 10. 1911, Akten II 9 g, Band 2.

§ 1.

Der Dirigent der Privatbeleuchtung ist der Direktion unter= stellt. Er hat dieser nicht nur jederzeit auf Erfordern vollständige Auskunft über alle die Privatbeleuchtung betreffenden Ange= legenheiten zu geben, sondern sie auch unaufgefordert von allen wichtigen Vorkommnissen in Kenntnis zu setzen.

§ 2.

Dem Dirigenten liegt die generelle Bearbeitung aller, die Abgabe des Gases an die Privatgasabnehmer betreffenden Angelegenheiten ob. Er hat den Gasabnehmern bei der Einrichtung neuer Gas= lichtanlagen oder bei Störungen in der Gasbenutzung mit Rat und Tat zur Seite zu stehen und die von Gasabnehmern erhobenen Be= schwerden zu prüfen und für Abhilfe Sorge zu tragen.

§ 3.

Dem Dirigenten liegt insbesondere die Überwachung der Bureaus der Privatbeleuchtung und der Revierinspektionen ob.

Er ist verpflichtet, die Beamten der Bureaus für die Privatbeleuch=
tung sowie die Revierinspektoren und deren Personal zu kontrollieren
und darauf zu achten, daß sie den ihnen erteilten Anweisungen
pünktlich nachkommen und die zu erledigenden Arbeiten und Auf=
träge umgehend und vorschriftsmäßig ausführen.

§ 4.

Der Dirigent hat für die ordnungsmäßige Unterbringung der
Reviere und für sachgemäße Verwaltung und Unterbringung der den
Revieren überwiesenen Materialien zu sorgen.

Er hat darauf zu achten, daß das in den Revieren vorhandene
Bureau= und Arbeiterpersonal in angemessenem Verhältnis zu
dem Umfange der Dienstgeschäfte der einzelnen Reviere steht.

§ 5.

Dem Dirigenten liegt die Kontrolle darüber ob, daß die Bücher
genau nach den erlassenen Anweisungen geführt werden. Er hat
ferner für die regelmäßigen Revisionen der in den einzelnen Revier=
bureaus bzw. im Bureau der Privatbeleuchtung befindlichen Kassen
Sorge zu tragen.

Über die eingehenden Briefe ist ein Briefjournal zu führen,
in welches die Briefe unter Vermerk des Namens des Absenders,
der Eingangszeit und des etwaigen Portos einzutragen sind. Die
darin enthaltenen Aufträge bzw. Anfragen sind möglichst sofort zu
erledigen.

Der Dirigent hat die Rechnungen der Handwerker und Liefe=
ranten über die von ihnen abgenommenen Materialien und Ar=
beiten zu prüfen und zu bescheinigen, wobei er für die Richtigkeit
aller Maßangaben, Stückzahlen, Gewichte usw. einzustehen hat.
Ferner hat er die Rechnungen über Arbeiten und Lieferungen,
welche von den Revierinspektionen für andere städtische Ver=
waltungen ausgeführt werden, zu revidieren und festzustellen.

§ 6.

Dem Dirigenten werden die erforderlichen Assistenten, Revier=
inspektoren, Techniker, Buchhalter, Kassenrevisoren und Hilfspersonal
zugeteilt.

§ 7.

Anträge des Dirigenten um Urlaub sind an die Direktion zu
richten.

§ 8.

Es wird vorbehalten, Abänderungen bzw. Zusätze zu dieser Dienstanweisung zu machen, welchen der Dirigent der Privatbeleuchtung
in gleicher Weise wie der vorstehenden Anweisung nachzukommen
verpflichtet ist.

Berlin, den 2. Oktober 1911.

Direktion der städtischen Gaswerke.

Fürst   Schimming.

**Dienstanweisung für die Revier-Inspektoren der städtischen Gaswerke
vom 15. Mai 1899, Akten II 9 g, Band 1.**

§ 1.

Die Revier-Inspektoren unterstehen in dienstlichen Angelegenheiten der Deputation der städtischen Gaswerke, dem Verwaltungs-Direktor und dessen Stellvertreter, dem Betriebs-Direktor,
dem Dirigenten der öffentlichen und Privatbeleuchtung, dem Revier-
Ober-Inspektor und den Vertretern dieser Beamten.

Der unmittelbare Vorgesetzte ist der Revier-Ober-Inspektor.

§ 2.

Der Revier-Inspektor hat die Aufgabe, in dem ihm überwiesenen Reviere, dessen Begrenzung ihm durch einen Stadtplan
und eine tabellarische Zusammenstellung der zugehörigen Stadtbezirke bzw. Vororte mitgeteilt wird, die Privatbeleuchtung einzurichten und zu beaufsichtigen.

§ 3.

Der Revier-Inspektor ist verpflichtet, im Weichbilde der Stadt
Berlin und zwar innerhalb der Grenzen des ihm zugewiesenen
Revieres zu wohnen*).

§ 4.

Um den Revier-Inspektor in der zeitlichen Einteilung der ihm
obliegenden Arbeiten nicht zu beschränken, wird demselben die

---

Anm. zu § 3. Deputationsbeschluß vom 6. Mai 1907. Die Deputation beschließt, den Revierinspektoren das Wohnen außerhalb der
Grenzen ihres Revierbezirks zu gestatten, wenn die Wohnung innerhalb
des Weichbildes von Berlin belegen und das betreffende Revierbureau
höchstens 1½ Kilometer von dieser entfernt ist.

Innehaltung bestimmter Dienststunden nicht vorgeschrieben. Er ist aber gehalten, sofern er in besonderen Fällen durch Rücksprachen usw. nicht daran verhindert ist, werktäglich vormittags gegen 8 Uhr und nachmittags gegen 4 Uhr im Revier=Bureau anwesend zu sein und daselbst zu hinterlassen, welche Arbeiten außerhalb des Bureaus seine Gegenwart nötig machen und wo er erforderlichenfalls zu finden ist.

Der Revier=Inspektor hat dafür zu sorgen, daß im Revier=Bureau in der Zeit von 7 Uhr vormittags bis 7 Uhr abends dem Publikum stets Gelegenheit gegeben ist, Anträge an hierzu geeignete Personen zu stellen.

In dem Verkehr mit dem Publikum hat sich sowohl der Revier= Inspektor als auch jeder seiner Beauftragten stets eines höflichen und gesetzten Benehmens zu befleißigen.

Keinesfalls ist der Revier=Inspektor berechtigt, Anträge auf Gaseinrichtungen usw. kurzerhand abzuweisen; er hat vielmehr in allen zweifelhaften Fällen die Entscheidung der Verwaltungs= Direktion einzuholen.

§ 5.

Auf Verlangen ist jedem Antragsteller auf Grund der vorzunehmenden örtlichen Ermittelungen ein Kostenanschlag zuzufertigen, in den das zu verbrauchende Material und der Arbeitslohn genau nach den Preislisten der städtischen Gaswerke einzusetzen ist.

Nach erfolgter Einverständniserklärung des Auftraggebers ist diesem ein verpflichtendes Formular 1 a oder 12 zur Vollziehung vorzulegen und gegebenen Falles ein ausreichender Vorschuß für die Einrichtung bzw. auch für den Gasverbrauch einzuziehen. Hierbei ist mit größter Vorsicht zu verfahren und ein Verlust der Gaswerke tunlichst zu verhüten. In zweifelhaften Fällen ist auch hier die Entscheidung der Verwaltungs=Direktion nachzusuchen.

Bei Ausfertigung der der Verwaltungs=Direktion zur Verfügung einzureichenden Meldeformulare sind die gestellten Fragen gewissenhaft zu beantworten.

Bei Einrichtungen usw., welche teilweise oder ganz auf Kosten der Gaswerke ausgeführt werden sollen, sind, wenn die Kosten 30 ℳ und darüber betragen, dem Antrage ein kurzer ErläuterungsBericht, ein Kosten=Überschlag und eine Skizze beizufügen

§ 6.

Die von der Verwaltungs-Direktion genehmigten Leitungs-anlagen sind möglichst umgehend und zweckentsprechend auszu-führen. Dabei ist strengstens darauf zu achten, daß alle Rohrlei-tungen vor dem Gasmesser und die Aufstellung des Gasmessers selbst von Rohrlegern des Revieres ausgeführt werden. Auf be-sonderen Wunsch des Gasabnehmers können auch die Leitungen hinter dem Gasmesser durch das Personal des Revieres gelegt werden.

Im übrigen sind für die Ausführung der Gaseinrichtungen die in der Dienstanweisung für das Revier-Personal gegebenen Vorschriften maßgebend.

Der Revier-Inspektor hat stets für eine hinreichende Anzahl von genügend ausgebildeten Schlossern usw. zu sorgen. Er hat darauf zu achten, daß das erforderliche Handwerkszeug allezeit in brauchbarem Zustande vorhanden ist. Auch für die pünktliche Innehaltung der für das Revier-Personal festgesetzten Arbeitszeit ist er verantwortlich.

Sollten sich bei Ausführung der Arbeit gegen den Voranschlag etwa Änderungen ergeben, die eine Erhöhung der Kosten zur Folge haben, so sind dem Antragsteller vor Fortsetzung der Arbeit die Mehr-kosten bekannt zu geben und von diesem durch Vollziehung eines Zahlungs-Formulars zu genehmigen. Bei Rückreichung der be-treffenden Meldung an die Verwaltungs-Direktion ist die Änderung zu begründen.

Die Verlegung von Gußrohrleitungen sowie die Aufstellung von Gasmessern mit gußeisernen Gehäusen darf nur durch Rohrleger des Röhrensystems vorgenommen werden. Von derartigen An-trägen ist daher auch dem Dirigenten der öffentlichen und Privat-beleuchtung oder dem technischen Bureau rechtzeitig Mitteilung zu machen.

§ 7.

Die Übergabe vorhandener Leitungen und eine nur geringe Kosten verursachende Wiedereröffnung abgesperrter Leitungen darf ohne besondere Genehmigung der Verwaltungs-Direktion erfolgen. Die Arbeit ist dann nach vollendeter Ausführung zu melden.

§ 8.

Alle bei der Ausführung von Gasmesser-Einrichtungen usw. erforderlichen Gegenstände sind aus dem Zentral- bzw. Zweigmagazin der Gaswerke gegen Quittung zu entnehmen.

Nicht vorhandene Gegenstände sind durch den Revier-Inspektor direkt oder durch das Magazin zu bestellen; die betreffenden Lieferscheine in doppelter Ausfertigung sind mit der Abrechnungspiece dem Magazin zu überantweisen.

Bestellungen auf eine größere Anzahl von Beleuchtungs-Gegenständen werden durch die Verwaltungs-Direktion im Wege der Ausschreibung vergeben.

Der Revier-Inspektor haftet für die regelmäßige Abrechnung mit dem Magazin und für die pünktliche Ausschreibung und Aufrechnung der Konzept-Piecen. Die Ablieferung der Piecen hat er sich vom Magazin im Piecen-Buch bescheinigen zu lassen.

Auch für die pünktliche Einholung der Gasmesserstände und ihre Übermittlung an die Zentral-Buchhalterei sowie für die ordnungsmäßige Ablieferung der eingezogenen Geldbeträge an die Haupt-Kasse der städtischen Werke oder an das Zentral-Magazin trägt der Revier-Inspektor die Verantwortung.

§ 9.

Den Anträgen auf Ausführung von Reparaturen an Gasleitungen ist, besonders wenn infolge von Gasausströmung Gefahr im Verzuge liegt, sofort zu entsprechen. Findet dabei kein Materialverbrauch statt, so bleibt die Bestimmung, ob das Arbeitslohn den Gaswerken zur Last zu legen ist, dem Ermessen des Revier-Inspektors überlassen. Anderenfalls ist die Zahlungsverpflichtung zu beschaffen und die Ausschreibung der Rechnung in die Wege zu leiten.

Bei Beschädigung von öffentlichen Kandelabern oder bei Gasausströmung aus dem Straßenrohrsystem ist sofort die Gasausströmung zu beseitigen und dem technischen Bureau oder in der Zeit von 6 Uhr abends bis 6 Uhr morgens der Wache auf der Anstalt am Stralauer Platz Meldung zu erstatten.

Auch Gasausströmungen außerhalb der Grenzen des Revieres sind, sobald sie zur Kenntnis eines Revieres gelangen, das der betreffenden Stelle näher belegen ist als das zuständige Revier, ungesäumt zu beseitigen und dann erst dem zuständigen Revier zur weiteren Veranlassung anzuzeigen.

Zur Ausführung derartiger dringender Arbeiten hat jedes Revier an Sonn- und Festtagen und an den Wochentagen von 7—10 Uhr abends eine Wache zu unterhalten, deren Mannschaften aus den Schmiedeführern mit Helfern und den älteren Revidierern auszuwählen sind.

§ 10.

Der Revier-Inspektor ist dafür verantwortlich, daß folgende Bücher gewissenhaft geführt werden:

1. Die Kladde, in die alle Anträge auf Eröffnung, Revision oder Reparatur vorhandener Leitungen sofort nach Eingang einzutragen sind. Der Name des mit der Ausführung beauftragten Arbeiters und die Zeit der Erledigung der Bestellung sind zu vermerken.

2. Das Umzugsbuch, in dem die Abmeldungen von Gasmessern bzw. die Umzüge nachzuweisen sind.

3. Das Einrichtungsbuch, aus dem der Eingang und die Erledigung aller Anträge auf Aufstellung von Gasmessern, auf Einrichtung neuer oder Veränderung vorhandener Leitungen zu ersehen sein muß.

4. Das Anmeldebuch, in das ausführbare Arbeiten mit dem Tage der Anmeldung, Ausführung und Meldung an die Verwaltungs-Direktion einzutragen sind. Das Buch ist am Ende jedes Monats abzuschließen.

5. Das Tagebuch, in dem täglich an die Verwaltungs-Direktion über die am Tage zuvor ausgeführten, nicht besonders genehmigten Arbeiten (kleinere Reparaturen, Revisionen, Einholen der Stände usw.) und über die Einreichung der Meldungen usw. zu berichten ist.

6. Die Hauptbücher, die mit Rücksicht auf eine etwaige andere Verteilung der Stadtbezirke auf die Revier-Inspektionen so anzulegen sind, daß in ein Buch nur die Verbrauchsstellen innerhalb eines Stadtbezirkes eingetragen werden und zwar nach den Grundstücken in der Reihenfolge der Kataster und genau nach den betreffenden Rippen der Steuer-Verwaltung. Bei Anlegung der Bücher ist mit einem Zeitraum von 5 Jahren und einer Vermehrung der Verbrauchsstellen zu rechnen.

In den Hauptbüchern sind alle Gasabnehmer, gleichgültig, wann die Standaufnahme erfolgt, die Nationale der sämtlichen aufgestellten Gasmesser und die vierteljährlichen Stände sowie die Revisionsstände zu verzeichnen. Findet die Standaufnahme nicht vierteljährlich statt, so ist ein entsprechender Vermerk M. (monatlich) usw. zu machen.

Die Nationale der Gasmesser für andere als Leuchtzwecke sind mit Rotstift zu unterstreichen.

Bei Einrichtungen, die auf Kosten der Gaswerke ausgeführt sind, ist in der Spalte „Bemerkung“ die Nummer aus dem Buch für kostenfreie Leitungen anzugeben.

7. Die monatlichen Ständebücher, die bezirksweise nach Art der Hauptbücher zu führen sind mit der Einschränkung, daß bei den Gasmessern nur die Anstaltsnummern vermerkt werden.

Für die Gasmesser mit wöchentlicher oder ½ monatlicher Stand= aufnahme sind besondere Bogen anzulegen.

8. Die kleinen Stände= und Revisionsbücher, in die die Stand= aufnehmer die Stände beim Einholen einzutragen haben.

9. Das Buch für kostenfreie Leitungen, das unter fortlaufenden Nummern den Verbrauch aller Gegenstände und bei Fortnahme von Gasmessern die Rückgabe der Gegenstände an das Magazin nachzuweisen hat. Die Nummern sind auch an den betreffenden Stellen in den Hauptbüchern zu vermerken.

10. Das Gasmesserbuch, in dem über den Empfang bzw. die Rückgabe der Gasmesser an das Magazin Rechenschaft zu geben ist und zwar unter Namhaftmachung der Gasabnehmer, bei denen die Messer aufgestellt, abgenommen oder umgetauscht worden sind.

11. Die Kassenbücher, in die einzutragen sind:

a) alle dem Revier zur Einziehung überwiesenen Rechnungen am Tage des Einganges. Der einzuziehende, der gezahlte Be= trag und der Tag der Abführung an die Haupt=Kasse der städtischen Werke ist zu vermerken. Bei Nicht=Zahlung des Betrages bedarf es einer entsprechenden Notiz.

b) die Vorschüsse für Gasverbrauch und Einrichtungen sowie die Kostenbeiträge für Leitungen zu anderen als Leuchtzwecken. Diese Geldbeträge sind monatsweise mit fortlaufenden, auch auf die Einzahlungsquittungen zu setzenden Nummern zu buchen. Der Tag der Einzahlung und der Abführung an die Hauptkasse der städti= schen Werke ist zu notieren. Wird ein geforderter Vorschuß, über den bereits eine Quittung ausgeschrieben ist, nicht geleistet, so hat der Revier=Inspektor selbst die Quittung zu vernichten und die Ver= nichtung im Kassenbuch zu bescheinigen.

12. Das Kassen=Quittungsbuch. Die eingezogenen Rechnungs

beträge und die Vorschüsse sind sofort nach Eingang in je ein Buch einzutragen, in dem der Gelderheber bzw. die Haupt-Kasse der städtischen Werke bei der Ablieferung Quittung zu leisten hat. —

13. Das Postquittungs-Buch, in dem alle durch die Reichs- oder eine Privatpost eingehenden Beträge zu verbuchen sind.

14. Das Bestellbuch, in das alle seitens der Revier-Inspektion während eines Verwaltungsjahres bei Handwerkern usw. gemachten Bestellungen aufzunehmen sind. Der Tag der Bestellung, der Lieferung, des Einganges und der Weitergabe der Rechnung an das Zentral-Magazin ist zu vermerken. Nach Schluß des Verwaltungsjahres ist das Buch nach einer Revision, ob über alle Bestellungen auch Rechnungen eingegangen sind, dem Revier-Ober-Inspektor zur Kontrolle einzureichen.

15. Das Sonntagsbuch, in das behufs etwaigen Ausweises gegenüber der Polizeibehörde die Namen der an Sonn- und Feiertagen beschäftigten Personen und die von ihnen geleisteten Arbeiten einzutragen sind.

16. Das Lohnbuch, das täglich nach Maßgabe der von den Schmiedeführern usw. geführten kleinen Lohnbücher auszuweisen hat, mit welchen Arbeiten das Revier-Personal beschäftigt worden ist. Auf Grund dieses Lohnbuches sind die wöchentlich aufzustellenden Lohnlisten und die Verbrauchspiecen hinsichtlich des Arbeitslohnes zu bearbeiten.

17. Das Piecen-Buch, das zur Eintragung aller fertig gestellten Verbrauchspiecen bestimmt ist. Über die Anzahl der abgelieferten Piecen hat das Magazin zu quittieren.

18. Das Inventur-Buch, das die vorhandenen Möbel, Utensilien und Handwerkszeuge sowie deren Zu- und Abgänge nachzuweisen hat. Der Revier-Inspektor muß durch Namensunterschrift bescheinigen, daß die Gegenstände, für deren ferneren Verbleib er verantwortlich ist, übergeben worden sind. Das Buch ist Ende Dezember jeden Jahres behufs Kontrolle dem Zentral-Magazin zu übersenden.

§ 11.

Abänderungen dieser Dienstanweisung durch besondere Verfügungen bleiben vorbehalten.

Berlin, den 15. Mai 1899.

Der Verwaltungsdirektor.

Streichert.

Anweisung zur Führung der Kassengeschäfte bei den Revierinspektionen vom 19. 7. 1907, Akten II 19 g, Band 10.

§ 1.

Die Revierinspektionen der städtischen Gaswerke haben neben ihren technischen und Bureaugeschäften folgende Kassengeschäfte zu erledigen:

1. Die Einziehung und Ablieferung der Kautionen für Gaslieferung, der Beiträge und Vorschüsse für Gasleitungen bis zu 100 Mark einschließlich.

2. Die Einsammlung, Leerung, Prüfung und Ablieferung der in automatischen Gasmessern angesammelten Beträge und die Einziehung von Nachzahlungsbeträgen.

3. Die Festsetzung, Einziehung und Ablieferung der Kosten für kleinere Anlagen, welche den Betrag von 4 $\mathcal{M}$ in der Regel nicht übersteigen, und die Einziehung von Geldbeträgen aus dem Verkaufe von Automatleitungen.

4. Die Einziehung älterer Forderungen der Gaswerke, sobald die Schuldner wieder zahlungsfähig werden oder von neuem Gasanschluß verlangen, und die Ablieferung der eingezogenen Beträge.

5. Den Rückkauf von Einrichtungsgegenständen von Gasabnehmern und die Einforderung der hierbei gemachten Auslagen.

6. Die Einziehung von Rechnungen für Gaslieferung oder Einrichtungen, soweit deren Einziehung durch die Kasse nicht bewirkt werden konnte.

7. Die Zahlung der Löhne an die im Revier beschäftigten Personen.

Für alle diese Kassengeschäfte sowie für die ordnungsmäßige Aufbewahrung der Bestände in den dazu bestimmten Geldschränken ist der Revierinspektor allein verantwortlich, soweit nicht im nachstehenden besondere Bestimmungen getroffen sind.

§ 2.

Die Kassengeschäfte und Kassenbücher sind unter sinngemäßer Anwendung der Geschäftsanweisungen für die Stadthauptkasse und für die Werkseinziehungsabteilung sowie nach Maßgabe der vom Magistrat, der Deputation und der Direktion der Gaswerke erlassenen

Verfügungen zu führen. Bei Erlaß von Verfügungen über die Kassengeschäfte ist vorher die Genehmigung des Kämmerers herbeizuführen.

§ 3.

Der Revierinspektor ist berechtigt, sich der Beihilfe der Techniker, Assistenten und Schreiber bei sämtlichen Kassengeschäften zu bedienen und die im § 1 unter Nr. 2 genannten Geschäfte ausschließlich der Ablieferung auf den Assistenten des Reviers unter eigener und alleiniger Verantwortlichkeit des letzteren zu übertragen. Für die im Laufe des Tages eingezogenen und vereinnahmten Beträge sind die beauftragten Personen oder Beamten bis zur Ablieferung an den Revierinspektor allein verantwortlich; die Ablieferung muß indessen täglich erfolgen.

§ 4.

Es sind folgende Kassenbücher usw. zu führen:

a) ein Kassenbuch, Anl. Ia und I b,

b) die Quittungsbücher für Kautionen und Vorschüsse, kleinere Leitungseinrichtungen und für Nachzahlungen (bei Gasautomaten) Anl. II, III, IV und V,

c) ein Kassenbuch für Automatgasmesser nebst Einzelverzeichnis, Anl. VI und VI a,

d) eine Nachweisung der direkt einzuziehenden Rechnungen für kleinere Einrichtungen, Anl. VII,

e) eine Nachweisung über zurückgekaufte Gegenstände, Anl. VIII,

f) ein Rechnungsbuch, Anl. IX, und ein Nachweis der Gelderheber, Anl. X,

g) ein Einziehungsbuch, Anl. XI,

h) die Lohnlisten,

i) ein Kassenbuch für Portoausgaben nach dem im Zentralbureau gebräuchlichen Formular, Anl. XII,
(das wirklich verbrauchte Porto ist in diesem Buche von einem zweiten Beamten zu prüfen und zu bescheinigen),

k) ein Kassenbuch für Fahrgeldausgaben, Anl. XIII, das Buch i) fällt fort, wenn Postwertzeichen von dem Zentralbureau geliefert werden; sonst können die Bücher zu i) und k) mit dem Kassenbuch (a) verbunden werden.

Soweit von der Ermächtigung aus § 3 Gebrauch gemacht wird, ist auf dem Titelblatt der Name des Buchführers und des allein verantwortlichen Bediensteten anzugeben.

§ 5.

Einnahmen und Ausgaben auch Auslagen und deren Erstattung müssen sämtlich und sofort in das Kassenbuch aufgenommen werden; soweit solche auch in den anderen Büchern erscheinen, brauchen sie täglich nur summarisch übernommen zu werden mit Ausnahme der unter i) und k) genannten Kassenbücher, deren Inhalt mindestens monatlich ins Kassenbuch aufzunehmen ist. Das Kassenbuch ist monatlich abzuschließen, der Istbestand ist außerdem monatlich mindestens noch einmal anzugeben. Einnahmen und Ausgaben sind durch das ganze Rechnungsjahr hindurch aufzurechnen.

§ 6.

Alle Forderungen, die nicht in der Revierinspektion selbst gezahlt werden, sind ohne Verzug durch einen zuverlässigen Bediensteten einzuziehen. Zu diesem Zweck sind sie einzeln in das Einziehungsbuch einzutragen und dem Beauftragten gegen Quittung zu übergeben. Spätestens vor Dienstschluß hat dieser täglich die eingezogenen Beträge abzuliefern und die nicht eingezogenen Quittungen zurückzuliefern und zwar ebenfalls gegen Bescheinigung. Die Einziehung von Rechnungen, Kautionen, Beiträgen, Teilzahlungen hat sonst nach den von der Deputation und der Direktion allgemein oder im besonderen Falle ergangenen Verfügungen zu erfolgen.

§ 7.

Der Revierinspektor ist nicht berechtigt, Stundungen zu gewähren. Er hat in der Regel nach ergangener erfolgloser Zahlungsaufforderung die weitere Gasentnahme zu verhindern. Ist dies ohne Schädigung anderer Gasabnehmer oder der Gaswerke nicht möglich, so ist Anzeige bei der Direktion zu erstatten und die Einziehung bis auf weiteres ohne Unterbrechung der Gaslieferung fortzusetzen.

§ 8.

1. Die Quittungsbücher (§ 4 b) sind, jedes für seinen Zweck, nur für solche bare Zahlungen zu verwenden, für welche der Inspektion keine Kassenquittungen vorliegen. Der im Buche verbleibende Abschnitt muß den gezahlten Betrag, den Grund der Zahlung, Stand, Namen, Wohnung des Zahlers, den Tag der Zahlung und die Einnahmejournalnummer des Kassenjournals enthalten.

Zum Umtausch älterer Quittungen bei Eigentumsübergängen oder Abtretungen und zum Ersatz für verloren gegangene Quittungen dürfen Quittungsbuchformulare nicht benutzt werden; solche Anträge sind vielmehr an das Zentralbureau zu verweisen.

2. In das Kassenbuch für Automatgasmesser (§ 4 c) sind die Einnahmen aus diesen Messern nach Stadtbezirken geordnet einzutragen. Die Einnahmejournalnummer des Kassenbuchs, unter welcher sie in dieses übernommen sind, ist anzugeben. Soweit die Atteste der beiden entleerenden Beamten usw. in den Stadtbezirkslisten oder anderweit abgegeben sind, brauchen sie im Kassenbuch für Automatgasmesser nicht wiederholt zu werden. In das Kassenbuch sind ferner einzutragen die Ergänzungs= und die Nach=tragszahlungen nach den Quittungsbüchern (Anl. IV und V). Das Kassenbuch ist monatlich abzuschließen; die Summe muß mit der Summe der Zusammenstellung der Stadtbezirkslisten überein=stimmen.

3. Die Nachweisung für kleine Einrichtungen (§ 4 d) muß die Beträge für die kostenpflichtigen Anlagen einzeln, den Tag der Zahlung und die laufende Nummer, unter welcher die Arbeit im Quittungsbuch (§ 8 Nr. 1) eingetragen ist, enthalten.

4. Die Nachweisung über zurückgekaufte Gegenstände dient zugleich zur Quittungsleistung der Emp=fänger und ist daher urschriftlich als Beleg für die Erstattung der Aus=gabe einzureichen. Die Nummer, unter welcher die Verausgabung im Kassenbuch eingetragen ist, ist in der Nachweisung anzugeben. Die Erstattung muß mindestens vierteljährlich und am Jahresschluß herbeigeführt werden durch Einreichung der Nachweisung gegen Quittung des Zentralbureaus der Gaswerke.

5. In das Rechnungsbuch (§ 4 f) sind von dem, den Geld=verkehr zwischen Revierinspektion und Kasse vermittelnden Geld=erheber oder Boten die von der Kasse überwiesenen Nachweisungen einzeln nach Nummer und Gesamtbetrag unter Beifügung des Datums und seiner Unterschrift einzutragen. Die von der Revier=inspektion bei der Abrechnung zurückbehaltenen Quittungen sind von dieser unter Angabe der Nachweisung, aus welcher sie stammen, einzeln in das Rechnungsbuch einzutragen. Das Rechnungsbuch dient ferner zur Abrechnung mit dem Gelderheber oder Boten, welcher den Geldverkehr mit der Kasse vermittelt. Zu diesem Zwecke sind die abzuliefernden Kautionen, Beiträge usw. Automatgas=

messereinnahmen, Kosten für kleinere Einrichtungen summarisch in das Rechnungsbuch zu übernehmen, so daß die Gelderheber nur an einer einzigen Stelle zu quittieren haben. Der Gelderheber hat auch über den Empfang der zurückgehenden Quittungen und über den Betrag der von der Kasse von vornherein zurückbehaltenen Quittungen zu quittieren, damit die richtige Verrechnung der zugeschriebenen Beträge jederzeit geprüft werden kann.

6. Das Einziehungsbuch (§ 4 g) (siehe § 6) ist täglich abzuschließen und zwar getrennt nach barem Gelde und zurückgegebenen Belegen; über beide Beträge ist dem Beauftragten zu quittieren; die eingezogenen Barbeträge werden summarisch in das Kassenbuch als Einnahme eingetragen. Die Eintragungen müssen die einzelnen Posten und ihre Herkunft kurz aber genau bezeichnen.

7. Die Lohnlisten werden nach den darüber lautenden Bestimmungen auf- und festgestellt. Die Revierinspektionen sind berechtigt, die Summe der jedesmaligen Löhne und Nebenkosten den vorhandenen Beständen zu entnehmen, und verpflichtet, die Quittung darüber bei der nächsten Verrechnung statt baren Geldes abzuliefern.

8. Porto- und Fahrgeldauslagen sind bei öfterem Vorkommen in besondere Kontrollbücher (§ 4 i k) einzutragen; Portis brauchen nur nach Datum, Zahl und Art der Sendungen und nach Betrag, Fahrgelder auch nach Empfänger, Zweck und Ziel der Fahrt vermerkt zu werden. Die Summen sind monatlich und bei jeder Revision in das Kassenbuch zu übertragen.

§ 9.

Die Ablieferung und Verrechnung der eingezogenen baren Beträge und die Rückgabe der uneinziehbaren Quittungen an die Werkseinziehungsabteilung hat je nach besonderer Bestimmung durch das Personal der Inspektion oder durch Beamte der Gaswerke oder durch Gelderheber zu erfolgen. Quittungen, die nicht von der Kasse, sondern von der Inspektion selbst ausgestellt sind, und von dieser nicht eingezogen werden können, verbleiben bei dieser. Es ist jedoch hierüber besonderer Bericht zu den Akten der Direktion einzureichen. Die eingegangenen Gelder sind, soweit sie nicht zur Lohnzahlung erforderlich oder zu Ausgaben verbraucht sind, sämtlich am nächsten Abrechnungstage abzuführen; nur die Beträge für kleine Einrichtungen sind monatlich oder, sobald sie 300 $\mathcal{M}$ erreichen, abzuliefern.

Der Bedarf an Löhnen und Auslagen ist zunächst letzteren, dann den Beiträgen zu Einrichtungskosten, den Automatgeldeinnahmen und den Vorausbezahlungen zu entnehmen. Die Gelder sind der beauftragten Person so zu übergeben, daß diese die unmittelbare Überbringung nach den Kassen bewirken kann.

§ 10.

Die Geschäftsanweisung tritt nach Anweisung der Direktion der Gaswerke, aber spätestens am 1. Oktober 1907 in Kraft.

Berlin, den 19. Juli 1907.

Magistrat hiesiger Königlichen Haupt= und Residenzstadt.

Reicke.   Steiniger.

Dienstanweisung für die in den Revierinspektionen der städtischen Gaswerke beschäftigten Schlosser, Arbeiter usw. vom 16. 12. 1910, Akten II 31, Band 2.

§ 1.

Jeder Revierarbeiter hat sich behufs Ausführung der ihm übertragenen Arbeiten von den nachfolgenden Bestimmungen genau zu unterrichten. Er hat sich dabei nötigenfalls von älteren Mitarbeitern oder von seinem Revierinspektor in allen zweifelhaften Punkten unterweisen zu lassen.

Für alle aus Unkenntnis oder Nichtbeachtung dieser Vorschriften entstehende Schäden oder Gefahren ist der betreffende Arbeiter sowohl den Gaswerken, als auch den Privaten, der Polizeibehörde und den Gerichten gegenüber verantwortlich.

Die den Arbeitern überwiesenen Arbeiten sind sorgfältig und vorschriftsmäßig, mit möglichster Schnelligkeit und genau nach den Anordnungen des Inspektors auszuführen. Treten besondere Schwierigkeiten und nicht vorgesehene Fälle ein, so hat der Arbeiter so schleunig als möglich dem Inspektor Meldung zu machen und seine Anordnungen einzuholen. Ist dies im Laufe des Tages nicht möglich, so muß es spätestens am Abend desselben Tages geschehen.

Eine gleiche Anzeige ist zu machen, wenn ein Gasabnehmer bei der Ausführung der Arbeiten Änderungen der von dem Revierinspektor getroffenen Anordnungen wünscht.

§ 2.

Die sämtlichen zu den Arbeiten benötigten Materialien sind stets unter Angabe des Namens des Gasabnehmers, bei welchem sie verwendet werden sollen, gegen Quittung des Inspektors oder gegen Empfangsbuch nach Zahl, Maß oder Gewicht aus dem Magazin zu entnehmen.

Die zu einer Arbeit nicht verwendeten Materialien sind nach Beendigung der Arbeit an das Magazin zurückzuliefern, und der Magazinverwalter hat durch Unterschrift in der betreffenden Spalte des Abrechnungsbuches den Empfang derselben zu bescheinigen.

Ohne besondere vorherige Anordnung des Inspektors, welche für jeden einzelnen Fall einzuholen ist, dürfen Einrichtungsgegenstände, als: Haupthähne, Verbindungsstücke, Röhren usw., welche nicht aus dem Magazin der Gaswerke entnommen, sondern von dem Gasabnehmer oder einem anderen geliefert worden sind, nicht verwendet werden.

Gegenstände, welche von einer vorhandenen Leitung eines Gasabnehmers abgenommen sind, müssen an den Empfangsberechtigten gegen Quittung ausgehändigt werden, es sei denn, daß nach der Bestimmung des Inspektors einzelne Stücke bei Anfertigung der Leitung wieder verwendet oder zurückgenommen und an das Magazin abgegeben werden sollen.

§ 3.

Jeder Arbeiter ist verpflichtet, über die zur Ausführung einer Arbeit aus dem Magazin entnommenen Gegenstände und über die Verwendung derselben ein Abrechnungsbuch zu führen. In dieses Buch sind nach Beendigung einer jeden Arbeit und vor Beginn einer neuen Arbeit sauber und übersichtlich die erforderlichen Notizen einzutragen.

§ 4.

Jede Gasleitung muß ihrer Ausdehnung entsprechend für den Gasbedarf genügend weit sein. Die inneren Weiten der Gasleitungen bestimmen sich nach dem zu erwartenden stündlichen Höchstverbrauch an Gas und der Länge der Leitung nach folgender Tabelle:

Tabelle der Rohrweiten.
(Zulässiger größter Gasdurchlaß in cbm-Std.)

Durchmesser		Länge der Leitung in Metern							
Zoll engl.	mm	3	5	10	20	30	50	100	150
$^1/_4$	6	0,160	0,120						
$^3/_8$	10	0,500	0,400	0,250	0,150				
$^1/_2$	13	1,4	1,1	0,700	0,400	0,260	0,160		
$^3/_4$	20	4,3	3,3	2,1	1,1	0,600	0,400	0,160	
1	25	8,5	6,5	4,0	2,5	1,5	1,1	0,450	0,320
$1^1/_4$	32	16,5	12,5	8,0	5,0	3,5	2,8	1,8	1,2
$1^1/_2$	40	25	20	12	8,5	7,0	4,4	2,7	2,2
2	50	54	44	28	19,8	16,5	12,0	7,5	6,5
$2^1/_2$	63	100	76	53	37	30	24	15	12,5
3	75	170	130	90	62	51	40	26	21
4	100	260	300	210	150	125	100	64	52

Die zu der Leitung verwendeten Materialien sollen dauerhaft sein und gegen äußere Beschädigungen ausreichende Sicherheit bieten. Die Leitung muß in allen Teilen sicher befestigt, völlig dicht, möglichst überall zugänglich sowie derartig angelegt sein, daß Verstopfungen durch Kondensationswasser, Rostabsätze usw. nicht entstehen können und eine Reinigung auf leichte Weise möglich ist.

Bleiröhren, Röhren von Kompositionen aus Zinn und Blei usw. dürfen nicht verwendet werden.

In Ansehung der Kupferröhren cfr. Anhang. Polizeiverordnung vom 30. April 1907.

Da, wo Leitungen der Feuchtigkeit oder chemischen Einflüssen ausgesetzt sind, müssen sie durch einen gegen Zerstörung wirksamen, bei Bedarf zu erneuernden Anstrich geschützt sein.

§ 5.

Vor der Verwendung der Gegenstände aus dem Magazin hat der Schlosser sich genau von ihrer Brauchbarkeit zu überzeugen. Er hat jedes Stück auf Dichtheit und Sauberkeit der Innenfläche zu prüfen und dabei namentlich schadhafte Verbindungsstücke und gerissene Röhren auszusondern. Der beim Abschneiden der Rohre entstehende innere Grat ist zu entfernen. Die T-, Knie-, Kreuzstücke, Absatzmuffen usw. müssen vor der Verwendung inwendig mittels des Pinsels sorgfältig mit mäßig dünnem Kitt ausgestrichen werden.

Die anzuwendenden Langgewinde müssen mit Gegenmuttern versehen und dicht sein, die Muffen sollen gut passen und müssen ohne besondere Kraftanstrengung gleichmäßig über die Röhren festgeschraubt werden können, ohne deshalb zu schlottern.

Während der Arbeit ist die Leitung öfters auf ihre Dichtheit zu untersuchen (vergl. § 18).

Das Durchstemmen von Wänden, Gewölben, Balken darf nur auf besondere Anweisung des Inspektors geschehen. Bei einem Einspruche des Eigentümers oder der Bauleitung hat der Revierarbeiter diese Arbeit sofort und so lange einzustellen, bis er vom Inspektor weitere Anweisung erhält.

§ 6.

Die Gasleitungen sind möglichst mit Gefälle nach dem Gasmesser anzulegen.

Bei Verlegung von Gasrohr in wagerechter Richtung ist wenigstens in den Hauptsträngen stets das nötige Gefälle zu geben, welches 1 cm auf 1 m Länge der Leitung betragen soll.

An Zimmerdecken sollen in der Regel nur die Ableitungen zu den einzelnen Beleuchtungsgegenständen entlang geführt werden.

An allen tiefsten Punkten der Rohrleitung ist stets ein Wassersack anzubringen. Geht eine Leitung aus einem warmen Raum in einen kalten, so muß das Gefälle nach dem warmen Raum hinführen und der Wassersack dort angebracht werden.

Jeder Wassersack soll zum Ablassen des Kondensationswassers eine seitlich angebrachte Wasserschraube haben. Ein Lösen der vorhandenen Endstöpsel oder Kappen darf während des Betriebes der Leitung nicht geschehen. Fertiggestellte Leitungen sind an ihren Enden mittels metallener Stopfen und Kappen gasdicht zu verschließen. Jedes auch nur vorübergehende Verschließen mit Holz, Kork, Papier, Pfropfen oder ähnlichen Mitteln ist aufs strengste untersagt.

Wassersäcke, welche sich an dunklen oder nicht bequem zugänglichen Stellen sowie an dem Zuleitungsrohre befinden, sind stets mit einem Wasserverschluß von mindestens 100 mm Höhe der Absperrung zu versehen. Der Verschluß der Mündung des Sperrohres darf durch eine Wasserschraube oder einen Hahn geschehen.

Durch Schornsteine oder Rauchröhren dürfen die Gasrohrleitungen nicht geführt werden. Innerhalb der Gebälke, Doppelwände und anderer unzugänglicher, hohler Räume sollen in keinem Falle Verbindungsstücke angebracht werden. Läßt es sich mit Rücksicht auf die Patentdecken, an denen Leitungen zu installieren sind, nicht vermeiden, daß Teile in Hohlräume verlegt werden, so sind die fraglichen Leitungen mit der größten Sorgfalt zu verlegen und in Gegenwart von Zeugen (Schmiedeführer, Bauführer) mit 180 mm Druck auf Dichtheit zu untersuchen.

Über die stattgehabte Prüfung ist eine Registratur in ein für diese Zwecke anzulegendes Buch zu machen. Die Registratur hat das Datum, die Höhe des Druckes, die Namen der Zeugen anzugeben und etwa sonst wesentlich erscheinende Angaben zu enthalten.

Humus, Müll und Schlacken sowie Koksasche sind unter allen Umständen aus der Umgebung der Rohrleitungen durch Isolierung der Rohrleitungen mit Juteumwickelung und Asphaltierung fernzuhalten.

§ 7.

Die Muffen und anderen Verbindungsstücke sollen, nachdem die Rohrgewinde mit mäßig dickem Kitt schwach gestrichen sind, so weit auf die Röhren geschraubt werden, als dies ohne besondere Anstrengung und ohne Gefahr des Sprengens der Muffe möglich ist, mindestens aber auf 7 Gewindegänge. Aller Kitt, welcher aus dem Gewinde hervortritt, muß sauber abgewischt werden. In besonderen Fällen kann man auch so verfahren, daß man zuerst das Gewinde etwa 4—5 Gänge anschraubt, dann einen feinen mit Kitt getränkten Flachsfaden in das Gewinde legt und hierauf noch weiter fest anzieht.

Bei Langgewinden muß zwischen Muffe und Gegenmuttern, bei Nippeln zwischen die zu verbindenden Stücke stets ein solcher Faden eingelegt werden.

Es ist sorgfältig darauf zu achten, daß die Röhren und Verbindungsstücke an den Wänden und Decken überall fest anliegen, daß die einzelnen Röhren derselben Strecke genau dieselbe Richtung haben, daß aufsteigende und abfallende Röhren genau lotrecht, und daß die Röhren an den Decken genau winkelrecht zu den Wänden angebracht werden. Die Blechkloben und Hefthaken, die in Entfernungen von 1,5 m anzubringen sind, müssen das Rohr rechtwinklig und fest umspannen, die Stifte sollen senkrecht zu denselben eingeschlagen werden.

Bei aufsteigenden Röhren sind die Hefthaken rechts und links zu versetzen.

§ 8.

Beleuchtungskörper.

Die Beleuchtungskörper müssen durchaus dicht sein und sind mit der Leitung vollkommen g a s d i c h t und derart f e s t z u v e r s c h r a u b e n , daß eine Lockerung durch den Gebrauch ausgeschlossen ist. Zu dem Behuf werden sie zweckmäßig mittels genügend großer Decken= und Wandscheiben, die anzuschrauben — nicht anzunageln — sind, befestigt.

Die Befestigung an Gipserlättchen oder Staak=Stecken ist verboten.

Decken= und Wandscheiben müssen so befestigt sein, daß sie mehr wie das Vierfache des Gewichts der für sie bestimmten Apparate, mindestens aber 25 kg mit Sicherheit tragen.

An der Decke hängende Lampen und Kronen sind möglichst mit Kugelbewegungen aufzuhängen; diese sind nur mit voller Kugel zulässig.

Schwere Hängeleuchter müssen mit durchgehenden Schrauben oder in besonderer Weise sicher befestigt werden. Auch müssen derartige Leuchter gegebenenfalls durch besondere, leicht zugängliche Hähne abgeschlossen werden können.

Sogenannte Korkzüge und Flüssigkeitsverschlüsse sind verboten.

Alle Beleuchtungskörper sind so hoch anzubringen, daß sie bei gewöhnlichem Gebrauch nicht leicht verletzt oder unbrauchbar gemacht werden können und den Verkehr nicht hindern. Wenn keine Möbel (Tische) unter ihnen stehen, muß eine freie Höhe von mindestens 1,9 m bleiben.

Bei der Anbringung von Beleuchtungskörpern ist darauf zu achten, daß diese v o n b r e n n b a r e n S t o f f e n (Decken, Wänden, Verschlägen, Möbeln, Vorhängen usw.) soweit e n t f e r n t bleiben, als zur Verhütung einer Entzündung oder Verkohlung, also für völlige Feuersicherheit erforderlich ist.

Bewegliche Wandlampen dürfen nicht in der Nähe brennbarer Stoffe angebracht werden.

Wenn eine vollkommene Sicherheit bietende Entfernung der Flammen (1,0 m von der Decke, 0,30 m von der Seite) von brennbaren

Stoffen nicht eingehalten werden kann, so ist durch geeignete Schutzmittel (Hitzefänger [Blaker von 15 cm Durchmesser], Schutzbleche, Isolierungen, Glasglocken u. dergl.) für Feuersicherheit zu sorgen.

§ 9.

Gasheizapparate.

Größere Gasheizapparate wie Gasherde und Gasöfen sowie Gasbadeöfen dürfen nicht durch Schläuche mit der Leitung verbunden werden, sondern müssen durch feste Rohrleitungen angeschlossen werden.

Auch für kleinere Koch= und Heizapparate empfiehlt sich, wenn möglich, ein fester oder gelenkiger Rohranschluß.

Unmittelbar vor jedem Heizapparat muß ein bequem zugänglicher Hahn in der Rohrleitung angebracht sein.

Heißwasserautomaten müssen so konstruiert sein, daß auch im Falle einer Störung kein Gas in den Aufstellungsraum austreten kann.

Baderäume, in denen Gasbadeöfen benutzt werden, besonders solche von kleinem Rauminhalt, müssen neben der Abführung der Abgase auch Vorrichtungen zur Zuführung frischer Luft besitzen.

Beim Fehlen besonderer Lüftungsvorrichtung kann schon eine unten an der Türe ausgeschnittene Öffnung dem Mangel abhelfen.

An jedem Gasbadeofen oder in dessen Nähe muß eine deutlich sichtbare kurze Gebrauchsanweisung angebracht sein.

§ 10.

Abzugsvorrichtungen für die Abgase.

Zimmeröfen, Badeöfen sowie größere Herde und andere größere Gasheizapparate sind stets an eine gut wirkende Einrichtung zur Abführung der Abgase anzuschließen.

Diese Apparate sind von allen zufälligen Störungen im Schornstein (fehlender Zug, Windstöße) unabhängig zu machen, um eine ungestörte Verbrennung des Gases zu sichern. Dies kann durch besondere Konstruktion der Öfen oder durch Unterbrechungen mit Deflektor im Abzugsrohre bewirkt werden.

Die Weite des Abzugsrohres für die Verbrennungsprodukte richtet sich nach dem stündlichen Gasverbrauch des angeschlossenen

Heizapparates. Das Abzugsrohr soll mindestens den 20 fachen Querschnitt des Gaszuführungsrohres besitzen.

Kanäle oder Kamine, die hiernach einen viel zu weiten Querschnitt haben, sind als Abzug von Gasheizapparaten im allgemeinen nicht geeignet.

Wo es möglich ist, sollen, um Zugstörungen durch die Einwirkung der Abgase anderer Heizapparate zu vermeiden, die Abgase größerer Gasheizapparate einen gesonderten Abzugskamin erhalten.

Um das Austreten von Niederschlagswasser in das Mauerwerk zu vermeiden, empfiehlt es sich, in Neubauten für Gasheizapparate dicht verputzte, gemauerte Kamine oder am besten Abzüge aus Tonröhren oder mit Tonröhren oder sonst dichten Röhren ausgefütterte Kamine vorzusehen.

Die Muffen der Tonrohre sind mit nachgiebigem Material (Lehm) zu dichten. Die Rohre sollen mit dem Mauerwerk nicht in fester Verbindung stehen, damit sie nicht durch Setzen desselben zerdrückt oder in den Verbindungen gelockert werden können.

Abzugsrohre aus Blech sind zweckmäßig aus verbleitem Eisenblech herzustellen.

Bei allen Abzugsrohren muß die Muffe bzw. der weitere Teil nach oben gerichtet sein; das Gefälle ist so zu legen, daß Ansammlungen von Niederschlagwasser in der Leitung nicht erfolgen können. Da etwa die Hälfte der Verbrennungsprodukte aus Wasserdampf besteht, empfiehlt es sich, an den tiefsten Stellen der Abzugsleitungen Wasserauffang-Vorrichtungen anzubringen.

Die Abzugsrohre sind möglichst vor starker Abkühlung zu schützen, deshalb ist ihre Anlage in kalten Außenwänden und im Freien möglichst zu vermeiden.

Um einen ersten Auftrieb zu erhalten, empfiehlt es sich, das Abzugsrohr unmittelbar hinter dem Gasapparat zunächst im Raume frei in die Höhe und erst unterhalb der Decke in den Kamin bzw. ins Freie zu führen.

Lange, vielfach die Richtung ändernde oder gar abwärts gerichtete Rohrleitungen für die Abgase sind zu vermeiden.

Die Kamine oder Abzugsrohre für Gasheizapparate sind, um unnötige Abkühlung zu vermeiden, nur eben bis über Dach zu führen und ihre Mündungen durch feststehende Schutzhauben vor Oberwind zu schützen.

Tabelle der lichten Weiten von Abzugsrohren.

Weite des Gasrohres			Weite des Abzugsrohres		
Durchmesser		Quer-schnitt	Quer-schnitt	Durchmesser	
					abgerundet
Zoll	mm	qmm	qcm	cm	cm
$^3/_8$	10	78	14	4,2	5
$^1/_2$	13	133	27	5,9	6
$^5/_8$	16	201	40	7,2	8
$^3/_4$	20	314	63	9,0	9
1	25	491	98	11,2	12
$1^1/_4$	32	804	161	14,3	15
$1^1/_2$	40	1257	251	17,9	17
2	50	1963	393	22,4	22

§ 11.

Gaseinrichtungen für besondere Zwecke.

Weit ausgedehnte Gasleitungen müssen nach Angabe des Gaswerks in einzelne, mit besonderen Absperrvorrichtungen versehene Teile getrennt sein.

In größeren, von vielen Menschen besuchten Gebäuden, wie Warenhäusern, größeren Geschäftshäusern, Schulen, Krankenhäusern, Fabriken, Vergnügungslokalen u. dergl., sind die Leitungen so anzulegen, daß jedes Stockwerk bzw. jeder größere Seitenstrang am Hauptstrang durch einen leicht zugänglichen Hahn für sich absperrbar ist.

In solchen Gebäuden und Räumen sind die Beleuchtungskörper von leicht brennbaren Stoffen fernzuhalten und möglichst über den Verkehrswegen anzuordnen.

Bewegliche Gasarme und Stehlampen sowie mit Schlauch verbundene Gasverbrauchsapparate sind in der Nähe leicht entzündlicher Stoffe unzulässig.

Die Beleuchtung von Auslagen und Schaufenstern, in denen sich besonders leicht entzündliche Stoffe befinden, soll womöglich von außen oder in der Weise erfolgen, daß die Lichtquellen von dem Raume durch dichte Glaswände abgeschlossen sind. Gasflammen im Innern von Auslagen und Schaufenstern müssen so angebracht und durch entsprechende Garnituren geschützt sein, daß jede Entzündung oder starke Erwärmung der brennbaren Bauteile oder der in dem Raume befindlichen Stoffe durch die Gasflammen ausgeschlossen ist. Nötigenfalls sind die Räume zu lüften; auch kann das Gaswerk besondere Zündung — z. B. mittels Zündflammen oder elektrischer Zündung — unter Ausschluß der Verwendung von Streichhölzern oder anderer beweglicher Zündmittel anordnen.

§ 12.

Preßgasanlagen.

Apparate zur Erzeugung von Preßgas dürfen nur in unbewohnten Räumen aufgestellt werden, die genügend vom Tageslicht erhellt, leicht zugänglich und jederzeit lüftbar sind.

Die Apparate selbst müssen aus bestem Material gefertigt und vollkommen gasdicht sein. Ein Quecksilbermanometer muß jederzeit den Druck in der Preßgasleitung erkennen lassen.

In dem Raum, in dem die Kompression des Gases erfolgt, soll eine kurze Anleitung zur Behandlung der Anlage und Bedienung der zugehörigen Hähne und Ventile leicht sichtbar angebracht sein.

Falls der Antrieb der Pumpen durch einen Elektromotor erfolgt, ist darauf zu achten, daß der Motor außerhalb des Raumes, in dem der Kompressor installiert ist, aufgestellt wird.

In dem Kompressorraum dürfen Gasflammen und Abbrennvorrichtungen von Glühkörpern nicht angebracht werden.

Die elektrischen Schaltvorrichtungen müssen außerhalb des Kompressorraumes liegen.

Die elektrischen Leitungen müssen in Bergmannsrohren liegen oder als wasserdichte Kabel verlegt sein. Der Kompressorraum muß durch ein 15 cm weites Entlüftungsrohr mit der Außenluft in Verbindung stehen und mindestens 2,50 m über Terrain geführt werden.

Der Kompressorraum muß mit einer eisernen oder mit Eisen beschlagenen, in einen Falz gehenden Tür versehen sein. Die Tür muß einen Selbstschließer erhalten und soll unmittelbar ins Freie führen.

§ 13.

Wird eine Arbeit, zu der eine Feldschmiede erforderlich ist, nicht an einem Tage beendet, so darf die Feldschmiede ohne Genehmigung des zuständigen Polizeireviers während der Nacht nicht

auf der Straße stehen bleiben, vielmehr ist dafür zu sorgen, daß die=
selbe, nach dem das Feuer auf dem Herde gehörig gelöscht worden ist,
nach zuvor eingeholter Genehmigung des betreffenden Hauswirts
auf dem Hofe eines Hauses untergebracht wird. Wenn dies nicht
möglich ist, und der Polizeirevier=Vorstand nicht gestattet, daß die
Feldschmiede auf der Straße stehen bleiben darf, so muß sie nach der
Gasanstalt oder dem Grundstück des Revierbureaus zurückgefahren
werden. An jeder Feldschmiede, welche des Abends bzw. während
der Nacht auf der Straße stehen bleibt oder gefahren wird, muß eine
brennende Laterne ausgehängt sein.

Im Falle die vorstehenden Bestimmungen nicht beachtet werden,
und infolgedessen eine Polizei= usw. Strafe festgesetzt wird, fällt
diese dem betreffenden Schlosser zur Last.

<h3 style="text-align:center">§ 14.</h3>

Der Schlosser hat für die sichere Unterbringung der ihm über=
gebenen Materialien und Werkzeuge zu sorgen und ist für dieselben
verantwortlich. Dieselben müssen während der Nacht in einem ver=
schlossenen Raume untergebracht werden. Der Schlosser hat all=
abendlich die Stückzahl zu notieren und am folgenden Morgen sich
von der Richtigkeit derselben zu überzeugen.

Sollten hierbei Gegenstände vermißt werden, so ist sofort dem
Inspektor Anzeige zu machen.

Kluppen und sonstige wertvolle Gegenstände sind allabendlich
von dem Schlosser in das Revierbureau zu bringen oder auf eigene
Verantwortung so zu verwahren, daß sie nicht abhanden kommen
können.

<h3 style="text-align:center">§ 15.</h3>

Die Anwesenheit unberufener Personen während der Arbeit,
insbesondere bei Ermittelungen von Undichtheiten, darf nicht ge=
duldet werden.

Bestimmungen für die Leitungen vor dem
Gasmesser und für die Aufstellung der Gas=
messer.

<h3 style="text-align:center">§ 16.</h3>

In der Zuführungsleitung des Gases von der Straße aus soll
stets hinter der Frontwand des Gebäudes ein Haupthahn in hand=
licher Höhe und Stellung angebracht werden; ebenso ist vor jedem

Zweiggasmesser ein Haupthahn in bequem und ohne Leiter zugänglicher Höhe zur Absperrung anzubringen.

Die Hähne dürfen nicht verputzt werden, sondern müssen soweit freistehen, daß leichtere Reparaturen daran ausgeführt werden können, ohne die Leitung freistemmen zu müssen. Es ist darauf zu achten, daß bei den Hähnen Anschlagstifte und Anschlag stets einwandfrei sind.

Das Einspannen der Haupthähne in den Schraubstock ist verboten. Entstehen durch ein solches Verfahren Undichtheiten oder Brüche an den Hähnen, so hat der betreffende Arbeiter dieselben vollständig zu ersetzen.

Die Größe und den Standort der Gasmesser, sowie die Maßregeln zum Schutz derselben während des Betriebes bestimmt der Revierinspektor.

Räume, in denen sich aus den dort lagernden Stoffen (Benzin, Spiritus, Petroleum usw.) leicht entzündbare Gase entwickeln könnten, dürfen mit Licht (Laternen) nur nach vorangegangener gründlicher Lüftung betreten werden.

Die Aufstellung von Gasmessern in Räumen, die mit offenem Licht nicht betreten werden dürfen, oder in denen explosible Stoffe lagern oder verarbeitet werden, ist verboten.

Die Gasmesser sind auf dem Fußboden auf Unterlagen mit hohen Leisten aufzustellen. Falls nach der Anordnung des Inspektors ein Gasmesser auf Stützen installiert werden soll, sind Unterlagen zu verwenden.

Die Aufstellung muß wagerecht mit Anwendung der Wasser- oder Setzwage geschehen. Das Kippen der Gasmesser nach der Seite oder nach vorne, sowie die Anwendung von Holzkeilen unter den Füßen der Gasmesser zum Ausrichten des Gasmessers ist verboten. Der Ausgleich hat unter dem Gasmesserbrett zu erfolgen. Das Herausschlagen der Leisten aus den Gasmesserbrettern ist verboten.

Die Entfernung von der Wand soll so groß sein, daß man noch mit der Hand hinter den Gasmesser fassen kann.

Bei der Anfertigung von Gasmessereinrichtungen in Neubauten sind stets als Modell die sogenannten Unterpaß-Gasmesser ohne Trommel und Zählwerk zu benutzen, von denen die gangbarsten Sorten im Revierbureau vorhanden sind.

Jeder Gasmesser ist vor der Aufstellung durch Ansaugen oder Anblasen auf den Abschluß des Ventils und auf seine Dichtheit zu prüfen.

Die Hülsen der Gasmesser werden stets in Muffen oder ab=
zunehmenden Kniestücken verschraubt, so daß bei Abnahme der Gas=
messer die Muttern und Hülsen derselben mit entfernt werden können.

Bei der Aufstellung der Gasmesser sind die Ein= und Ausgänge
derselben mit der Rohrleitung völlig dicht zu verschrauben. Es ist
nicht gestattet, die Verbindungsstellen an den Muttern, um sie dicht
zu machen, äußerlich mit Kitt zu verstreichen. Die Rohrleitungen
müssen mit den Ein= und Ausgängen der Gasmesser durchaus ohne
jede Spannung beweglich verbunden sein.

Wird eine Gasmessereinrichtung nach ihrer Anfertigung nicht
sogleich mit der übrigen Leitung verbunden, so ist sie soweit vorzu=
bereiten, daß bei der später stattfindenden Verbindung oder bei der
Eröffnung der Leitung eine Beschädigung des Mauerwerks, des
Putzes oder der Tapeten vermieden werden kann. Das Verbinden
der Gasmesser mit den inneren Leitungen ist von dem Personal
der Gaswerke zu bewirken.

Das Tragen der Gasmesser an den Ein= und Ausgängen ist streng
verboten.

Für jede Beschädigung eines Gasmessers, welche nach der Über=
gabe desselben an den Schlosser entsteht, ist dieser verantwortlich
und hat Ersatz des Schadens zu leisten, wenn nachweislich die Be=
schädigung durch seine Fahrlässigkeit oder mutwillig geschehen ist.

Bei der Füllung der Gasmesser sind die in § 25 a für das Nach=
füllen gestellten Vorschriften zu beachten.

Jeder Gasmesser, welcher auf längere Zeit unbenutzt bleibt,
muß, wenn der Gasabnehmer die Fortnahme desselben nicht wünscht,
im Hahnkonus abgesperrt, überfüllt und mit Hahnsicherungen ver=
sehen werden.

In Räumen, die als Schlafräume benutzt werden, sollen nach
Möglichkeit keine Gasmesser zur Aufstellung gelangen.

§ 17.

Vor dem Beginn der Arbeit an der Rohrleitung oder an dem
Gasmesser ist das Gas abzusperren, um Gasausströmungen zu ver=
meiden. Wenn dies in einzelnen Fällen nicht tunlich sein sollte, so
ist zuvor jedes Licht aus dem betreffenden Raum und aus den Neben=
räumen, soweit sie durch Türen usw. mit dem ersteren in Verbindung
stehen, zu entfernen, auch sind die Fenster und Türen vorher zu öffnen.
Ist ein Verschlußtopf in der Zuleitung vorhanden, so ist derselbe bei

allen Arbeiten vor dem Haupthahn und an demselben zu füllen. Bei Arbeiten hinter dem Haupthahn ist zunächst dieser zu schließen. Zuwiderhandlungen haben Bestrafung nach § 20 der Arbeitsordnung zur Folge.

Vor jeder Absperrung einer Zuleitung, sei es durch Verschlußtopf oder Haupthahn, muß dem Eigentümer oder Verwalter und allen Gasabnehmern, welche Gas am Tage zu Beleuchtungs= oder zu Koch= oder gewerblichen Zwecken aus dieser Leitung benutzen, möglichst am Tage vor Beginn der Arbeit schriftlich Kenntnis gegeben werden. Dem mit der Ausführung der Arbeit Beauftragten werden die in Betracht kommenden Gasabnehmer von dem Revierinspektor namhaft gemacht. Die Unterbrechungen sind möglichst in eine Zeit zu verlegen, in welcher das Gas nicht benutzt wird.

Muß ein Teil einer Gasrohrleitung in Benutzung genommen werden, während dieselbe in dem übrigen Teil noch nicht vollendet ist, oder werden Beleuchtungsgegenstände, Gasmesser oder einzelne Teile der Leitung abgenommen und nicht sogleich wieder ersetzt, so müssen die Rohrenden, Ausläße oder Deckenscheiben stets mit Stöpseln, Kappen oder Metallpfropfen bzw. Flanschetplatten mit Lederscheiben gasdicht verschraubt werden. Das Verschließen derselben mit Holz=, Kork= oder Papierpfropfen oder anderen Gegenständen ist auf das strengste untersagt. Dabei sind Absperrungen durch geschlossene Haupt= oder Absperrhähne nicht als sichere Verschlüsse anzusehen, sondern es muß in allen Fällen die Kappe usw. aufgeschraubt werden. Besondere Beachtung muß dem Verschluß der Leitungen zwischen dem Straßenflanschet und dem Haupthahne sowie den Leitungen, an welchen die innere Gaslichteinrichtung noch nicht angebracht oder zeitweise abgenommen worden ist, zugewendet werden.

Dauernd unbenutzte Zuleitungen müssen am Hauptrohr totgelegt werden.

Prüfung und Eröffnung der Gasleitungen.
§ 18.

Jede Gaseinrichtung, sie mag von Arbeitern der Gaswerke oder von Unternehmern ausgeführt sein, soll, ehe sie dem Gasabnehmer zur Benutzung übergeben wird, auf ihre ausreichende Dichtheit untersucht werden.

Bei allen Rohrleitungen von größerer Ausdehnung, welche die Gaswerke anfertigen, soll zunächst, während die Röhren noch nirgends eingeputzt und in allen Teilen noch freiliegend und zugänglich sind, eine Untersuchung auf Dichtheit vorgenommen werden. Namentlich sind auch alle Stellen zu untersuchen, wo Röhren durch Mauern oder Decken gehen.

Die Untersuchung ist vorzunehmen, bevor die Beleuchtungsgegenstände angeschraubt worden sind und ehe Gas in die Leitung eingelassen wird.

Diese Untersuchung kann je nach der Bestimmung des Revierinspektors entweder mittels Manometers oder des kleinen Gasbehälters geschehen, sie ist in Gegenwart des Inspektors oder dessen Stellvertreters vorzunehmen.

Der Inspektor muß sofort benachrichtigt werden, sobald auffallende Mängel sich vorfinden.

Prüfung mittels des Manometers.

Hierzu wird ein Manometer, welches ungefähr 150 bis 200 mm Wassersäule hält, mit der Rohrleitung dicht verbunden. Nach Verschluß sämtlicher übrigen Ausläße wird durch einen Schlauchhahn entweder mit dem Munde oder mit dem Blasebalg oder einer Luftpumpe Luft in die Rohrleitung eingeblasen oder aus derselben ausgesaugt, bis das Manometer eine Druckhöhe von 100 bis 150 mm Wassersäule zeigt. Nach Verschluß des Schlauchhahnes darf das Manometer während der ersten 10 bis 20 Minuten in allmählich abnehmendem Maße bis auf etwa die Hälfte des ursprünglichen Druckes sinken, muß sich dann aber durch mindestens 10 Minuten auf konstanter Höhe erhalten. Anderenfalls kann die Leitung nicht als ausreichend dicht angesehen werden.

Prüfung mittels des kleinen Gasbehälters

Die Glocke desselben hat einen nutzbaren Inhalt von 10 Litern. Die mittlere Führungsstange zeigt eine Teilung, in welcher 25 mm Höhe 1 Liter entsprechen. Das Eigengewicht der Glocke gibt einen Druck von 70 mm Wassersäule, jedes beigegebene Gewicht (1 kg) eine Vermehrung von 25 mm.

Bei der Prüfung wird der Gasbehälter mit der Rohrleitung verbunden und der Überdruck in der Leitung auf 100 bis 150 mm Wassersäule gebracht. Der durch das Sinken der kleinen Glocke angezeigte Verlust in je 5 Minuten darf höchstens 1 Teilstrich gleich $^1/_{10}$ Liter Gas betragen.

Beide Prüfungen sind bei möglichst gleichmäßiger Temperatur und bei größeren Leitungen für einzelne abgesperrte Teile vorzunehmen; bei keiner einzelnen Strecke dürfen die obigen Grenzzahlen überschritten werden.

Solche Prüfungen dürfen nach Aufstellung der Gasmesser und nach Einschaltung des Gasdruckreglers, wo ein solcher vorhanden ist, unter Anwendung eines höheren Druckes als 70 mm Wassersäule nicht vorgenommen werden.

Nach Aufstellung des Gasmessers und eventuell nach Anbringung der Beleuchtungsgegenstände ist vor Übergabe der Leitung an den Gasabnehmer stets noch eine zweite Untersuchung mittels des Gasmessers bei geöffnetem Haupthahn und geschlossenen übrigen Hähnen vorzunehmen.

Es ist dabei eine Leitung als genügend dicht anzusehen, wenn der Gasmesser keinen Verlust anzeigt, der größer ist als 1 bis 2 Liter für 100 m der Rohrleitung bzw. 0,1 bis 0,2 Liter für jeden Flammenauslaß in der Stunde. Diese Prüfungen dürfen in ähnlicher Weise auch mittels des kleinen Gasbehälters vorgenommen werden. Im allgemeinen genügt es, wenn der Index des Gasmessers sich in der Zeit von mindestens einer halben Stunde, bei größeren Leitungen auch in längerer Zeit, nicht merklich bewegt, doch darf an keiner Stelle der Leitung sich durch den Geruch die geringste Undichtheit wahrnehmen lassen.

Bei sehr kurzen Rohrleitungen, ferner bei solchen, an denen Reparaturen oder Veränderungen ausgeführt worden sind, oder welche eine Zeitlang unbenutzt waren und in denen bereits Gas gewesen ist, darf auf Bestimmung des Inspektors von der ersten Untersuchung Abstand genommen werden, dagegen muß die vorgeschriebene Prüfung mittels des Gasmessers stets vorgenommen werden. Diese Prüfung hat auch bei Gasmesserübergaben zu erfolgen.

In gleicher Weise genügt die Prüfung für solche Leitungen hinter dem Gasmesser, die von anderen Fabrikanten gefertigt worden sind und für welche die Gaswerke nur den Gasmesser gestellt haben, falls die Gasabnehmer eine genauere Untersuchung nicht beanspruchen.

Bei den Untersuchungen solcher Leitungen ist der Verfertiger derselben hinzuzuziehen, um nötigenfalls alle Undichtheiten zu beseitigen, bevor dem Gasabnehmer der Schlüssel zum Haupthahn übergeben wird.

Ist die Leitung nicht ausreichend dicht, so müssen die undichten Stellen unter Anwendung eines Überdruckes bis zu ¼ Atmosphäre oder 190 mm Quecksilberhöhe, die mit Hilfe einer Luftpumpe in der Rohrleitung hervorgebracht wird, gesucht werden. Die undichten Stellen, welche durch das Gehör, durch Bestreichen mit Seifenwasser oder bei Anwendung von Gas auch durch den Geruch, in keinem Falle aber durch Ableuchten zu ermitteln sind, müssen beseitigt werden, wobei schadhafte Röhren und Verbindungsstücke durch fehlerfreie zu ersetzen sind.

Sind größere Gaslichteinrichtungen auszuführen, so hat der Schlosser allabendlich während der Arbeit sich von der Dichtheit des hergestellten Teils der Leitung zu überzeugen (vergl. § 6).

Nach Vollendung der Leitung ist an den äußersten Enden derselben, wenn sämtliche Flammen brennen, der Druck in derselben zu messen, um zu beurteilen, ob derselbe ausreichend ist, oder ob Mängel an der Einrichtung, Verstopfungen usw. vorhanden sind.

Eine gute Leitung soll, bei Benutzung sämtlicher Flammen, vom Gasmesser bis zur entferntesten Flamme nicht mehr als 3 bis höchstens 5 mm Druckverlust zeigen.

Es ist bei Strafe nach § 20 der Arbeitsordnung verboten (vergl. § 12 Absatz 2), beim Ausblasen von Leitungen das ausströmende Gas zur Prüfung auf seine Reinheit oder zu anderen Zwecken anzuzünden. Ist durch irgend einen Zufall das entströmende Gas dennoch entzündet worden, so darf der Haupthahn zur Vermeidung einer Explosion im Gasmesser erst geschlossen werden, nachdem die Flamme gelöscht und die Öffnung verschlossen worden ist.

Druckregler.

§ 19.

Gasdruckregler für ganze Leitungen müssen stets an einer leicht zugänglichen und revidierbaren Stelle der Leitung hinter dem Gasmesser auf besonderen Stützen angebracht werden. In keinem Falle dürfen Regulatoren mit Quecksilberfüllung unmittelbar auf dem Ausgang des Gasmessers oder so aufgestellt werden, daß das Quecksilber in den Gasmesser zurücklaufen kann.

Die nassen Regler müssen Überlaufrohre für den richtigen Flüssigkeitsstand nebst Verschlußschrauben haben. Die Leitung hinter dem Regler ist mit einem vorschriftsmäßigen Wassersack (vergl. § 7), welcher das Kondensationswasser und etwaige Rostabsätze aufnehmen kann, zu versehen.

Nach Eröffnung der Leitung ist der Regler auf den erforderlichen Druck zu belasten.

Bei der Revision von nassen Reglern ist darauf zu achten, daß sich an ihnen kein Gasgeruch zeigt und daß die richtige Flüssigkeits-höhe vorhanden ist.

Bei trockenen Reglern ist auf Dichtheit der Membrane zu achten.

Jeder Regler für eine große Flammenzahl muß durch einen Eingangs- und Ausgangshahn absperrbar sein und es muß ein Um-gehungsrohr mit Hahn vorhanden sein.

Druckregler in Leitungen dürfen nur in hellen, gut gelüfteten Räumen untergebracht werden und nur da, wo eine regelmäßige Überwachung des sicheren Gasabschlusses vorausgesetzt werden kann. Zweckmäßig ist ein dichter Abschluß mit einer Entlüftungsvorrichtung ins Freie.

Reparaturen.

§ 20.

Der Schlosser erhält für die Ausführung jeder Reparatur einen Zettel mit der allgemeinen Angabe des zu beseitigenden Mangels.

Nach Beendigung der Arbeit ist die zur Ausführung der Repa-ratur verwendete Arbeitszeit auf dem Reparaturzettel zu vermerken, und derselbe dem Gasabnehmer zur Unterschrift vorzulegen.

Vor der Rückgabe an den Inspektor ist von dem Beauftragten durch eine kurze Notiz die ermittelte genaue Ursache des Mangels (die Art und der Ort der Undichtheit, der Grund der Verstopfung durch Rost, Wasser, Naphthalin usw., der Grund des Versagens des Gas-messers und dergleichen mehr) anzugeben. Ebenso ist auf dem Reparaturzettel der Gasmesserstand zu notieren.

§ 21.

Bei der Ausführung von Reparaturen und kleinen Abhilfen darf der Schlosser sich nicht damit begnügen, seinen Auftrag auszu-führen, sondern er muß seine Aufmerksamkeit auch auf die sonstige Beschaffenheit der Rohrleitung richten. Etwaige Mängel sind, wenn dieselben gefährlich erscheinen, sofort dem Gasabnehmer mitzuteilen, alles auffallende ist aber auch dem Inspektor zu melden.

Reparaturen an Leitungen aus Bleiröhren, Kupferröhren usw., dürfen nicht vorgenommen werden, vielmehr hat der Schlosser den

Gasabnehmer in Kenntnis zu setzen, daß Gasrohrleitungen aus diesen Materialien verboten sind. Zugleich sind die nötigen Sicherheits=maßregeln zu treffen, und ist dem Inspektor Meldung zu machen.

Das bloße Verstreichen undichter Stellen mit Kittmitteln, nassem Ton oder Lehm oder mit Gipsbrei ist streng verboten.

Treten Fälle ein, wo Gefahr durch ausströmendes Gas zu be=fürchten ist, z. B. Bruch von Gußrohr, von Flanschen usw., oder ist eine Gasausströmung vorhanden, eine Undichtheit an der Gasein=richtung aber nicht aufzufinden, oder kommen andere nicht vorher=gesehene Zufälle vor, so ist der Arbeiter verpflichtet, dem Revier=inspektor durch einen besonderen Boten hiervon Mitteilung zu machen. Bis zur Ankunft des Inspektors hat er nach seiner besten Kenntnis, unter Beachtung der ihm erteilten Vorschriften, geeignete Vorsichts=maßregeln zu treffen.

Namentlich ist dafür zu sorgen, daß, wenn Gas von außerhalb in geschlossene Räume dringt, bis nach ermittelter und beseitigter Undichtheit sämtliche Feuer und Lichter gelöscht, Türen und Fenster aber geöffnet werden.

Den Bewohnern solcher Räume ist das Schlafen und der Aufenthalt in denselben vor Zeugen auf das bringlichste zu verbieten.

Läßt sich die Stelle, von der aus dem Erdreich Gas in einen Raum dringt, annähernd bestimmen, so ist durch Aufwerfen eines Grabens vor dem Hause dem Gas ein Ausgang zu verschaffen und möglichst noch vor Ankunft einer Gasrohrleger=Kolonne die schadhafte Stelle an der Leitung aufzusuchen und unschädlich zu machen.

<h2 style="text-align:center">§ 22.</h2>

Wenn in einem geschlossenen Raume aus irgend einer Veran=lassung Gas ausgeströmt ist und sich der Luft beigemischt hat, was leicht durch den Geruch zu erkennen ist, so ist immer die Gefahr einer Explosion vorhanden.

Es wird daher hiermit auf das strengste verboten, solche Räume mit brennendem Licht zu betreten oder Streichhölzer in denselben anzuzünden und damit herumzuleuchten, um die schadhaften Stellen an den Rohrleitungen ,an Gasmessern, an Haupthähnen oder offen=gelassenen Brennerhähnen und Verbindungsstücken usw. auszu=mitteln, vielmehr sind auch in den mit dem fraglichen Raume durch Türen oder andere Öffnungen in Verbindung stehenden Nebenräume alle Flammen zu löschen. Erst dann, wenn durch Öffnen der Türen und Fenster, Wedeln mit Tüchern, Pappbogen, aufgespannten Regenschirmen usw. die mit Gas gemischte Luft in Bewegung gesetzt und entfernt ist, und sich kein Geruch mehr bemerklich macht, darf der verdächtige Raum mit brennendem Licht, wenn nötig mit einer Sicherheitslampe, betreten werden.

Dies ist aber auch dann noch zu vermeiden, wenn die Stelle, wo eine Gasausströmung stattfindet, ohne Licht durch den Geruch aufgefunden werden kann.

Da das Gas als leichtere Luft das Bestreben hat, nach oben zu steigen und sich unter der Decke anzusammeln, ist auch vor allen Dingen in den oberen Teilen der Räume, besonders in solchen mit hohlen Decken, Vorsicht nötig.

§ 23.

Nach jeder Arbeit, bei welcher Teile einer Leitung abgenommen werden, z. B. Ab und Anschrauben von Armen oder einzelnen Rohrstücken behufs Umänderung, Reparatur oder Reinigung, Unterstellen von Gasmessern bei abgesperrt gewesenen Leitungen, GasmesserUmtauschen, ist ebenso wie bei Eröffnung neuer Leitungen stets und ohne alle Ausnahmen die Dichtheitsprüfung durch Beobachtung des Gasmesser-Indexes (vergl. § 18) während einer genügend langen Zeit und zwar nie unter 15 Minuten, vorzunehmen; die Leitung darf dem Gasabnehmer in keinem Fall eher in Benutzung gegeben werden, als bis dieselbe vollständig dicht ist.

Das Ableuchten zum Aufsuchen von Undichtheiten ist verboten; Zuwiderhandlungen gegen dieses Verbot werden nach § 20 der Arbeitsordnung bestraft. Falls durch eine Übertretung dieses Verbotes eine Beschädigung entstehen sollte, wird der Staatsanwaltschaft unnachsichtlich Anzeige erstattet werden (vergl. Anhang 2, § 309).

§ 24.

Das Ausspülen einer Leitung mit Wasser, namentlich unter stärkerem Druck, zur Prüfung auf ihre Dichtheit oder zur Beseitigung von Verstopfungen ist verboten.

Das Reinigen von Leitungen mittels gespannter Luft unter Anwendung der Druckpumpe darf nur nach Abschrauben der Gasmesser geschehen.

Zum Auftauen der Leitungen wird Spiritus von den Gaswerken geliefert, der mit der größten Sparsamkeit zu verwenden ist.

Gasmesser dürfen nur nach besonderer Erlaubnis des Inspektors mit Glyzerin gefüllt werden.

Revisionen.

§ 25.

Gasmesser.

Bei jeder Revision der Gasmesser hat der Beauftragte zu achten
a) auf die richtige Füllung derselben,
b) auf Dichtheit der Gasmesser und ihre Verbindung mit der Leitung.

Bei jeder Revision ist der Gasmesserstand in dem Revisionsbuche zu vermerken.

Wird zur genauen Ausführung der Revisionsarbeiten oder zur Aufnahme der Gasmesserstände (§ 31) die Anwendung von Licht notwendig, so ist dazu ausschließlich die kleine Revisionslaterne zu benutzen; dieselbe ist außerhalb des Raumes, in welchem der Gasmesser steht, anzuzünden.

Die Verwendung von Streichhölzern oder von offenem Licht ist verboten.

a) **Richtige Füllung mit Wasser oder Glyzerin.**

Die Revision des richtigen Wasserstandes geschieht durch Nachfüllen von Wasser in die geöffnete Füllschraube. Der richtige Wasserstand ist hergestellt, wenn aus der geöffneten Ablaßschraube kein Wasser mehr herauströpfelt. Das aus der Abflußöffnung abfließende Wasser ist in einem untergestellten Gefäße aufzufangen.

Der mit der Revision Beauftragte hat dies Nachfüllen stets vorzunehmen, auch wenn der Gasabnehmer versichert, es vorher getan zu haben.

Zum Füllen der Gasmesser darf nur Flußwasser, Regenwasser oder Wasserleitungswasser benutzt werden; hartes Brunnenwasser ist nicht geeignet.

Füllung mit Glyzerin darf nur bei den für dieses Füllungsmaterial eingerichteten Gasmessern geschehen. Es darf dabei nur das aus dem Zentralmagazin der Gaswerke entnommene Glyzerin verwendet werden.

Bei den Revisionen müssen an jedem Gasmesser die Lederscheiben der Füll- und Ablaßschrauben untersucht, und wenn sie mangelhaft sind, durch neue ersetzt werden; jeder mit der Gasmesser-

Revision Beauftragte hat eine genügende Anzahl solcher Leder=
scheiben bei sich zu tragen. Es ist auch auf den Zustand der Gas=
messer selbst und auf den leichten Gang der Hähne zu achten.

Der Haupthahn sowie etwa benutzte Brennerhähne sind nach
der Revision wieder in den vorgefundenen Zustand zu versetzen.

Fahrlässigkeiten, wie das Auflassen geschlossen gefundener
Haupt= oder Brennerhähne, der Füll= und Ablaßschrauben nach
beendeter Revision werden nach § 20 der Arbeitsordnung
bestraft.

Wenn ein Gasmesser so ungünstig steht, daß das Auffüllen
schwierig ist, so ist dies dem Inspektor zu melden.

Gasmesser, welche zum Speisen einer Gaskraftmaschine dienen,
dürfen nur nachgefüllt werden, nachdem die Maschine außer Betrieb
gesetzt worden ist.

Gasmesser mit Blechgehäusen.

Um ein Überfüllen derselben und infolgedessen ein späteres
Versagen zu vermeiden, geschieht das Nachfüllen bei diesen am besten,
während die Leitung nicht benutzt wird.

In diesem Falle wird der Haupthahn geschlossen, ein Brenner=
hahn, bei großen Gasmessern mehrere Brennerhähne, geöffnet,
die Füllschraube, dann die Ablaßschraube abgeschraubt und mittels
eines Trichters langsam so lange Wasser in die Füllöffnung gegossen,
bis das überschüssige Wasser aus der Ablaßöffnung ausfließt.

Nach dem Aufhören des Abfließens wird der Haupthahn 3=
bis 4 mal hintereinander langsam geöffnet und wieder geschlossen.
Die Füll= und Ablaßschraube, sowie die geöffneten Brennerhähne
werden erst dann wieder geschlossen, wenn das hierauf wieder be=
ginnende Auströpfeln des Wassers aus der Ablaßöffnung vollständig
aufgehört hat.

Muß das Nachfüllen geschehen, während die Leitung in Be=
nutzung ist, so ist der Haupthahn soweit einzuziehen, als dies irgend
möglich ist, ohne daß die in Benutzung befindlichen Flammen er=
löschen. Falls Zündflammen vorhanden sind, sind dieselben vor der
Revision zu löschen.

Das Nachfüllen geschieht in der vorgeschriebenen Weise. Nach
dem Aufhören des Abtröpfelns wird der Haupthahn 3 bis 4 mal
langsam hintereinander soweit geöffnet, wie es zum richtigen Brennen
der Flammen erforderlich ist und dann wieder bis zu der Stellung,

die er beim Nachfüllen hatte, eingezogen. Erst nach Beendigung des Abtröpfelns darf die Füll= und die Ablaßschraube aufgeschraubt und der Haupthahn weiter geöffnet werden.

Ist eine Verringerung des Gaszuflusses während des Nach= füllens nicht angängig, und muß bei vollem Betrieb nachgefüllt werden, so hat der Revidierende den Gasabnehmer darauf aufmerk= sam zu machen, daß er nach Verlauf einiger Stunden die Ablaß= schraube zu öffnen, das angesammelte Wasser abzulassen und die Schraube wieder einzuschrauben hat. Dem Gasabnehmer sind nötigen= falls die Handgriffe dabei zu zeigen.

Bei Gasmessern, welche einen zu niedrigen Wasserabschluß der Füll= und Ablaßvorrichtung haben, dürfen während der Abendstunden diese Schrauben entweder gar nicht oder nur mit großer Vorsicht, nachdem der Haupthahn soweit als möglich eingezogen ist, geöffnet werden, um ein Ausblasen von Gas aus den Öffnungen zu vermeiden. Falls dieser Umstand im Revisionsbuch noch nicht notiert ist, hat der Revidierende dies bei dem betreffenden Gasmesser einzuschreiben.

Gasmesser mit gußeisernen Gehäusen.

Der richtige Wasserstand bei diesen Gasmessern ist vorhanden, wenn während des Ganges derselben der Wasserstand in der Höhe des Wasserstandzeigers, welcher hinter dem Wasserstandsglase an= gebracht ist, steht, nachdem die Hähne für das Wasserstandsglas und für das Verbindungsrohr mit dem Gasmessereingang, welche während der gewöhnlichen Benutzung geschlossen bleiben sollen, ge= öffnet sind.

Der Wasserstandanzeiger muß zur Verhütung einer Verbiegung mit einer unteren Verstärkungsrippe versehen sein.

Findet der Revidierende die Leitung außer Benutzung, so hat er zuerst den Haupthahn etwas zu öffnen und einige Brenner anzu= zünden. Hierauf sind die beiden das Wasserstandsglas absperrenden Hähne zu schließen und die untere Schraube an demselben zu öffnen. Nachdem das Wasser aus dem Glase abgeflossen ist, ist die Schraube wieder zu schließen und sind beide Hähne zu öffnen. Ist keine Ver= stopfung der Hähne oder des Verbindungsrohres vorhanden, so wird sich das Wasserstandsglas sofort wieder rasch füllen.

Macht ein zu niedriger Wasserstand das Nachfüllen nötig, so geschieht dies durch das an der hinteren Seite des Gasmessers be= findliche, mit Wasserabschluß versehene Füllungsrohr.

Dasselbe soll gewöhnlich durch Schutzkappe oder Stöpsel verschlossen sein.

Ist ein Ablassen von Wasser nötig, so geschieht dies durch Öffnen des an der Seite des Füllungsrohres in der Höhe des richtigen Wasserstandes angebrachten Hahnes oder des dortigen Stöpsels, bis der Wasserstand im Glase richtig steht.

Bei Gasmessern mit vorn angebrachter Füll- und Ablaßvorrichtung nach neuer Konstruktion geschieht die Herstellung des richtigen Wasserstandes in ähnlicher Weise wie bei den Gasmessern mit Blechgehäusen.

b) Dichtheit der Gasmesser.

Alle Beschädigungen an den Gasmessern, als verrostete Stellen oder Beulen an den Gehäusen, zerbrochene Glasscheiben, verbogene Klappen an den Uhrwerken, Rost oder Grünspan in den Werken usw., Gasgeruch an denselben sowie an den Verschraubungen, nasse Lötstellen sind stets dem Inspektor zu melden.

Läßt die Beschädigung die Vermutung zu, daß diese durch äußere Einflüsse oder durch Gewalt erfolgt ist, so ist der Gasabnehmer sofort darauf aufmerksam zu machen. Zugleich ist möglichst festzustellen, ob und inwiefern dem Gasabnehmer eine Schuld an der Beschädigung beizumessen ist.

Besondere Aufmerksamkeit verdient die Umgebung der Füll- und Ablaßschrauben.

Ebenso ist darauf zu achten, daß die Gasmesser zugänglich bleiben und daß dieselben infolge anderweitiger Benutzung der Räume nicht der Zerstörung durch saure oder schädliche Dämpfe usw. ausgesetzt sind.

Arbeiten vor dem Gasmesser.

§ 26.

Arbeiten an den Gasmessern und an den Leitungen vor den Gasmessern dürfen nur von Arbeitern der Gaswerke ausgeführt werden.

Wenn bei Revision der Leitungen usw. bemerkt wird, daß dieser Bestimmung zuwider derartige Arbeiten durch Fabrikanten vorgenommen sind, so ist dies sofort dem Inspektor zu melden; bis zu dessen weiterer Bestimmung ist jede Arbeit an solchen Leitungen zu unterlassen.

Tarifflammen.
§ 27.

Die im Revier vorhandenen Tarifflammen sind in der vom Inspektor angegebenen Zeit, sowohl am Tage in bezug auf die Größe und Sorte der Brenner, als auch des Abends in bezug auf die Brennzeit genau zu revidieren. Bei dem Ersatz von Brennern dürfen nur solche verwendet werden, welche die Gaswerke liefern.

Alle vorgefundenen Unregelmäßigkeiten sind zu melden.

Gaskraftmaschinen.
§ 28.

In der Zuführungsleitung zu der Gaskraftmaschine muß eine hinreichend wirkende Regulierungsvorrichtung (doppelte Gummibeutel mit Stellhähnen oder eine andere zweckentsprechende Vorrichtung) vorhanden sein. Dieselbe muß die Druckschwankungen vor dem Gasmesser der Gaskraftmaschine bei jeder Gangart vollständig ausgleichen.

Das Zucken von Flammen in Leitungen, die mit der Gaskraftmaschinen-Zuleitung in Verbindung stehen, ist dem Inspektor zu melden.

Absperrtöpfe.
§ 29.

Bei der Revision der Absperrtöpfe ist darauf zu achten, daß die Verschlußschraube willig geht, aber nicht zu lose sitzt, und daß die Vierkante derselben zu dem Loch des Schlüssels der Gaswerke beziehungsweise der Feuerwehr passen.

Die Absperrtöpfe dürfen während der Frostzeit nicht auf längere Zeit gefüllt bleiben, um eine Zerstörung des Topfes zu verhüten.

Abgesperrte Leitungen.
§ 30.

Die Absperrung geschieht nach Fortnahme des Gasmessers nur vermittels Kappen oder durch Blechschieber, welche zwischen die Flanschetplatten geschoben werden. Das Festdrehen der Haupthähne oder das Verstopfen derselben bei stehendem oder fortgenommenem Gasmesser ist als sichere Absperrung nicht anzusehen. Auch sind bei Absperrungen stets die etwa vorhandenen Absperrtöpfe zu überfüllen. Bei der für abgesperrte Leitungen nach Anordnung des Inspektors

stattfindenden Revision ist darauf zu achten, daß die Leitungen noch
sicher verschlossen und nicht etwa eigenmächtig von Gasabnehmern
geöffnet und benutzt worden sind.

Aufnahme von Gasmesserständen.

§ 31.

Beim Ablesen der Gasmesserstände behufs Ausschreibung der
Rechnungen, sowie bei Umzügen ist mit der größten Aufmerksamkeit
zu verfahren, damit Fehler vermieden werden. Findet sich bei einer
Revision des Gasmessers, daß bei einem früheren Ablesen des Standes
ein Fehler vorgekommen sein kann, so ist dies dem Revierinspektor
zu melden. Wer letztere Anzeige unterläßt oder bei dem Ablesen der
Stände wiederholt sich Fehler zuschulden kommen läßt, wird nach
§ 20 der Arbeitsordnung bestraft.

Bei Umzügen hat der Abmeldende und der Anmeldende, bei
sonstiger Aufstellung von Gasmessern und bei dem Umtausch der Gasabnehmer auf dem Standzettel die Richtigkeit durch Namensunterschrift zu bescheinigen.

Fortnahme von Gasmessern.

§ 32.

Ein im Gebrauch gewesener Gasmesser muß bei der Fortnahme
sofort auf der betreffenden Stelle vollständig mit Wasser gefüllt
werden, um das noch darin befindliche Gas vollständig zu entfernen;
hierbei ist die Trommel mittels eines Holzstäbchens mehrere Male um-
zudrehen.

Wegen der Gefahr des Zersprengens ist es streng verboten,
einen abgenommenen Gasmesser etwa mit Hilfe eines brennenden
Lichtes im Innern abzusuchen.

Wenn ein Gasmesser wegen Absperrung der Leitung, wegen
Nichtzählens oder aus irgend einem anderen Grund abgenommen
wird, so ist nach der Entleerung an Ort und Stelle zu untersuchen,
ob der Gasmesser in irgend einer Weise beschädigt ist, namentlich,
ob die Trommel unter dem Ausgange zerstochen oder die Hinterwand
des Gasmessers ausgebogen und die Trommel aus dem Hinterlager
gefallen ist, oder ob eine andere durch Verschulden des Gasabnehmers
entstandene Ursache vorliegt. (vergl. § 25 b).

Sofern der Gasmesser eine Beschädigung zeigt, ist der betreffende Gasabnehmer sofort darauf aufmerksam zu machen und dem Revierinspektor hiervon besondere Anzeige zu erstatten.

Wenn bei einem Gasabnehmer mehrere Gasmesser stehen, von denen einer zeitweise abgeschraubt oder fortgenommen wird, so sind stets sowohl die freigewordenen Enden der zu dem fortgenommenen Gasmesser hinführenden, als auch der von ihm fortführenden Leitung vorschriftsmäßig mit Kappen abzusperren, um etwa vorhandene Verbindungen derselben mit anderen Gas führenden Leitungen ungefährlich zu machen (vergl. § 17 Absatz 2). Bei der Fortnahme von Gasmessern dürfen die Gasmesser-Ein- und Ausgangsstutzen nicht entfernt werden.

Besondere Aufträge.
§ 33.
1. Unterschrift der Verpflichtung.

Es ist darauf zu achten, daß sämtliche einzuholenden Unterschriften von den Verpflichteten nicht mit Bleistift, sondern mit Tinte oder Tintenstift und eigenhändig gegeben werden.

Falls die Unterzeichnung nicht in Gegenwart des von den Gaswerken damit Beauftragten erfolgt, ist eine Erklärung des Betreffenden, daß es seine eigenhändige Unterschrift ist, einzuholen.

Bei Witwen bedarf es der Angabe ihres Geburtsnamens bei der Unterschrift, bei Ehefrauen der ehemännlichen Genehmigung.

Falls letztere nicht zu erlangen, ist die Entscheidung des Revierinspektors einzuholen. Letzteres muß ebenfalls geschehen, wenn Personen, welche noch nicht volljährig, d. h. noch nicht 21 Jahre alt sind, verpflichtende Unterschriften leisten wollen.

Bei Anmeldungen auf Gasentnahme ist zuerst mit dem Wirt des Hauses in geeigneter Weise Rücksprache zu nehmen zwecks Feststellung, ob die Anmeldenden wirklich nach Namen und Stand diejenigen Personen sind, für die sie sich ausgaben, und ob dieselben auch Mieter der Wohnung sind.

2. Einziehung von Geldern.

Alle Verhandlungen mit dem Publikum über Zahlung von Rechnungen, Absperrungen usw. müssen möglichst ohne Beisein dritter, nicht beteiligter Personen, und insbesondere in ruhiger, höflicher Weise geführt werden.

Schlosser oder Arbeiter dürfen Geldbeträge nur gegen Aushändigung der ihnen von dem Inspektor übergebenen Quittungen einziehen; zur selbständigen Ausstellung von Quittungen sind sie nicht berechtigt. Die eingezogenen Beträge sind stets an demselben Tage abzuliefern.

Hat der Beauftragte Zahlung nicht erlangen können, so ist die Rechnung mit der Angabe, ob die Leitung abgesperrt worden ist oder nicht, sofort an den Revierinspektor zurückzugeben.

Berlin, den 16. Dezember 1910.

Direktion der städtischen Gaswerke.

Fürst.   Schimming.

Anhang.

1. Polizei=Verordnung in betreff der Einrichtung von Gasleitungen.

Berlin, den 21. Februar 1868.

Auf Grund der §§ 5 und 6 des Gesetzes über die Polizei=Verwaltung vom 11. März 1850 (G.=S. S. 265) verordnet das Polizei=Präsidium nach Beratung mit dem Gemeinde=Vorstand für den engeren Polizei=Bezirk von Berlin wie folgt:

§ 1.

Vor jedem Gebäude, in welchem sich eine Gasleitung von mehr als 25 Ausströmungen befindet, ist die Gaszuleitungsröhre mit einem Verschluß zu versehen, durch welchen bei entstehender Feuersgefahr das Gas leicht und sicher abgesperrt werden kann. Mehrflammige Leuchter gelten als eine Ausströmung. Die Stelle, an welcher der Verschluß liegt, ist äußerlich zu bezeichnen.

§ 2.

Die Einrichtung ist bei neu zu errichtenden Anlagen sofort, bei schon bestehenden innerhalb Jahresfrist nach Erlaß dieser Verordnung in zuverlässiger Weise zur Ausführung zu bringen. Als zuverlässig werden vorläufig der Blocksche Apparat sowie der hydraulische Verschluß der städtischen Gasanstalt bezeichnet.

§ 3.

Alle offenen Flammen, Beleuchtungsgegenstände usw., welche auf öffentlichen Straßen und Plätzen über die Baufluchtlinie hinausragend, oder sonst in einer dem Publikum leicht zugänglichen Weise angebracht werden, müssen eine Höhe von mindestens 5½ Fuß über dem Niveau des Straßenpflasters bzw. Bürgersteiges oder Fußboden erhalten. Eine Ausnahme hiervon findet nur mit polizeilicher Genehmigung statt.

§ 4.

Bei den Gasleitungen, welche im Innern der Häuser ausgeführt werden, dürfen fortan nur eiserne Röhren in Anwendung gebracht werden.

§ 5.

Für die Befolgung dieser Vorschriften sind die Hausbesitzer, bzw. deren mit der Verwaltung der betreffenden Häuser beauftragte Stellvertreter verantwortlich.

§ 6.

Übertretungen dieser Verordnung unterliegen nach § 347 Nr. 9 und § 344 Nr. 8 des Strafgesetzbuches vom 14. April 1851 einer Geldbuße bis zu 20 Talern oder Gefängnisstrafe bis zu 14 Tagen.

Wer es unterläßt, den nach dieser Verordnung ihm obliegenden Verpflichtungen nachzukommen, hat, abgesehen von der Bestrafung, zu gewärtigen, daß das Versäumte im Wege der Exekution auf seine Kosten zur Ausführung gebracht wird.

Königliches Polizei-Präsidium.
gez. von Wurmb.

2. Auszug aus dem Strafgesetzbuch.
§ 222.

Wer durch Fahrlässigkeit den Tod eines Menschen verursacht, wird mit Gefängnis bis zu 3 Jahren bestraft.

Wenn der Täter zu der Aufmerksamkeit, welche er aus den Augen setzte, vermöge seines Amtes, Berufes oder Gewerbes besonders verpflichtet war, so kann die Strafe bis auf 5 Jahre Gefängnis erhöht werden.

§ 230.

Wer durch Fahrlässigkeit die Körperverletzung eines Anderen verursacht, wird mit Geldstrafe bis zu 300 Talern oder mit Gefängnis bis zu 2 Jahren bestraft.

War der Täter zu der Aufmerksamkeit, welche er aus den Augen setzte, vermöge seines Amtes, Berufes oder Gewerbes besonders verpflichtet, so kann die Strafe bis auf 3 Jahre erhöht werden.

Aus § 309.

Wer durch Fahrlässigkeit einen Brand nach § 306

1. in einem Gebäude, welches zur Wohnung von Menschen dient,
2. in Räumlichkeiten zu einer Zeit, während welcher Menschen in denselben sich aufzuhalten pflegen,

herbeiführt, wird mit Gefängnis bis zu einem Jahre oder mit Geld= strafe bis zu 300 Talern, und wenn durch den Brand der Tod eines Menschen verursacht worden ist, mit Gefängnis von 1 Monat bis zu 3 Jahren bestraft.

§ 311.

Die gänzliche oder teilweise Zerstörung einer Sache durch Ge= brauch von explodierenden Stoffen ist der Inbrandsetzung der Sache gleich zu achten.

Polizei=Verordnung.

Auf Grund der §§ 5 und 6 des Gesetzes über die Polizei=Ver= waltung vom 11. März 1850 (G.=S. S. 265) und der §§ 143 und 144 des Gesetzes über die allgemeine Landesverwaltung vom 30. Juli 1883 (G.=S. S. 195) verordne ich hiermit unter Zustimmung des Gemeinde=Vorstandes für den Stadtkreis Berlin, was folgt:

§ 1.

Der § 4 der Polizei=Verordnung vom 21. Februar 1868 erhält folgende Fassung:

Bei den Gasleitungen, welche im Innern der Häuser ausgeführt werden, dürfen im allgemeinen nur eiserne Röhren in Anwendung gebracht werden. Nur für kürzere Ableitungen von den eisernen Röhren sind solche aus Kupfer oder Messing ohne Naht zulässig, wenn sie frei auf den Putz der Wände und Decken verlegt werden, eine Wandstärke von mindestens 1 mm haben und solide und dicht mit den eisernen Leitungsröhren verbunden werden.

§ 2.

Diese Polizei-Verordnung tritt mit dem Tage ihrer Veröffent-
lichung in Kraft.

Berlin, den 30. April 1907.

Der Polizei-Präsident.

In Vertretung:

Friedheim.

(675. III. G. R. 07.)

**Bestimmungen über die Errichtung und Tätigkeit des Arbeiteraus-
schusses der Anstalt VI und Ammoniakfabrik der städtischen Gaswerke
vom 20./26. Februar 1913, Akten II 9 d II, Band 2.*)**

§ 1.

Für die Arbeiter (männliche und weibliche) der städtischen Gasanstalt VI Tegel und Ammoniakfabrik wird ein besonderer Arbeiterausschuß eingesetzt.

§ 2.

Die Einrichtung des Arbeiterausschusses bezweckt, den Arbeitern
Gelegenheit zu geben, durch selbstgewählte Vertreter Anträge,
Wünsche und Beschwerden vorzutragen und hierüber, sowie über
sonstige, auf das Wohl der Arbeiter bezügliche Fragen auf Verlangen
der Direktion der städtischen Gaswerke gutachtliche Äußerungen
abzugeben.

Die Anträge, Wünsche und Beschwerden müssen allgemeiner
Natur sein und dürfen nicht lediglich die Angelegenheiten Einzelner
betreffen.

Der Arbeiterausschuß hat darauf hinzuwirken, daß unter den
Arbeitern die gute Sitte und die Kameradschaft gefördert, Streitigkeiten aber verhütet oder geschlichtet werden.

Er muß von der Direktion gehört werden vor Erlaß oder Abänderung allgemeiner Bestimmungen des Dienstvertrages und der
Arbeitsordnung.

§ 3.

Der Ausschuß besteht aus sieben Mitgliedern. In gleicher Zahl
sind Ersatzmitglieder zu wählen.

---

*) Ähnliche Bestimmungen sind auch für die Arbeiterausschüsse der
übrigen Anstalten unter dem gleichen Datum ergangen.

§ 4.

Wahlberechtigt sind alle mindestens 21 Jahre alten, in dem Betriebe der Anstalt VI und Ammoniakfabrik beschäftigten, verfügungsfähigen Arbeiter deutscher Reichsangehörigkeit.

Wählbar sind solche verfügungsfähigen Arbeiter deutscher Reichsangehörigkeit, welche mindestens 25 Jahre alt, seit mindestens 2 Jahren ununterbrochen in dem vorgenannten Betriebe beschäftigt sind und sich im Besitze der bürgerlichen Ehrenrechte befinden. Der ununterbrochenen zweijährigen Beschäftigung im Betriebe wird es gleich erachtet, wenn Beiträge für mindestens 104 Arbeitswochen zur Invalidenversicherung während der Beschäftigung in dem betreffenden Betriebe geleistet sind.

Ausschußmitglieder, welche wegen Ablaufs der Wahlzeit ausscheiden, sind wieder wählbar.

Die Wahlberechtigten werden in 5 Gruppen eingeteilt und war wird gebildet:

> Gruppe I aus den Handwerkern, Maschinisten, Vorarbeitern usw.
> Gruppe II aus den Ofenarbeitern.
> Gruppe III aus den Kohlenarbeitern.
> Gruppe IV aus den Hofarbeitern.
> Gruppe V aus den Ammoniakfabrikarbeitern.

Die Gruppen II und IV wählen je 2 Mitglieder und 2 Ersatzmitglieder, die Gruppen I, III und V je ein Mitglied und ein Ersatzmitglied.

§ 5.

Tag und Stunde der Wahl werden eine Woche vorher bekannt gemacht. Vor der Bekanntmachung ist ein Verzeichnis der wahlberechtigten und der wählbaren Arbeiter des Betriebes, für jede Wahlgruppe unter Angabe der Zahl der aus ihr zu wählenden Ausschußmitglieder bzw. Ersatzmitglieder, ihr zur Einsicht auszulegen. Wird dieses Verzeichnis nicht binnen einer Woche vom Tage der Auslegung an bemängelt, so bildet dasselbe die Grundlage für die Zulassung zur Wahl.

Über Ausstellungen gegen das Verzeichnis entscheidet die Direktion.

§ 6.

Die Wahl wird von einem Beauftragten der Direktion ge=
leitet, welcher zwei Wahlberechtigte als Beisitzer zuzuziehen hat.

§ 7.

Die Wahl der Ausschußmitglieder und der Ersatzmitglieder
ist eine unmittelbare und geheime. Die Wähler haben diejenigen
Personen, welche sie als Mitglieder bzw. Ersatzmitglieder wählen
wollen, gesondert auf Stimmzettel von weißer Farbe zu schreiben,
welche zusammengefaltet dem Wahlleiter übergeben werden.
Mittelst Vervielfältigungsverfahrens hergestellte Stimmzettel sind
zulässig. Ungültig sind Stimmzettel, die mehr Namen enthalten
als Mitglieder bzw. Ersatzmitglieder zu wählen sind.

§ 8.

Die Auszählung der Stimmen und die Feststellung des Wahlergebnisses erfolgt öffentlich unmittelbar nach Beendigung des
Wahlakts. Über diesen ist ein Protokoll aufzunehmen, das von
dem Wahlleiter und den Beisitzern zu unterzeichnen ist.

§ 9.

Gewählt sind diejenigen, welche die absolute Mehrheit der
gültig abgegebenen Stimmen für das Amt als Mitglieder bzw.
Ersatzmitglieder erhalten haben.

Soweit sich bei der ersten Wahl für soviel Personen, als zu
wählen sind, die absolute Mehrheit nicht ergeben hat, hat eine
engere Wahl stattzufinden. Für diese stellt der Wahlvorstand
die Namen derjenigen Personen, welche nächst den Gewählten
die meisten Stimmen erhalten haben, bis zur doppelten Zahl der
noch zu wählenden Mitglieder bzw. Ersatzmitglieder zusammen.
Diese Zusammenstellung bildet die Liste derjenigen, welche in
der engeren Wahl allein wählbar sind.

§ 10.

Zur engeren Wahl werden die Wahlberechtigten durch eine das
Ergebnis der ersten Wahl enthaltende Bekanntmachung binnen
einer Woche eingeladen. Bei Stimmengleichheit entscheidet in
der engeren Wahl das Los.

§ 11.

Das Ergebnis der Wahl wird durch Anschlag oder in sonst geeigneter Weise den Wählern bekanntgegeben.

§ 12.

Die Gewählten haben sich über die Annahme der Wahl binnen einer Frist von drei Tagen nach der Bekanntgabe des Wahlergebnisses schriftlich zu erklären.

Die Abgabe keiner Erklärung gilt als Ablehnung der Wahl. Eine Verpflichtung zur Annahme der Wahl besteht nicht.

§ 13.

Beschwerden über die Rechtsgültigkeit der Wahl sind binnen einer Woche von der Bekanntmachung der Wahl ab gerechnet an die Direktion zu richten, welche darüber Entscheidung trifft.

§ 14.

Die Wahl der Ausschußmitglieder und der Ersatzmitglieder erfolgt auf drei Jahre.

§ 15.

Das Amt als Ausschußmitglied oder Ersatzmitglied erlischt schon vor Ablauf der dreijährigen Periode:

    a) durch Ausscheiden aus dem betreffenden Betriebe.

    b) durch freiwillige Niederlegung des Amtes.

    c) durch den Verlust der bürgerlichen Ehrenrechte.

§ 16.

Im Falle der Ablehnung des Amtes durch ein Ausschußmitglied oder seines Ausscheidens (§ 15) oder im Falle vorübergehender Verhinderung ist ein Ersatzmitglied einzuberufen.

§ 17.

Die Ersatzmitglieder werden nach der Zahl der für sie bei der Wahl abgegebenen Stimmen in ein Verzeichnis eingetragen, das für die Einberufung an die Stelle eines Mitgliedes derselben Gruppe maßgebend ist. Sind für mehrere Mitglieder derselben Gruppe gleichviel Stimmen abgegeben, so entscheidet über ihre Einreihung das Los. Im Falle einer Vakanz ist dasjenige Ersatzmitglied der Gruppe einzuberufen, welches die höchste Stimmenzahl auf sich vereinigt hat, im Falle einer weiteren Vakanz dasjenige, welches die demnach höchste Stimmenzahl erhalten hat. Die Einberufung zur dauernden Vertretung eines ausgeschiedenen Mitgliedes geht derjenigen zur Vertretung eines vorübergehend behinderten Mitgliedes vor.

§ 18.

Ausschußmitglieder, welche behindert sind, an einer Sitzung des Ausschusses teilzunehmen, haben den Vorsitzenden rechtzeitig zu benachrichtigen, welcher wenn möglich die Einberufung eines Ersatzmitgliedes zu bewirken hat.

§ 19.

Ist die für den Ausschuß vorgeschriebene Zahl von Mitgliedern infolge Ausscheidens von Mitgliedern und Ersatzmitgliedern einer Gruppe nicht mehr vorhanden, so findet eine Ergänzung des Ausschusses für den Rest der Wahlperiode statt. Die Ergänzungswahl an Stelle der fehlenden Mitglieder und Ersatzmitglieder erfolgt binnen Monatsfrist. Auf diese Wahl finden die Bestimmungen der §§ 4—13 Anwendung.

§ 20.

Nach Ablauf der Einspruchsfrist ist der Ausschuß von der Direktion zu einer ersten Sitzung einzuberufen, welche von einem Beauftragten der Direktion geleitet wird. In dieser Sitzung wählt der Ausschuß aus seiner Mitte einen Vorsitzenden, einen stellvertretenden Vorsitzenden und einen Schriftführer. Auf Wunsch des Ausschusses wird der Schriftführer von der Betriebsleitung gestellt.

§ 21.

Der Ausschuß tritt nach Bedarf zusammen. Auf Verlangen der Direktion oder auf Antrag von zwei Mitgliedern muß seine Einberufung erfolgen.

§ 22.

Den Sitzungen des Ausschusses wohnen ein oder mehrere Beauftragte der Betriebsleitung mit beratender Stimme bei, welche auf Verlangen jederzeit zu hören sind.

§ 23.

Die Einladung zu den Sitzungen ist mit der Tagesordnung von dem Vorsitzenden mindestens fünf Tage vor dem Zusammentritt zu erlassen und gleichzeitig der Betriebsleitung mitzuteilen.

§ 24.

Der Ausschuß ist beschlußfähig, wenn mindestens 4 Mitglieder anwesend sind. Er entscheidet mit einfacher Stimmenmehrheit der anwesenden Mitglieder. Stimmengleichheit gilt als Ablehnung.

§ 25.

Über die Beratungen des Ausschusses sind Niederschriften aufzunehmen, welche die Namen der Anwesenden, ein Verzeichnis der verhandelten Gegenstände und das Ergebnis der Abstimmung enthalten sollen. Die Protokolle sind von den Mitgliedern des Ausschusses zu vollziehen und von der Direktion, welcher sie einzureichen sind, aufzubewahren.

§ 26.

Die Beschlüsse der Deputation oder Direktion, welche auf die Anträge des Arbeiterausschusses ergehen, sind diesem schriftlich mitzuteilen.

§ 27.

Auf Anordnung der Direktion können zur Beratung und Begutachtung von Fragen, welche den gesamten Betrieb der Gaswerksverwaltung angehen, sämtliche Arbeiterausschüsse zu einer gemeinschaftlichen Sitzung einberufen werden. Eine solche Einberufung muß auch stattfinden, falls die Mehrzahl der Arbeiterausschüsse sie unter Angabe des Beratungsgegenstandes bei der Direktion beantragt.

In der gemeinsamen Sitzung führt ein Beauftragter der Direktion den Vorsitz, ein anderer das Protokoll.

Die Beratung des gemeinsamen Ausschusses tritt in bezug auf die zur Tagesordnung gestellten Gegenstände an die Stelle der Beratung der Sonderausschüsse.

§ 28.

Aus Anlaß der Dienstversäumnis gelegentlich der Wahlhandlung und der Teilnahme an den Sitzungen finden Lohnkürzungen nicht statt.

§ 29.

Zur Entlassung oder zur Aufkündigung des Dienstverhältnisses der Mitglieder und der Ersatzmitglieder des Arbeiterausschusses bedarf es der Genehmigung des Magistrats.

§ 30.

Arbeiterausschüsse, welche sich zur Erfüllung der ihnen gestellten Aufgaben als ungeeignet erwiesen haben, können auf Antrag der Direktion aufgelöst werden.

Im Falle der Auflösung ist eine Neuwahl binnen vier Wochen anzuberaumen.

§ 31.

Die vorstehenden Bestimmungen treten mit dem 1. April 1913 in Kraft.

Berlin, den 20. Februar 1913.

Deputation der städtischen Gaswerke.

gez. Rast.

Vorstehende Bestimmungen werden genehmigt.

Berlin, den 22. Februar 1913.

Magistrat

der Königlichen Haupt- und Residenzstadt.

gez. Reicke.

Arbeitsordnung für die Berliner städtischen Gasanstalten vom 13. Oktober 1909 und 2. März 1910, Akten II 30, Band 1. II. Nachtrag vom 21. Oktober 1912, Akten II 30, Band 1 und 2.

Für die in den Berliner städtischen Gasanstalten, dem Zentral- und Gußrohrmagazin, der Ammoniakfabrik, der Versuchsanstalt und dem Laboratorium der städtischen Gaswerke beschäftigten Arbeiter wird hiermit die nachstehende Arbeitsordnung erlassen.

I. Annahme der Arbeiter.

Die Annahme der Arbeiter in die Beschäftigung der obengenannten Werke und Betriebe erfolgt durch die Leiter derselben oder deren Stellvertreter. Bei der Annahme hat der Arbeiter die Anerkennung dieser Arbeitsordnung durch eigenhändige Eintragung seines Namens in das hierfür bestimmte Buch, welchem die Arbeitsordnung vorgeheftet ist, zu bekunden.

Jeder in Beschäftigung tretende Arbeiter empfängt bei seiner Annahme einen Abdruck der Arbeitsordnung, eine Erkennungskarte für die Lohnzahlung und eine Kontrollmarke für die Kontrolluhr.

II. Auflösung des Arbeitsverhältnisses.

Die Aufkündigung des Arbeitsverhältnisses ist für beide Teile an eine Frist nicht gebunden.

Nur mit den auf derselben Betriebsstätte ununterbrochen länger als 6 Monate beschäftigten Arbeitern ist auf ihr Ansuchen eine einwöchige, jedem Teile freistehende Kündigungsfrist zu vereinbaren.

Die Entlassung erfolgt durch den Leiter des betreffenden Werkes oder dessen Vertreter.

III. Arbeitszeit.

Die tägliche Arbeitszeit ist, wie folgt, festgesetzt:

a) Für die mit der Gaserzeugung in den Retortenhäusern und Wassergasanlagen in den Gaswerken beschäftigten Betriebsarbeiter, für die Betriebskohlenkarrer, die Maschinisten und Hilfsmaschinisten besteht 8 Stundenschicht. Die einzelnen Schichten beginnen in der Regel um 6 Uhr früh, 2 Uhr nachmittags und 10 Uhr abends, soweit nicht wegen des Schichtwechsels und mit Rücksicht auf die für die Sonntagsruhe bestehenden gesetzlichen Bestimmungen eine längere bzw. kürzere Arbeitszeit an den Sonntagen und dem ersten und letzten Tage jeder Woche erforderlich wird. Die Arbeitspausen regeln sich nach der zwischen den einzelnen Arbeitsperioden freibleibenden Zeit, betragen zusammen aber mindestens 1 Stunde.

b) Für die in der Versuchsanstalt und Ammoniakfabrik beschäftigten Arbeiter besteht 9 Stundenschicht, und zwar dauern die einzelnen Schichten von 6 Uhr früh bis 3 Uhr nachmittags, von 2 Uhr nachmittags bis 11 Uhr abends und von 10 Uhr abends bis 7 Uhr früh. Schichtwechsel, Sonntagsruhe und Arbeitspausen wie unter a.

c) Für die Portiers, die Bau- und Nachtwächter sowie die Hilfsregulateure, die zugleich Wächter in den Gasbehälterstationen sind, besteht 12 Stundenschicht. Die einzelnen Schichten beginnen und enden   in der Regel um 6 Uhr früh bzw. 6 Uhr abends.

d) Für alle übrigen unter a, b, c nicht genannten Arbeiter im Zentralmagazin, den Gaswerken und im Laboratorium dauert die Arbeitszeit 9 Stunden. Im Laboratorium und in den Anstalten beginnt die Arbeitszeit in der Regel um 6½ Uhr früh und dauert bis 5 Uhr nachmittags, mit einer halbstündigen Frühstücks- und einer einstündigen Mittagspause. Im Zentralmagazin beginnt die Arbeit in der Regel um 7 Uhr früh und endet um 6 Uhr abends, wobei Pausen von 8½ bis 9 Uhr, 12—1 Uhr und 4—4½ Uhr vorgesehen sind.

Nach Ermessen des Anstaltsleiters kann unter Fortfall der Vesperpause für die Werkstatt- und Hofarbeiter der Arbeitsschluß ½ Stunde früher erfolgen.

An den Tagen vor den hohen Festen Ostern, Pfingsten, Weihnachten und Neujahr und an den sogenannten dritten Feiertagen wird die vorstehend angegebene normale Arbeitszeit um 1 Stunde unter Gewährung des Lohnes für 9 Stunden verkürzt.

Etwa ausnahmsweise notwendig werdende, durch den Betrieb bedingte andere Arbeitszeiten bzw. Änderungen der Arbeitsdauer werden den Arbeitern besonders mitgeteilt und sind von diesen einzuhalten; auch sind die Arbeiter verpflichtet, soweit es die Betriebsverhältnisse erfordern, an Sonn- und Festtagen in den gesetzlich zulässigen Fällen zu arbeiten.

Jeder Arbeiter hat an seiner Arbeitsstelle so zeitig zu erscheinen, daß er seine Arbeit mit dem durch (Dampf-) Pfeife oder Glocke gegebenen Zeichen beginnen kann; er darf die Arbeit nicht früher niederlegen, als bis das Zeichen dazu gegeben ist. Bei etwaigen Verspätungen bis zu 2 Stunden tritt eine Geldstrafe bis zur Höhe von ¼ des Tagesarbeitsverdienstes ein. Unentschuldigte Arbeitsversäumnis von mehr als 2 Stunden hat die Zurückweisung des Arbeiters für den ganzen Arbeitstag zur Folge.

Der Eintritt der Arbeiter in die Anstalt und der Ausgang aus derselben nach Schluß der Arbeitszeit dürfen nur durch die hierzu bestimmten Tore oder Türen stattfinden; andere Ein- und Ausgänge dürfen die Arbeiter ohne besondere Anordnung eines Vorgesetzten nicht benutzen.

Bei jedesmaligem Ein- und Austritt ist der Arbeiterkontrollapparat ordnungsgemäß zu stechen.

IV. Lohnberechnung und Lohnzahlung.

Der Lohn wird entweder nach einem vorher vereinbarten Tages-bzw. Stundenlohnsatz oder nach einem jedesmal vor dem Beginn der betreffenden Arbeit festzustellenden Stücklohnsatze berechnet.

Während der Dauer einer Stücklohnarbeit, welche durch mehr als eine Lohnwoche hindurchgeht, erhalten die Beteiligten angemessene Abschlagszahlungen. Die Auszahlung des Restes erfolgt am Zahltage der Lohnwoche, in welcher die Arbeit beendigt worden ist.

Jeder Arbeiter, welcher eine übernommene Stücklohnarbeit durch eigenes Verschulden nicht beendigt, hat für die verwendete Zeit nur Anspruch auf denjenigen Lohn, welcher ihm bei Beschäftigung im Tagelohn zusteht.

Die Lohnzahlung findet an jedem Freitag statt; an diesem Tage kommt für die Arbeiter mit 9 stündiger Arbeitszeit (vergl. III d) der bis zum vorhergegangenen Dienstagabend, und für die Arbeiter mit 8 bzw. 9 bzw. 12 stündiger Schicht (vgl. III a—c) der bis zum vorhergegangenen Mittwoch früh 6 Uhr erlangte Arbeitsverdienst in barem Gelde zur Auszahlung.

Der Arbeiter wird des Anspruches auf Vergütung dadurch verlustig, daß er durch einen in seiner Person liegenden Grund an der Dienstleistung verhindert wird.

Gleichgültig ist dabei, ob die versäumte Zeit verhältnismäßig nicht erheblich ist, und ob den Arbeiter bei der Versäumnis ein Verschulden trifft.

Die Verwaltung ist berechtigt, nach pflichtmäßigem Ermessen in besonders gearteten Fällen den Lohn für die versäumte Zeit nach den von den städtischen Behörden aufgestellten Bestimmungen zuzubilligen.

Jeder Arbeiter ist verpflichtet, seinen Lohn bzw. Lohn (Kranken) zuschuß gegen Vorzeigung seiner Erkennungskarte selbst in Empfang zu nehmen; nur in Krankheitsfällen, militärischen Übungen ,Beurlaubungen usw. kann gegen eine glaubwürdige Anweisung des Berechtigten der Lohn desselben an einen Vertreter bzw. ein Familienmitglied gegen Vorzeigung der Erkennungskarte ausgezahlt werden.

Die verhängten Strafen, Ersatzforderungen für Beschädigungen an Werkzeug, Material oder sonstigem Eigentum der Gaswerke können gemäß § 273 BGB. solange vom Lohn zurückbehalten werden, bis der betreffende Arbeiter die ihm obliegende Leistung erfüllt hat.

Der Empfänger hat sich von der Richtigkeit des Betrages zu überzeugen, etwaige Einwendungen gegen die Richtigkeit des gezahlten Betrages sind sofort, gegen die Richtigkeit der Lohnberechnung spätestens am nächsten Arbeitstage anzubringen. Spätere Einwendungen werden nicht berücksichtigt.

V. Verhalten bei Ausführung der Arbeit.

Jeder Arbeiter ist verpflichtet, den Anordnungen der technischen Beamten der Anstalt und seinen sonstigen Vorgesetzten Folge zu leisten, die ihm zugewiesenen Arbeiten und Aufträge gewissenhaft auszuführen, mit den Materialien vorsichtig und sparsam umzugehen, sowie das Beste der Gaswerke in jeder Beziehung zu vertreten und zu wahren.

Etwaige Beschwerden sind zunächst bei dem Leiter des betreffenden Werkes bzw. bei der Direktion der Gaswerke anzubringen.

Jeder Arbeiter kann beim Eintritt in das Werk oder beim Verlassen desselben durch den Pförtner angehalten werden, um sich wegen etwa unrechtmäßig mitgeführter Gegenstände auszuweisen.

Unbrauchbar gewordene Geräte und Werkzeuge hat der Arbeiter an seinen Vorgesetzten abzuliefern. Letzterer händigt ihm die Ersatzstücke aus.

Jeder Arbeiter hat das ihm anvertraute Werkzeug ordnungsmäßig und gebrauchsfähig zu erhalten.

Sofern er ein Verzeichnis der ihm übergebenen Werkzeuge empfangen hat, darf er in demselben keine Eintragungen oder Änderungen vornehmen.

Den ihm zugeteilten Werkzeugkasten hat er in gutem Zustande und unter Verschluß zu erhalten.

Das Borgen und Verborgen von Werkzeugen, sowie das Öffnen fremder Werkzeugkästen oder fremder Schränke ist streng verboten.

Für den Allgemeingebrauch bestimmte Werkzeuge, welche den einzelnen Arbeitern nicht ständig zugeteilt werden, sind an der Ausgabestelle zu fordern und nach Gebrauch derselben zurückzugeben. Ohne besondere Meldung dürfen derartige Werkzeuge nicht einem anderen Arbeiter überlassen werden.

Es ist den Arbeitern verboten, ohne ausdrücklichen Auftrag andere Werkzeuge bzw. Maschinen oder Apparate als diejenigen zu benutzen, welche ihnen zur besonderen Bedienung oder zur Ausführung einzelner Arbeiten überwiesen sind.

Die Anfertigung von Gegenständen zum eigenen Nutzen oder für fremde Personen ist verboten.

VI. Wahrung der allgemeinen Sicherheit und Ordnung.

Das Dampfkesselhaus, der Maschinenraum und die mit „Eintritt verboten" bezeichneten Räume dürfen nur von den in diesen Räumen beschäftigten Arbeitern betreten werden.

Die Unfallverhütungsvorschriften (siehe Plakate) sind streng zu befolgen.

Auf Feuer und Licht, wie auf feuergefährliche Gegenstände muß sorgfältig acht gegeben werden.

Diejenigen Betriebshäuser, welche durch außerhalb des Hauses angebrachte Sicherheitslaternen erleuchtet werden, dürfen nicht mit Licht betreten werden; auch darf in denselben kein Licht oder Streichholz angezündet werden.

Das Rauchen während der Arbeit ist verboten. Den Arbeitern, welche mit der Erzeugung und Reinigung von Wassergas, sowie mit der Verarbeitung des Cyanschlammes beschäftigt sind, ist es untersagt, in den bezüglichen Arbeitsräumen zu essen oder zu trinken.

Die Beleuchtungseinrichtungen sind sorgsam und sparsam zu benutzen; jede an denselben etwa sich zeigende Schadhaftigkeit ist sofort zur Anzeige zu bringen.

Überhaupt ist jeder Arbeiter verpflichtet, alle den Werken drohenden Gefahren oder Nachteile nach Möglichkeit abzuwenden und seinen Vorgesetzten darüber sofort Anzeige zu erstatten.

Besuche von Verwandten, Freunden oder fremden Arbeitern dürfen in den Werken nicht angenommen werden.

Den Arbeitern ist jeder Handel innerhalb der Werke, namentlich mit Eßwaren, Getränken, Tabak, Zigarren usw. verboten.

Zusammenkünfte, Beratungen und Versammlungen in den Räumen, Höfen und Zugängen der Werke sind ohne Genehmigung des Anstaltsleiters verboten. Das Sammeln von Unterschriften und Beiträgen für Vereinszwecke, das Auslegen und Verteilen von Flugblättern und Einladungen zu irgendwelchen Versammlungen, der Verkauf von Losen und Einlaßkarten, sowie die Vornahme von Geldsammlungen sind in den Werken verboten. Sammellisten dürfen nur mit Genehmigung des Anstaltsleiters zirkulieren.

Jeder Arbeiter ist verpflichtet, alle Mitteilungen zu lesen, welche in den Werken durch Anschlag bekannt gemacht werden.

VII. Schadensersatzpflicht der Arbeiter.

Jeder Nachteil oder Schaden, welcher den Gaswerken absichtlich oder fahrlässigerweise durch einen Arbeiter zugefügt wird, sei es an Materialien, Werkzeugen, Geräten, Maschinen, Betriebsapparaten oder anderem Eigentum der Werke, ist durch den Arbeiter, abgesehen von den gesetzlichen und den in dieser Arbeitsordnung vorgesehenen Strafen, zu ersetzen.

Die zum Schadensersatz dienenden Beträge, welche der Anstalts= leiter festzustellen hat, werden bei der nächsten Lohnzahlung gemäß § 273 BGB. so lange zurückbehalten, bis der betreffende Arbeiter die ihm obliegende Leistung erfüllt hat.

VIII. Ordnungsstrafen.

Zuwiderhandlungen gegen die Bestimmungen der Arbeits= ordnung — soweit nicht besondere Strafen bestimmt sind — werden für gewöhnlich mit Geldstrafen bis zur Hälfte des durchschnittlichen Tagesarbeitsverdienstes belegt, können aber bei wiederholter Nicht= beachtung nach dem Ermessen des Anstaltsleiters mit sofortiger Entlassung bestraft werden.

Trunkenheit während der Arbeitszeit wird mit sofortiger Ent= fernung von der Anstalt und mit einer Geldstrafe von mindestens 1 M bestraft. Im Wiederholungsfalle kann die sofortige Entlassung des Arbeiters erfolgen.

Bei Tätlichkeiten gegen Mitarbeiter oder Vorgesetzte oder achtungsverletzendem und ungebührlichem Betragen gegen letztere kann die sofortige Entlassung erfolgen. Erhebliche Verstöße gegen die guten Sitten, Verstöße gegen die Vorschriften, welche zur Aufrechterhaltung der Ordnung des Betriebes, zur Sicherung eines gefahrlosen Betriebes, oder zur Durchführung der Be= stimmungen der Gewerbeordnung erlassen sind, und Verstöße gegen die jedem Arbeiter übergebenen und auch in den Anstalten an mehreren Stellen angeschlagenen Unfallverhütungsvorschriften werden mit Geldstrafen bis zum vollen Betrage des durchschnittlichen

Tagesarbeitslohnes, gegebenenfalls auch mit der Strafe der sofortigen Entlassung belegt.

Die Festsetzung der Strafen erfolgt namens der Direktion durch den Anstaltsleiter bzw. dessen Stellvertreter.

Eine etwaige Beschwerde hiergegen ist bei der Direktion der städtischen Gaswerke anzubringen.

Die Strafgelder, welche unverzüglich festzusetzen und dem betreffenden Arbeiter unverzüglich mitzuteilen sind, werden zu Unterstützungen der Arbeiter der Gaswerke oder deren Angehörige verwendet.

IX. Zusätze und Abänderungen der Arbeitsordnung.

Zusätze und Abänderungen zu der vorstehenden Arbeitsordnung werden nach Anhörung des Arbeiterausschusses durch Anschlag in der Gasanstalt bekannt gemacht und treten 2 Wochen nach demselben in Geltung.

Diese Arbeitsordnung tritt am 1. Januar 1910 in Geltung.

Berlin, den 13. Oktober 1909.

Direktion der städtischen Gaswerke.

Fürst.   Schimming.

Erster Nachtrag.

Abschnitt III erhält unter a und b folgende Fassung:

III. Arbeitszeit.

Die tägliche Arbeitszeit ist, wie folgt, festgesetzt:

a) Für die mit der Gaserzeugung in den Retortenhäusern und Wassergasanlagen in den Gaswerken beschäftigten Betriebsarbeiter, für die Betriebskohlenkarrer, die Maschinisten und Hilfsmaschinisten besteht 8 Stundenschicht. Die einzelnen Schichten beginnen in der Regel um 6 Uhr früh, 2 Uhr nachmittags und 10 Uhr abends, soweit nicht wegen des Schichtwechsels und mit Rücksicht auf die für die Sonntagsruhe bestehenden gesetzlichen Bestimmungen eine längere bzw. kürzere Arbeitszeit an den Sonntagen und dem ersten und letzten Tage jeder Woche erforderlich wird. Die Arbeitspausen derjenigen Arbeiter, welche mit Unterbrechungen tätig sind, regeln sich nach der zwischen den einzelnen Arbeitsperioden freibleibenden Zeit, betragen zusammen aber mindestens eine Stunde.

b) Für die in der Versuchsanstalt und Ammoniakfabrik beschäftigten Arbeiter besteht 9 Stundenschicht, und zwar dauern
die einzelnen Schichten von 6 Uhr früh bis 3 Uhr nachmittags,
von 2 Uhr nachmittags bis 11 Uhr abends und von 10 Uhr
abends bis 7 Uhr früh. Schichtwechsel und Sonntagsruhe
wie unter a.

Dieser Nachtrag tritt am 15. April 1910 in Geltung.

Berlin, den 2. März 1910.

Direktion der städtischen Gaswerke.

Fürst.   Schimming.

Zweiter Nachtrag.

Abschnitt III, Absatz d erhält folgende Fassung:

d) Für alle übrigen unter a, b, c nicht genannten Arbeiter
im Zentralmagazin, den Gaswerken und im Laboratorium
dauert die Arbeitszeit 9 Stunden. Im Laboratorium und in
den Anstalten beginnt die Arbeitszeit in der Regel um $6\frac{1}{2}$ Uhr
früh und dauert bis 5 Uhr nachmittags mit einer halbstündigen
Frühstücks- und einer einstündigen Mittagspause. In dem
Zentralmagazin Stralauer Platz und den Filialmagazinen,
mit Ausnahme des Gußrohrmagazins Prenzlauer Allee,
richtet sich die Arbeitszeit nach der für die Revierinspektionen
festgesetzten Arbeitszeit, d. h. vom 1. November bis 28. Februar von 8 Uhr früh bis 7 Uhr abends, vom 1. März bis
31. Oktober von 7 Uhr früh bis 6 Uhr abends, wobei Pausen
von 12 bis $1\frac{1}{2}$ Uhr mittags und von 4 bis $4\frac{1}{2}$ Uhr nachmittags
bzw. von 8 bis $8\frac{1}{2}$ Uhr früh und von 12 bis $1\frac{1}{2}$ Uhr mittags
vorgesehen sind.

Die Arbeitszeit in den dem Zentralmagazin angegliederten
Werkstätten und auf dem Hofe des Zentralmagazins sowie
im Gußrohrmagazin beginnt um 7 Uhr früh und endet um
5 Uhr nachmittags, wobei Pausen von $8\frac{1}{2}$ bis 9 Uhr früh
und 12 bis $12\frac{1}{2}$ Uhr mittags vorgesehen sind.

Dieser Nachtrag tritt am 1. Februar 1913 in Geltung.

Berlin, den 21. Oktober 1912.

Direktion der städtischen Gaswerke.

Fürst.   Schimming.

Bedingungen für die Gasentnahme aus den städtischen Gaswerken vom 16. 3. 1911.*)

Herstellung von Gasanlagen und Veränderungen usw. an denselben.

§ 1.

Die zur Herstellung von Gasanlagen erforderlichen Rohrleitungen, welche von dem Hauptrohre der Straße bis zu den Gasmessern zu verlegen sind, die Gasmesseraufstellungen, sowie die Einrichtungen solcher Flammen, welche ohne Benutzung eines Gasmessers zu brennen bestimmt sind, dürfen nur von den städtischen Gaswerken und nur mittels der von diesen gelieferten Materialien ausgeführt werden.

Sind derartige Anlagen dennoch von Privatunternehmern hergestellt worden, so kann die Zuleitung des Gases so lange versagt werden, bis die ordnungswidrig verlegten Röhren usw. wieder entfernt sind, und die Anlage durch die Arbeiter der Gaswerke ausgeführt ist.

Den Installateuren wie auch den Gasabnehmern usw. ist es verboten, Gasmesser von den Leitungen loszuschrauben oder Änderungen an den Gasmessereinrichtnngen oder an der Zuleitung bis zum Gasmesser vorzunehmen. Derartige Änderungen dürfen nnr durch die Gaswerke ausgeführt werden.

Die Brenner der Flammen, welche ohne Einschaltung von Gasmessern benutzt werden sollen, dürfen nur von den Gaswerken geliefert und durch Arbeiter der Gaswerke aufgeschraubt oder verändert werden. Wenn die Öffnungen für die Gasausströmung solcher Brenner zu weit geworden sind, werden sie auf Kosten des Gasabnehmers durch normalmäßige Brenner seitens der Gaswerke ersetzt. Das Zünden und Löschen solcher Flammen darf nur durch das Personal der Gaswerke erfolgen.

Die Eröffnung einer abgesperrten Leitung, auch wenn sie mit einem Gasmesser verbunden sein sollte, darf nur durch die Gaswerke bewirkt werden.

§ 2.

Auf Antrag der Gasabnehmer können die Gaswerke auch Gasanlagen hinter den Gasmessern sowie Veränderungen oder Aus-

---

*) Gemeindebeschluß vom 18. 2. 1911. Gemeindeblatt Seite 146, 210/12, Akten V 1, Band 4.

besserungen an solchen Anlagen auf Kosten der Antragsteller aus=
führen lassen.

Für alle durch Privatunternehmer hinter den Gasmessern aus=
geführten Arbeiten übernehmen die Gaswerke keine Verantwortlich=
keit, behalten sich aber das Recht vor, die Zuführung des Gases zu
verweigern, falls die Direktion eine derartige Gasanlage für mangel=
haft erachtet.

Zahlung der Einrichtungskosten.

§ 3.

Die Zuleitungsröhren werden von dem Straßenrohr ab bis zu
einer Entfernung von 2 m von der festgestellten Bau= bzw. Vor=
gartenfluchtlinie auf Kosten der Gaswerke verlegt. Sie verbleiben im
Eigentum der Werke.

Für die Vororte, mit welchen Sonderverträge geschlossen sind,
behält es bei den darin getroffenen Bestimmungen sein Bewenden.

§ 4.

Über die Kosten einer von den Gaswerken auszuführenden Gas=
anlage wird dem Besteller auf Verlangen ein Preisverzeichnis und,
wo es sich um größere Anlagen handelt, ein Kostenanschlag zur Ver=
fügung gestellt.

Die Direktion ist berechtigt, die Kosten ganz oder teilweise im
voraus einzuziehen. Der für erforderlich erachtete Kostenvorschuß
ist nicht bei der Revierinspektion, sondern stets bei der Werksein=
ziehungsabteilung, Neue Friedrichstr. 109 (Ecke Stralauer Straße),
einzuzahlen.

Über die Einzahlung des Kostenvorschusses wird eine Empfangs=
bescheinigung erteilt.

Die Verwaltung ist berechtigt, die Rückzahlung des Vorschusses
an den Einlieferer der Empfangsbescheinigung ohne Prüfung der
Empfangsberechtigung zu leisten.

Nach Fertigstellung der Anlage wird die Kostenrechnung nach
dem von der Direktion festgesetzten Tarife aufgestellt. Die Be=
gleichung der Rechnung bzw. die Bezahlung etwaiger den Vorschuß
übersteigender Kosten hat sofort bei Vorlegung der Rechnung zu
erfolgen.

Das Eigentum an der Anlage geht auf den Besteller erst über,
nachdem die Kosten derselben voll bezahlt sind.

Gasmesser.

§ 5.

Der Gasmesser wird dem Gasabnehmer zu einem bestimmten jährlichen Mietspreise vorgehalten und verbleibt im Eigentum der Gaswerke. Jedoch steht es dem Gasabnehmer auch frei, einen Gasmesser von den Gaswerken käuflich zu erwerben oder sich durch die Gaswerke einen ihm bereits gehörigen und vorschriftsmäßig geeichten Gasmesser aufstellen zu lassen. In letzterem Falle muß jedoch der Gasmesser vor der Inbetriebsetzung von den Gaswerken auf seine Richtigkeit untersucht werden.

Die Kosten für die an den mietweise überlassenen Gasmessern erforderlich werdenden Ausbesserungen, soweit sie durch Mängel des Materials oder der Arbeit oder durch gewöhnliche Abnutzung nötig werden, tragen die Gaswerke. Sonstige Ausbesserungskosten für beschädigte Gasmesser müssen die Gasabnehmer erstatten, falls sie nicht den Nachweis führen, daß die Beschädigungen ohne ihr Verschulden verursacht sind.

Ausbesserungen an solchen Gasmessern, welche dem Gasabnehmer gehören, werden von den Gaswerken auf Kosten des Gasabnehmers ausgeführt und sind sofort nach vollendeter Ausführung zu bezahlen.

Die Entscheidung über die Größe sowie über die Art der Aufstellung des zur Gasabnahme zu benutzenden Gasmessers bleibt ausschließlich dem pflichtmäßigen Ermessen der Direktion überlassen.

Die Kosten für die Aufstellung der Gasmesser sind von den Gasabnehmern zu tragen. Die Abnahme der Gasmesser erfolgt auf Kosten der Gaswerke, soweit nicht infolge baulicher Veränderungen, welche nach Aufstellung der Gasmesser am Aufstellungsorte vorgenommen sind, durch die Abnahme und Fortschaffung besondere Kosten entstehen. Letztere sind von den Gasabnehmern zu tragen.

Die Miete wird zugleich mit dem Entgelt für das entnommene Gas erhoben und beträgt zurzeit jährlich für einen Gasmesser:

zu 3 Flammen	2,40 M.,		zu	30 Flammen	7,20 M.,
„ 5	„	3,00 „	„	40	„	9,00 „
„ 10	„	4,20 „	„	60	„	12,00 „
„ 15	„	6,00 „	„	80	„	15,00 „
„ 20	„	6,00 „	„	100	„	18,00 „

zu 150 Flammen 28,80 M.	zu 500 Flammen 66,00 M.
„ 200 „ 36,00 „	„ 1000 „ 96,00 „
„ 300 „ 48,00 „	

Für größere Gasmesser wird die Miete besonders festgestellt.

Lieferung des Gases.

§ 6.

Die Gaswerke verpflichten sich, zu jeder Tages- und Nachtzeit den Gasabnehmern das erforderliche Gas in hinreichender Menge zu liefern.

Sollten die Werke jedoch durch Feuersgefahr, Explosion, Naturereignisse, Krieg, Arbeiterausstand oder sonst durch Ursachen, deren Verhinderung nicht in ihrer Macht liegt, in der Gasbereitung und der Zuführung des Gases zu den Abnehmern behindert sein, so hört die Verpflichtung zur Gaslieferung so lange auf, bis die Störungen beseitigt sind. Der Gasabnehmer kann in derartigen Fällen Entschädigungen irgendwelcher Art gegen die Gaswerke nicht geltend machen.

§ 7.

Sofern die Gasanlage des Gasabnehmers mit den Hauptröhren der städtischen Gaswerke nicht in direkter Verbindung steht, sondern mit einer oder mehreren Leitungen nur ein gemeinsames Gaszuführungsrohr besitzt oder erst durch einen von einem anderen Abnehmer benutzten Gasmesser gespeist wird, so kann keiner der beteiligten Gasabnehmer einen Anspruch gegen die Gaswerke geltend machen, wenn aus irgendeiner Veranlassung die Zuführung des Gases zu dem gemeinsamen Gaszuführungsrohre oder zu dem Hauptgasmesser versagt werden muß.

§ 8.

Die Lieferung des Gases erfolgt im allgemeinen nur unter Benutzung eines ordnungsmäßig geeichten Gasmessers.

Wenn die Aufstellung eines Gasmessers mit großen Schwierigkeiten verknüpft ist, kann ausnahmsweise Gas auch ohne Gasmesser abgegeben werden, doch müssen sich die Gaswerke hierüber die jedesmalige Bestimmung der Modalitäten der Lieferung vorbehalten.

§ 9.

Bei der Benutzung des Gases durch Gaskraftmaschinen muß die Leitung zwischen dem Gasmesser und der Maschine mit einer

Vorrichtung zur Verhinderung der Druckschwankungen versehen sein welche so vollkommen wirkt, daß bei Vornahme einer Untersuchung für keine Gangart der Maschine an einem hinter dem Gasmesser und vor der Regulierungsvorrichtung anzubringenden Wassermanometer oder Argandbrenner sich Druckschwankungen bemerklich machen.

Der für die Gaskraftmaschine aufzustellende Gasmesser muß in der Regel so groß sein, daß derselbe der doppelten Menge des für den vollen Betrieb der Maschine erforderlichen Gasbedarfs entspricht; für jede Pferdekraft sind hierbei 10 Flammen zu rechnen. Dem Ermessen der Direktion bleibt es jedoch überlassen, je nach der Konstruktion des Motors die Größenbemessung des Gasmessers (pro Pferdekraft) herabzusetzen. Die Gaswerke behalten sich das Recht vor, die Zuführung des Gases zur Gaskraftmaschine zu versagen oder die etwa bereits eingerichtete Zuführung zu unterbrechen, falls den vorstehenden Bedingungen nicht genügt ist, oder wenn die zur Aufhebung der Druckschwankungen getroffene Einrichtung sich als unwirksam erweist.

Preis des Gases.
§ 10.

Der Preis für das durch Gasmesser verbrauchte Gas wird von den Gemeindebehörden festgestellt.

Zurzeit beträgt derselbe

dreizehn Pfennig für das Kubikmeter,
worauf ein Rabatt von 5% gewährt wird.

Für Gas, welches mittels Automatgasmesser entnommen wird, ist ein besonderer Preis festgesetzt.

Für das ohne Gasmesser verbrauchte Gas wird der Verbrauch nach Maßgabe der Größe der Brenner und der Zeit, während welcher dieselben benutzt werden, festgestellt. Dabei wird das Kubikmeter mit zwanzig Pfennigen berechnet. Der hiernach für die einzelne Flamme zu zahlende Preis wird dem Gasabnehmer vor Eröffnung der Leitung mitgeteilt.

Abweichungen von diesem Preise sind bei Abgabe von Gas für Privatstraßen oder an andere Gemeinden oder Angehörige anderer Gemeinden auf Grund besonderer Vereinbarung zulässig.

Über die ursprünglich angegebene Brennzeit hinaus dürfen Flammen, welche ohne Gasmesser benutzt werden, nur nach vorangegangener Anzeige an die Direktion benutzt werden, welche den Preis für die längere Benutzung festsetzt.

Wenn eine solche Anzeige nicht erfolgt ist, sich aber bei der Kontrolle der Flammen eine längere Brennzeit herausstellt, so ist die Direktion berechtigt, ohne vorgängige richterliche Entscheidung die Zuleitungsröhren abzusperren und die fernere Zuführung des Gases von der Aufstellung eines Gasmessers abhängig zu machen.

Feststellung der Menge des zugeführten Gases und Bezahlung.

§ 11.

Die Berechnung und Bezahlung des zugeführten Gases erfolgt grundsätzlich vierteljährlich. Der Direktion steht jedoch das Recht zu, kürzere Zahlungsperioden festzusetzen oder auf Antrag zu genehmigen.

Vor Schluß jedes der Berechnung der Menge des zugeführten Gases zugrunde liegenden Zeitabschnittes wird von den Gaswerken der Gasmesserstand aufgenommen und dem Gasabnehmer bzw. dem Vertreter desselben eine Bescheinigung, auf welcher der Stand des Gasmessers verzeichnet ist, ausgehändigt.

§ 12.

Auf Grund des aufgenommenen Gasmesserstandes wird die Menge des zugeführten Gases ermittelt. Die Rechnungen über diese Gasmenge sowie über die Miete für den Gasmesser sind am Verbrauchsort zu begleichen und werden seitens der Gaswerke eingezogen. Andere Zahlstellen können nur zugestanden werden, wenn sie innerhalb des Weichbildes der Stadt Berlin liegen. Die Rechnungen sind sofort bei der Vorlegung zu begleichen.

Einwände der Gasabnehmer gegen die Richtigkeit der Rechnungen sind nur zulässig, wenn sie spätestens bis zum Zahlungstermin der nächsten Rechnung erhoben werden.

§ 13.

Die Direktion ist jederzeit, auch im Verlauf der Gaslieferung, berechtigt, Zahlung im voraus oder Bestellung einer von ihr festzusetzenden Sicherheit zu verlangen. Über die Einzahlung der Sicherheit wird eine Empfangsbescheinigung erteilt. Die Gaswerke sind berechtigt, die Sicherheit an den Einlieferer der Empfangsbescheinigung ohne Prüfung der Empfangsberechtigung zurückzuzahlen. Die Sicherheit kann von den Gaswerken vereinnahmt werden, falls sie binnen eines Jahres nach Einstellung der Gasbenutzung nicht zurückgefordert ist.

Zahlung für den Verbrauch der ohne Einschaltung eines Gasmessers brennenden Flammen hat stets vierteljährlich im voraus zu erfolgen.

§ 14.

Wenn der Gasmesser entfernt wird und Zuführung von Gas durch ein Verbindungsrohr ohne Gasmesser erfolgt ist, so wird für diesen Verbrauch der Rechnung eine von der Direktion vorzunehmende Schätzung zugrunde gelegt, welche der Gasabnehmer als für sich verbindlich anzuerkennen hat.

Findet sich bei der Standaufnahme, daß der Gasmesser unrichtig oder gar nicht gezählt hat, so wird der Gasverbrauch nach dem Verhältnis der Gasentnahme eines der Jahreszeit entsprechenden früheren Vierteljahres von der letzten Aufnahme des Gasmesserstandes ab festgestellt. Ist ein Gasverbrauch früherer Vierteljahre nicht festgestellt, dann wird nach Absatz 1 dieses Paragraphen verfahren.

§ 15.

Sofern sonst widerrechtlich in fahrlässiger oder absichtlicher Weise eine Entnahme von Gas ohne Benutzung eines Gasmessers stattgefunden hat, ist der Gasabnehmer verpflichtet, außer dem Preis, welcher für das ohne Gasmesser verbrauchte Gas gemäß § 10 zu entrichten ist, noch außerdem 20 Pfennig pro Kubikmeter als Vertragsstrafe zu zahlen. Der Gasverbrauch wird nach der Größe der hergestellten Auslaßöffnung und nach der nachgewiesenen oder, falls ein Nachweis nicht zu erbringen, vermutlichen Brenndauer seitens der Gaswerke festgesetzt. Läßt sich der tatsächliche Verbrauch nicht mit annähernder Sicherheit ermitteln, so sind die Gaswerke auch befugt, für jeden unzulässigerweise eingerichteten Gasauslaß eine Vertragsstrafe von 75 ℳ von dem Inhaber der Wohnung zur Zeit der Entdeckung des Auslasses einzuziehen. Dem Ermessen der Direktion bleibt es überlassen, die strafrechtliche Verfolgung zu beantragen.

§ 16.

Der Gasabnehmer ist verpflichtet, sobald er das Gas nicht mehr benutzen will, dies der zuständigen Revierinspektion schriftlich anzu-

zeigen. Meldet der Gasabnehmer die Gasbenutzung nicht ab, ſo
bleibt er ſo lange für die Bezahlung des verbrauchten Gaſes verpflichtet,
bis die ordnungsmäßige Anzeige erfolgt iſt und die Abnahme des Gas=
meſſers hat ſtattfinden können.

Kontrolle der Gaswerke über die Gasanlagen.
§ 17.

Den Gaswerken ſteht das Recht zu, die Gasmeſſer und Rohr=
leitungen ſowie die Räume, welche mit Gasanlagen verſehen ſind,
von Zeit zu Zeit zu revidieren und, wenn es erforderlich iſt, Waſſer
auf die Gasmeſſer füllen zu laſſen ſowie den Gebrauch an Gas zu
kontrollieren. Der Gasabnehmer muß unweigerlich zwiſchen 7 Uhr
morgens bis 8 Uhr abends und in Fällen der Gefahr jederzeit den
Beauftragten der Gaswerke den Zutritt zu dem Gasmeſſer und den
Rohrleitungen geſtatten und iſt für jeden Fall der Weigerung eine
Vertragsſtrafe von 30 ℳ zu entrichten verpflichtet.

§ 18.

Der Direktion ſteht das Recht zu, falls der Gasabnehmer ohne
Erlaubnis der Gaswerke Abänderungen der Gasanlagen (§ 1) oder
bauliche Veränderungen am Aufſtellungsorte des Gasmeſſers vor=
nehmen läßt, wodurch die Gaswerke benachteiligt werden können,
oder der Zutritt zu den Rohrleitungen, Gasmeſſern oder den durch
Gas beleuchteten Räumen erſchwert oder unmöglich gemacht
wird, ohne vorherige richterliche Entſcheidung die Zuleitungsröhren
abſperren und abſchneiden zu laſſen und die weitere Gaslieferung
unter Fortnahme des den Gaswerken gehörigen Gasmeſſers einzu=
ſtellen. Das gleiche gilt bei ſonſtiger Verweigerung des Zutritts (§ 15)
und wenn die in den §§ 4, 11, 12 und 13 feſtgeſetzten Zahlungen nicht
pünktlich geleiſtet werden.

Benutzt ein Gasabnehmer Gas an mehreren Stellen, ſo behält
ſich die Direktion vor, im Falle einer derartigen Zuwiderhandlung
an einer Verbrauchsſtelle die Gaslieferung auch für ſämtliche übrigen
Stellen abzulehnen. Die Koſten für die Abſchneidung der Zuleitung,
für die Fortnahme der Gasmeſſer und für die etwaige Wiederher=
ſtellung der betr. Anlagen hat der Gasabnehmer zu tragen.

§ 19.

Eine Aufhebung oder Abänderung dieſer Bedingungen bleibt
nach vorangegangener dreimonatlicher Kündigung vorbehalten.

Letztere erfolgt durch Bekanntmachung in den für die amtlichen Veröffentlichungen des Magistrats bestimmten hiesigen Zeitungen.

Berlin, den 16. März 1911.

Deputation der städtischen Gaswerke.

Namslau.

Bedingungen für die Gasentnahme durch Münzgasmesser aus den städtischen Gaswerken und die Vermietung von Gesamteinrichtungen für Leucht= und Kochgas vom 17. 2. 1913*).

§ 1.

Die städtischen Gaswerke stellen Einrichtungen für Leucht= und Kochgas in Wohnungen, Geschäftsräumen, Werkstätten, Lager= räumen usw. unentgeltlich her und vermieten dieselben unter den folgenden Bedingungen.

§ 2.

Der Mieter hat bei jeder Anmeldung eine Einwilligungser= klärung des Hausbesitzers beizubringen. Außerdem hat der Antrag= steller die Bedingungen für die Gasentnahme aus den städtischen Gaswerken und die vorliegenden Bedingungen unterschriftlich an= zuerkennen. Die Entscheidung, ob und inwieweit einem Antrag auf mietsweise Überlassung von Gesamteinrichtungen entsprochen werden soll, ist ausschließlich und endgültig den Gaswerken überlassen. Die Ausführung der Anlagen erfolgt in jedem Revier nach der Reihenfolge der Anmeldungen.

§ 3.

Eine Kündigungsfrist ist für beide Vertragsteile nicht zu wahren. Der Mieter ist jedoch verpflichtet, einen Wohnungswechsel acht Tage vor dem Stattfinden desselben den Gaswerken anzuzeigen. Stellt der Gasabnehmer den Verbrauch ein und erwirbt die Röhrenanlage nicht, sind die Gaswerke berechtigt, aber nicht verpflichtet, am Tage der Abmeldung oder später die Lampen, Apparate oder Leitungen fortzunehmen. Die mit dieser Arbeit Beauftragten dürfen bei der Ausführung nicht behindert werden, und ist ihnen das Betreten der

---

*) (Gemeindebeschluß v. 14./20. Juni 1901, Gemeindeblatt Seite 275 ff., u. v. 18. 3./14. 4. 1910, Gemeindeblatt Seite 194/5. Akten V, 5a, Band 2, 3, 6). Gemeindebeschluß v. 6. 2. 13, Gemeindeblatt Seite 57 (J.=Nr. 9307, Erl. 1/12), Akten V, 5a.

Räumlichkeiten, in denen die Gaseinrichtung sich befindet, unweiger=
lich zu gestatten.

§ 4.

Die mietsweise Überlassung von vollständigen Gaseinrichtungen
findet in der Regel nur für Räumlichkeiten statt, welche einen jähr=
lichen Mietswert von mindestens 200 ℳ haben.

Der zulässige Mindestverbrauch einer Münzgasmessereinrichtung
wird auf 25 cbm für 1 Monat oder 300 cbm für ein Jahr mit der Maß=
gabe festgesetzt, daß, sofern weniger Gas verbraucht ist, für jedes
Kubikmeter des Minderverbrauches 3 ₰ zu entrichten sind. Die be=
zügliche Abrechnung findet bei fortlaufender Gasabnahme am
Schlusse des Verbrauchsjahres, im Falle der Abmeldung bei Ein=
stellung des Gasverbrauches statt.

§ 5.

Die von den Gaswerken mietsweise überlassene Gesamteinrich=
tung darf höchstens umfassen: einen fünfflammigen Automatgas=
messer, die Zuleitungen, die Zimmerleitungen, 2 Lyren oder Hänge=
arme, einen Wandarm und einen Zweilochkocher. Auf Antrag kann
unter Weglassung eines der genannten Ausrüstungsgegenstände
an Stelle der Zweilochplatte eine Dreilochplatte gewährt werden.
Die Beleuchtungsgegenstände sind ausschließlich für Glühlicht ein=
gerichtet. Es steht dem Abnehmer frei, bei Beginn des Mietsverhält=
nisses einen größeren oder kleineren Brenner aufsetzen zu lassen.
Glühkörper, Schirme, Zylinder und Glocken werden nur bei einer
erstmaligen Einrichtung kostenfrei dargeliehen. Bei der mietsweisen
Überlassung vollständiger Gaseinrichtungen finden nur fünfflammige
Automatgasmesser Verwendung. Die Zahl und Art der mietsweise
zu überlassenden Gasapparate wird innerhalb der oben angegebenen
Grenzen in jedem Falle ausschließlich und endgültig durch die Gas=
werke bestimmt. Der Abnehmer darf andere Apparate nur dann an
die mietsweise überlassene Einrichtung anschließen lassen, wenn die
gesamten Apparate keinen höheren Gasbedarf als 1200 l in einer
Stunde haben. Der Anschluß darf nur durch die städtischen Gaswerke
erfolgen.

§ 6.

Der Mieter verpflichtet sich, die ihm zur Benutzung überlassenen
Gegenstände in brauchbarem Zustande zu erhalten und demnach die
Kosten aller zur Erhaltung dieses Zustandes notwendigen Repara=

turen und Ergänzungen zu tragen. Ausgenommen sind nur die
Kosten solcher Reparaturen und Ergänzungen, von denen der Mieter
beweist, daß sie durch Mängel des Materials oder der Arbeit ohne
sein Verschulden oder durch gewöhnliche Abnutzung erforderlich
geworden sind. Von etwaigen Schäden an den mietsweise überlassenen Gegenständen ist den städtischen Gaswerken sofort Mitteilung zu machen.

§ 7.

Der Preis für das verbrauchte Gas sowie die Höhe des Miets-
zinses wird von den Gemeindebehörden festgestellt. Zurzeit beträgt
der Preis des Gases 12,35 ₰, die Miete für die Gesamteinrichtung
2,46 ₰ pro Kubikmeter, so daß der Automatgasmesser 675 l Gas für
10 ₰ abgibt. Allein maßgebend für die Bezahlung des Gases und
der Miete sind die Angaben des Gasmessers auf dem Zifferblatt der
Gasuhr, so daß, gleichgültig, ob die Kasse des Automatgasmessers
mehr oder weniger Geld enthält, als dem Stande der Gasuhr entspricht, die endgültige Abrechnung ausschließlich auf Grund der Angaben der Gasuhr erfolgt. Die verschlossene Geldbüchse wird durch
legitimierte Beauftragte abgeholt. Der Verschluß an dem Geld-
kasten darf nur durch diese Beauftragten gelöst werden, welchen jederzeit zur Gelderhebung freier Zutritt zu der Gaseinrichtung zu gestatten ist. Die Direktion der Gaswerke ist berechtigt, etwa fehlende
Geldbeträge von den Gasabnehmern und Mietern einzuziehen.

§ 8.

Sämtliche gemieteten Gegenstände bleiben Eigentum der städtischen Gaswerke und dürfen von dem Mieter weder entfernt, noch
verändert, noch verkauft werden. Von einer etwa erfolgten Pfändung
derselben hat der Mieter den Gaswerken sofort Mitteilung zu machen.
Er verpflichtet sich, alle Kosten der etwaigen Prozesse zu tragen,
welche die Stadt zu führen genötigt ist, um ihre Rechte an genannten
Gegenständen gegenüber dritten Personen zu wahren, soweit solche
Kosten nicht von dem unterliegenden Prozeßgegener ohne Zwangsvollstreckung zu erlangen sind. Der Mieter haftet den städtischen Gaswerken für die aus der Unterlassung sofortiger Anzeige entstehenden
Nachteile. Er haftet für den Ersatz abhanden gekommener oder be-
schädigter Teile der gemieteten Gegenstände. Er ist nicht befugt,
sofern er seine Wohnung aufgibt, die gemieteten Gegenstände ohne
Genehmigung und Mitwirkung der städtischen Gaswerke dem Nach-

folger im Mietsbesitze der Wohnung zu überlassen, vielmehr bleibt er den städtischen Gaswerken in Gemäßheit dieses Vertrages haftbar, bis der Vertrag ordnungsmäßig gelöst ist.

§ 9.

Die Lieferung des Gases darf nur durch die städtischen Gaswerke erfolgen. Sollte der Gasabnehmer das Gas anderweitig entnehmen wollen, so hat er entweder die Einrichtung zurückzugewähren oder sie zu den in den Preisverzeichnissen der städtischen Gaswerke festgesetzten Preisen anzukaufen.

§ 10.

Durch Ingebrauchnahme der vorhandenen Gegenstände unterwirft sich der Gasabnehmer ausdrücklich diesen Bedingungen und haftet den städtischen Gaswerken für alle aus der Verletzung derselben entstehenden Nachteile. Jede Außerachtlassung der hiernach dem Mieter obliegenden Verpflichtungen berechtigt die städtischen Gaswerke, die Gaslieferung einzustellen und die gemieteten Gegenstände sofort zurückzunehmen.

§ 11.

Soweit nicht durch die vorhergehenden Bestimmungen die jeweilig in Kraft befindlichen Bedingungen für die Gasentnahme aus den städtischen Gaswerken ausdrücklich aufgehoben sind, bleiben auch die Bedingungen für die Gasentnahme durch Automatgasmesser aufrecht erhalten.

Berlin, den 17. Februar 1913.

Deputation der städtischen Gaswerke.

gez. Rast.

Bekanntmachung, betreffend die Überwachung der Flur- und Treppenbeleuchtung, vom 8. März 1912*).
Band 1.

Den Hausbesitzern entstehen häufig durch die unsachgemäße Bedienung der Flur- und Treppenbeleuchtung Unannehmlichkeiten und unnötige Kosten.

Wir sind daher bereit, die Überwachung der Flur- und Treppenbeleuchtung bei billigen Preisen zu den umstehenden Bedingungen

---

*) Gemeindeblatt 1912, S. 218, Akten V 27, Band 1.

zu übernehmen und bitten, falls dies gewünscht wird, die beiliegende
Bestellkarte auszufüllen und der zuständigen Revierinspektion zu
übersenden.

Berlin, den 8. März 1912.

Direktion der städtischen Gaswerke.

Fürst.   Schimming.

Bedingungen für die Überwachung der Flur-
und Treppenbeleuchtung.

1. Die Gaswerke verpflichten sich, die Überwachung der Flur- und
Treppenbeleuchtung zu übernehmen, und zwar findet statt:
   a) Einmaliges Nachsehen und Reinigen im
      Monat gegen ein monatliches Entgelt von 10 Pf. für
      jede Flamme.
   b) Ersatz unbrauchbarer Glühkörper und anderer Brennerteile,
      wobei für Glühkörper folgende Preise zu zahlen sind:
      für stehendes Glühlicht: 1 Glühstrumpf für
      Normalbrenner 28 Pf., Juwel-, Liliput-, Babybrenner
      27 Pf., Gnom-, Zwergbrenner 25 Pf.;
      für hängendes Gasglühlicht (Grätzin, Auer):
      1 Glühstrumpf für Normalbrenner 45 Pf., Juwel-
      brenner 40 Pf., Zwergbrenner 35 Pf. Preisverände-
      rungen bleiben vorbehalten.
   Andere Brennerteile werden, soweit sie bei den Gaswerken
   vorrätig sind, zu billigsten Tagespreisen ersetzt.
2. Die Bezahlung hat vierteljährlich nachträglich an die Revierinspektionen bei der ersten Vorlegung der Quittung zu erfolgen.
3. Die Kündigung der Überwachung der Flur- und Treppenbeleuchtung darf für beide Teile ohne Einhaltung einer Kündigungsfrist zum Schlusse jedes Monats erfolgen.

Berlin, den 8. März 1912.

Direktion der städtischen Gaswerke.

Fürst.   Schimming.

Verfügung des Magistrats vom 15. Oktober 1877, betreffend die Abschneidung der Gasleitung als Zwangsmittel *).

Berlin, den 15. Oktober 1877.

Magistrat
hiesiger Königlichen Haupt=
   und Residenzstadt.
Nr. 2821 F. B.

In betreff des Zwangsmittels der Abschneidung der Gasleitung sind wir der Ansicht, daß dasselbe füglich nicht in allen Fällen, in denen Zahlungen beizutreiben sind, sofort und in aller Strenge in Anwendung gebracht werden kann. Bei Benutzung dieses, leicht gehässig erscheinenden Zwangsmittels muß vielmehr immer in Betracht gezogen werden, daß die Gas=Anstalt, wenn sie auch als industrielles Unternehmen betrachtet wird, doch ein kommunalisches Institut ist, welches nicht überall dem Publikum gegenüber so auftreten kann, als dies einem Privatunternehmer gestattet ist. Unrichtig würde die Anwendung dieses Zwangsmittels sein, wenn auf Seiten der Gas=konsumenten böser Wille nicht vorliegt, und wenn durch die Androhung derselben derjenige Konsument, welcher rechtliche Einwendungen gegen den Umfang seiner Zahlungsverbindlichkeit erhebt, in die ungünstigere Lage des Klägers tritt, während er der Verklagte sein sollte.

Wir haben dagegen, daß die Abschneidung der Leitungen erfolgt, wenn der Betrag für das entnommene Gas nicht gezahlt wird, nichts einzuwenden, indes muß auch hierbei, sofern die Gas=Anstalt keinen Schaden leidet, immer noch eine gewisse Rücksicht beobachtet werden, wenn dem Konsumenten durch die plötzliche, zu schnell veranlaßte Abschneidung ein unverhältnismäßig großer Nachteil verursacht werden würde. Wir halten es übrigens für zweckmäßig, daß das Kuratorium die Fälle, in denen in der Regel die Abschneidung der Leitung erfolgen darf und soll, näher feststellt. Daß die Leitungen, weil für ein Grundstück eine Zahlung verzögert oder aus irgend einem Grunde verweigert wird, in der Regel in mehreren oder allen Grundstücken desselben Eigentümers abgeschnitten werden, können wir nicht für zulässig erachten. Dies darf höchstens dann geschehen, wenn sich herausstellt, daß der Eigentümer vollständig zahlungsunfähig und daß es nicht möglich ist, die Stadtgemeinde in anderer Weise vor Nach=

---

*) Akten **V** 1, Band 3.

teil zu sichern. Da derartige Fälle selten sein werden, so wolle das Kuratorium die Entscheidung über die Abschneidung aller in mehreren Grundstücken liegenden Gasleitungen e i n e s Konsumenten sich für die Zukunft vorbehalten.

Magistrat hiesiger Königlichen Haupt= und Residenzstadt.

gez. H o b r e c h t.

An
das Kuratorium der städtischen
Gas=Erleuchtungs=Anstalten.

Allgemeine Bedingungen über den Verkauf von Koks aus den städtischen Gasanstalten der Stadt Berlin.

§ 1.

Der Koks wird in derjenigen Qualität zum Verkauf gestellt, wie er in den Gasanstalten der Stadt Berlin bei der Fabrikation von Gas aus Steinkohlen gewonnen und durch Lagerung, Verladung und Aufbereitung eventuell verändert wird, ohne daß eine Garantie für die Qualität desselben und für eine bestimmte Anzahl Wärme=einheiten pro Kilogramm übernommen wird.

§ 2.

Die Abgabe von Koks erfolgt mit Ausnahme des durch die Eisen=bahn zur Versendung gelangenden Koks, welcher nach Gewicht ab=gegeben wird, nach Hohlmaßen. Nur in Ausnahmefällen kann auch Koks bei Landtransport durch Fuhrwerk, wenn größere Mengen innerhalb einer kurzen Frist abgenommen werden, auf besondere Vereinbarung hin, nach Gewicht abgegeben werden. Das hiernach von der absendenden Anstalt angegebene Gewicht wird der Berechnung zugrunde gelegt. Reklamationen müssen innerhalb 24 Stunden nach Empfang der Ware erhoben werden. Das Einmessen des Kokses mittels Hohlmaß geschieht unter Aufsicht eines Koksvermessers der Gasanstalt. Dem Abnehmer steht das Recht zu, das Einmessen an Ort und Stelle zu kontrollieren. Ebenso behält sich die Direktion das Recht vor, jederzeit eine Nachprüfung der Genauigkeit des Gewichts bzw. des Maßes der mit Koks beladenen Fuhrwerke, bevor dieselben den Anstaltshof verlassen, vorzunehmen. Die Vermessungsangabe der Gasanstalt ist maßgebend für die Bezahlung des Kokses seitens des Abnehmers; derselbe verzichtet ausdrücklich auf einen Einspruch

gegen die von der Gasanstalt endgültig festgesetzte Zahl der Hohl-
maßeinheiten. Das Gewicht des verladenen Kokses wird auf den
Zentesimalwagen der Gasanstalten in der Weise festgestellt, daß der
leere und der beladene Wagen gewogen wird. Reklamationen wegen
Gewichtsdifferenzen, welche dadurch entstehen, daß der Waggon bei
Regen= oder Schneewetter beladen und bei trockenem Wetter entladen
wird, werden nicht berücksichtigt. Die Lieferung erfolgt frei Waggon
oder frei Kahn zu den nach der Versandart vereinbarten Preisen.
Der Preis für Waggonladung versteht sich frei Anschlußbahnhof
der Gasanstalten, wobei die Anordnung getroffen wird, daß für
Überführungsgebühr ein für allemal der Betrag von 2 ℳ pro
Waggon neben dem Preise für den Koks berechnet wird.

Der Transport geschieht auf Gefahr und Kosten des Abnehmers;
die Gasanstalt kommt für Bruch, welcher durch Verladen und den
Transport entsteht, sowie für Verluste durch Diebstahl, Verlorengehen usw. nicht auf. Bei Abnahme des Kokses mittels Fuhrwerks
ist ein eventuell notwendig werdendes Planieren des Kokses auf den
Fuhrwerken Sache des Abnehmers, es dürfen indes hierfür unter
keinen Umständen Werkzeuge oder Geräte der Gasanstalt benutzt
werden. Der Abnehmer hat für jeden Unfall, welcher beim Planieren
durch ihn und seine Leute vorkommt, aufzukommen.

Bei dem Versand von Koks in Waggons zu 10 t werden die
Gasanstalten tunlichst Spezialwagen oder passende Wagen von
200 Zentner Tragfähigkeit benutzen. Sie behalten sich aber das Recht
vor, wenn solche Wagen nicht verfügbar sind, und der Koks bald geliefert werden soll, größere Wagen zu nehmen, ohne daß darum der
Käufer berechtigt wäre, wegen der zu zahlenden Mehrfracht Rekla-
mation zu erheben. Der Frachtbriefstempel ist vom Käufer zu tragen.

<h3 style="text-align:center">§ 3.</h3>

Die Direktion der städtischen Gaswerke ist berechtigt, soweit
nichts anderes bedungen ist, den Koks von einer ihr beliebigen Anstalt abzugeben. Die dadurch etwa entstehenden Mehrkosten an
Eisenbahnfrachten trägt der Käufer.

<h3 style="text-align:center">§ 4.</h3>

Das gekaufte Quantum ist dergestalt abzunehmen, daß der Abruf
in gleichmäßigen Monatsmengen erfolgt. Den Gasanstalten steht
das Recht zu, die in einem Monat im Durchschnitt zuviel abgenomme-

nen Mengen auf die übrigen Lieferungen anzurechnen und die zu wenig abgenommenen Mengen überhaupt nicht, oder binnen einer von der Direktion festzusetzenden Frist zu liefern, während der Käufer einerseits verpflichtet ist, die durchschnittlich zu wenig abgenommenen Mengen Koks zu übernehmen, andererseits aber nicht berechtigt ist, die Nachlieferung zu fordern. Bestehen die Gasanstalten auf Abnahme der rückständigen Menge, soll der Käufer binnen einer Frist von vier Wochen nach Ablauf des Endtermines der Lieferungen zur Abnahme aufgefordert werden.

§ 5.

Den Bestellungen sind ausgefertigte Frachtbriefe für die Empfänger und, soweit Benachrichtigungen gewünscht werden, adressierte und genügend frankierte Postkarten beizufügen.

§ 6.

Der Schriftwechsel über Koksbezug ist mit der Direktion der städtischen Gaswerke zu pflegen. Für direkte Verabredungen oder Vereinbarungen mit der einzelnen Anstalt übernimmt die Direktion weder Verantwortlichkeit noch Haftung.

§ 7.

Zur Sicherstellung der Erfüllung der vorstehenden Bedingungen hat jeder Käufer auf Erfordern der Direktion eine Sicherheit zu stellen. Die Direktion der Gaswerke ist berechtigt, bei unpünktlicher Erfüllung seitens des Käufers die rückständigen Beträge und einen ihr erwachsenen Schaden ohne weiteres und insbesondere, ohne daß darum der Klageweg beschritten zu werden braucht, aus der Kaution zu decken und zu diesem Zwecke die hinterlegten Wertpapiere freihändig an der Börse zu verkaufen.

§ 8.

Die Rechnungen über die verabfolgten Koksmengen werden nach dem Ermessen der Direktion entweder wöchentlich oder monatlich ausgestellt und sind binnen acht Tagen nach Empfang durch portofreie Zahlung an die Stadthauptkasse gegen deren Quittung zu begleichen. Wird indessen die Kaution durch die auflaufenden Rechnungsbeträge überschritten, steht der Direktion die Befugnis zu, jederzeit die Zahlung desjenigen Betrages zu fordern, um welchen der Rechnungsbetrag den Kautionsbetrag übersteigt.

§ 9.

Sollte eine städtische Gasanstalt durch Brandschaden, Natur=
ereignisse, Streik, Krieg, überhaupt durch höhere Gewalt, oder durch
Ursachen, deren Beseitigung nicht in der Macht der Gasanstalten
stand, in der Gasbereitung oder in der Koksabgabe verhindert sein,
so hört die Verpflichtung zur Lieferung des Kokses für das der Leistung
dieser Gasanstalt entsprechende Quantum so lange auf, bis die Störung
beseitigt ist, und wird die auf Grund des vorliegenden Abschlusses
zu geschehende Gesamtlieferung in dem Verhältnis reduziert, in
welchem die gesamte Koksproduktion sämtlicher Anstalten durch den
vorgenannten Produktionsausfall verringert wurde. Dem Käufer
erwächst hieraus weder ein Anspruch auf Entschädigung noch auf
Nachlieferung. Eine etwaige Nachlieferung des ausgefallenen Quan=
tums bleibt dem Ermessen der Direktion überlassen.

Berlin, den 2. Januar 1910.

Direktion der städtischen Gaswerke.

Fürst.   Schimming.

**Allgemeine Bedingungen über den Verkauf von Teer aus den städtischen
Gas=Anstalten zu Berlin vom 2. 1. 1910, Akten II 11a, Band 9.**

§ 1.

Der Teer wird in derjenigen Qualität zum Verkauf gestellt,
in welcher in den Gasanstalten der Stadt Berlin bei der Fabrikation
von Gas aus Steinkohlen gewonnen wird. Irgendwelche Garantie
für die Qualität desselben, sowie für eine Absonderung des ammonia=
kalischen Wassers aus dem Teer wird nicht übernommen.

§ 2.

Die Abgabe des Teers erfolgt nach Gewicht ohne Gefäß ab Gas=
anstalt. Das von der absendenden Anstalt angegebene Gewicht wird
der Preisberechnung zugrunde gelegt. Dem Abnehmer steht das
Recht zu, sich auf der Gasanstalt von der Richtigkeit des Gewichts
der Gefäße vor und nach dem Füllen derselben mit Teer zu über=
zeugen. Die Gewichtsangabe der Gasanstalt ist maßgebend
für die Bezahlung des Teers seitens des Abnehmers. Derselbe ver=
zichtet ausdrücklich auf einen Einspruch gegen die von der Gasanstalt
endgültig festgesetzte Gewichtsmenge. Das Gewicht des in Kessel=
wagen verladenen Teers wird auf den Zentesimalwagen der Gas=

anstalten in der Weise festgestellt, daß der leere und der beladene Wagen gewogen und die Differenz dieser beiden Wägeergebnisse eingesetzt wird. In dem Avis, in welchem der Teerabnehmer die Absendung eines leeren Bassinwagens der Gasanstalt anzeigt, ist zum Zweck der Vermeidung von Differenzen das im übrigen für die Gasanstalt unverbindliche, auf der Wage des Abnehmers festgestellte Gewicht der leeren Kesselwagen anzugeben.

Der Preis für Wagenladungen versteht sich ab Anschlußbahnhof der Gasanstalten, wobei die Vereinbarung getroffen wird, daß an Überführungsgebühr ein für allemal der Betrag von 2 ℳ für den Waggon als Zuschlag zu dem Preise für den Teer berechnet wird. Der Transport geschieht auf Gefahr und Kosten des Abnehmers. Die Gasanstalt kommt für Verluste durch Leckage, Diebstahl oder Verlorengehen usw. nicht auf. Den Frachtbriefstempel trägt der Abnehmer.

Der Abnehmer ist verpflichtet, die zum Versand des Teers notwendigen Gefäße selbst zu versorgen, auch der Direktion die etwa durch Reparaturen oder Nacharbeiten an den Versandgefäßen des Teers, Nachböttcherei usw. entstandenen Kosten zu ersetzen.

Die Abnahme des Teers kann je nach Wunsch durch Personen, durch Gespann oder durch Eisenbahn erfolgen. Für das Heranbringen der gefüllten Fässer von der Zapfstelle zur Verladestelle (bei Versand mittels Kahn bis an das Ufer) sind 10 Pfennig für das Faß seitens des Teerabnehmers an die Gasanstalt zu zahlen. Zur Beladung der Kähne werden keine Leute gestellt.

§ 3.

Die Gasanstalt ist berechtigt, soweit nichts anderes bedungen ist, den Teer von einer ihr beliebigen Anstalt abzugeben. Die dadurch entstehenden Mehrkosten für Transport und Eisenbahnfracht trägt der Abnehmer.

§ 4.

Der Teer muß, soweit es die Produktion und die Bestände zulassen und nicht besondere Abmachungen getroffen sind, innerhalb der Abschlußfrist in möglichst gleichmäßigen Raten abgenommen werden. Kommt der Abnehmer dieser Verpflichtung nicht nach, so ist bei gefahrdrohender Überfüllung der Anstaltszysternen die Gasanstalt berechtigt, die Differenz des nach diesen Bestimmungen bis

zu dem Zeitpunkt der Überfüllung der Zysternen abzunehmenden
und des tatsächlich bis zu dieser Zeit abgenommenen Teers zu jedem
Preis anderweitig zu verkaufen oder anderweitig (durch Feuerung
usw.) zu verwenden. Der vertragsmäßige Abnehmer haftet in diesem
Falle für den ganzen, der Gasanstalt durch dieses Verfahren ent=
standenen Schaden und verzichtet auf jeden Einwand gegen den durch
den anderweitigen Verkauf oder die anderweitige Verwendung des
Teers erzielten, nötigenfalls von der Gasanstalt selbst festgesetzten
Erlös. Die Gasanstalt entscheidet allein, wenn die Teerzysternen der=
selben als gefahrdrohend überfüllt anzusehen sind, und begibt sich der
Abnehmer ausdrücklich jeder Einrede in dieser Beziehung. Die ver=
traglich abzunehmende Menge verringert sich um diejenige, über welche
nach dem im vorhergehenden angegebenen Verfahren die Gasanstalt
anderweitig verfügt hat.

Findet bei ausreichenden Beständen in den Anstaltszysternen
(wann und wieweit die Bestände der Gasanstalten als ausreichend
anzusehen sind, entscheidet in jedem Falle allein die Gasanstalt) die
gleichmäßige, monatliche Abnahme mit $^1/_{12}$ des Jahresabschlusses
nicht statt, so steht den Gaswerken das Recht zu,
die in einem Monat im Durchschnitt zuviel abgenommenen Mengen
auf die übrigen Lieferungen anzurechnen und die zu wenig abge=
nommenen Mengen überhaupt nicht, oder binnen einer von der
Direktion festzusetzenden Frist zu liefern, während der Käufer einer=
seits verpflichtet ist, die durchschnittlich zu wenig abgenommenen
Mengen Teer zu übernehmen, andrerseits aber nicht berechtigt ist,
die Nachlieferung zu fordern.

Machen die Gaswerke von dem Recht der Nachlieferung Gebrauch,
so soll der Käufer zur Abnahme binnen einer Frist von vier Wochen
nach Ablauf des Endtermins des Gesamtabschlusses zur Abnahme
aufgefordert werden.

Erfolgt eine solche Aufforderung nicht, so ist dies als eine Ver=
zichtleistung auf die Nachlieferung anzusehen.

§ 5.

Der Schriftwechsel über Ankauf usw. von Teer ist mit der Di=
rektion der Gaswerke zu führen. Für direkte Verabredungen oder
Vereinbarungen mit einzelnen Anstalten übernimmt die Direktion
weder Verantwortlichkeit noch Haftung.

§ 6.

Zur Sicherstellung der Erfüllung der vorstehenden Bedingungen hat jeder Käufer auf Erfordern der Direktion eine Sicherheit zu stellen. Die Rechnungen über die abgenommenen Mengen Teer werden nach dem Ermessen der Direktion entweder wöchentlich oder monatlich ausgestellt werden und ist innerhalb acht Tagen nach Empfang die Zahlung des Betrages an die Stadthauptkasse portofrei zu leisten. Wird indessen die Kaution durch die auflaufenden Rechnungsbeträge überschritten, steht der Direktion die Befugnis zu, jederzeit die Bezahlung desjenigen Betrages zu fordern, um welchen der Rechnungsbetrag den Kautionsbetrag übersteigt.

Die Direktion der Gaswerke ist berechtigt, bei unpünktlicher Erfüllung seitens des Käufers die rückständigen Beträge und einen ihr erwachsenen Schaden ohne weiteres aus der Kaution zu decken und zu diesem Zwecke die hinterlegten Wertpapiere an der Börse zu verkaufen.

§ 7.

Sollte eine der städtischen Gasanstalten durch Brandschaden, Naturereignisse, Streik, Krieg, überhaupt durch höhere Gewalt oder durch Ursachen, deren Beseitigung nicht in der Macht der Gaswerke stand, in der Gasbereitung oder in der Teerabgabe verhindert sein, so hört die Verpflichtung zur Lieferung des Teers für die der Leistung dieser Gasanstalt entsprechende Menge so lange auf, bis die Störung beseitigt ist, und wird die auf Grund des vorliegenden Abschlusses zu geschehende Gesamtlieferung in dem Verhältnis verringert, in welchem die gesamte Teerproduktion sämtlicher Anstalten durch den vorbenannten Produktionsausfall verringert wurde.

Dem Käufer erwächst hieraus weder ein Anspruch auf Entschädigung noch auf Nachlieferung. Eine etwaige Nachlieferung des ausgefallenen Quantums bleibt dem Ermessen der Direktion überlassen.

Berlin, den 2. Januar 1910.

Direktion der städtischen Gaswerke.
gez. Fürst.   gez. Schimming.

Vierte Abteilung.

Gerichtliche Erkenntnisse betreffend die inneren Angelegenheiten der städtischen Gaswerke.

Erkenntnis des Großherz. Landgerichts zu Rostock vom 27. Juni 1891.
Die Art der zur Gasbenutzung erforderlichen Einrichtung und die Natur
der Gasbenutzung selbst bringt es mit sich, daß sich der darauf bezügliche Vertrag nicht direkt auf die Lieferung bestimmter Quantitäten
richtet, und daß eine Bestellung von Gas in diesem Sinne gar nicht
vorkommt. Es kann sich immer nur darum handeln, daß jemand das
Recht und die Möglichkeit erlangt, für seinen örtlich begrenzten Bedarf
Gas zu konsumieren. Die Höhe seiner Gegenleistung wird durch den
Umfang des Konsums bestimmt, zu dessen Feststellung die Gasmesser
dienen.
Wer mit einem Institute, wie es die städt. Gas-Anstalt in Berlin ist
kontrahiert, weiß, daß dieses nur unter bestimmten Bedingungen Gas
abgibt, und daß diese Bedingungen allgemein fixiert sind. Deshalb
ist es gleichgültig, ob er den Inhalt derselben beim Abschluß des Vertrages gekannt hat oder nicht. Er ist in gleicher Weise zur Kenntniß-
nahme veranlaßt, wie dies von den Reglements und Tarifen der öffentlichen Verkehrs-Anstalten gilt. Akten R 1607 *).

———

Erkenntnis des Königl. Landgerichts I in Berlin vom 30. April 1900.
Der Gaskonsument ist auf Grund der Bedingungen vom 1. Juli 1895
verpflichtet, den Konsum seiner Gasleitung so lange zu bezahlen, als
er die Gasbenutzung nicht abgemeldet hat und der Übergang der Gasleitung auf einen Rechtsnachfolger von den Beamten der Anstalt nicht
ermittelt worden ist. Recherchen nach einer etwaigen Rechtsnachfolger-
schaft des Konsumenten liegen den Beamten der Gaswerke nicht ob.
Es ist die Pflicht des Konsumenten, derartige Rechtsnachfolger den
Gaswerken zu melden. Akten G 1780 **).

———

*) Abgedruckt in der ersten Ausgabe Band 4, Seite 341 ff.
**) Abgedruckt in der ersten Ausgabe Band 4, Seite 354 ff.

Erkenntnis des Königl. Landgerichts I zu Berlin vom 9. Mai 1894.
Die Zwangsvollstreckung wegen Geldforderungen ist nur zulässig in
das Vermögen des Schuldners, nicht aber in Rechte, die nicht zum
Vermögen gehören.
Das Recht, zweiseitige lästige Verträge zu schließen und wieder auf=
zuheben, ist ein höchst persönliches Recht jeder rechtsfähigen Person und
unterliegt nicht der Einschränkung im Wege der Zwangsvollstreckung,
soweit nicht die Gesetze ausdrücklich etwas Abweichendes vorschreiben.
Ein Pfändungsbeschluß, der die Kündigung des Gaslieferungsvertrages
zum Gegenstand hat, ist also gesetzlich nicht zulässig und entbehrt des=
halb der rechtlichen Wirkung.   Akten S 2694 *).

Erkenntnis des Kgl. Amtsgerichts II vom 27. September 1898:
Bei einem über Gaslieferung geschlossenen Vertrage besteht die Ver=
pflichtung des Lieferanten nur darin, das Gas in die vom Gasmesser
ab beginnende, der Verfügungsgewalt des Gaskäufers unterliegende
Röhrenleitung zufließen zu lassen.   Alles Gas, welches den Gasmesser
passiert hat, ist im Besitz des Gaskäufers.   Akten W 7193 **).

---

  *) Abgedruckt in der ersten Ausgabe Band 4, Seite 358 ff.
 **) Abgedruckt in der ersten Ausgabe Band 4, Seite 362 ff.

Elektrizitätsangelegenheiten.

Einleitende Bemerkungen.

Die Erledigung aller elektrotechnischen Fragen, insbesondere die Kontrolle der elektrischen Beleuchtung und die Überwachung der den Berl. Elektr.-Werken vertragsmäßig auferlegten Verpflichtungen lag anfangs einem Dirigenten der Gaswerke ob, der diese Arbeiten nebenamtlich zuerst unentgeltlich, dann vom 1. 1. 1889 ab gegen eine jährliche Entschädigung (Magistratsbeschluß vom 4. 1. 89, J.-Nr. 3477. F. B. 1/88) auszuführen hatte.

Auf Anregung der Stadtverordnetenversammlung wurde am 5. Mai 1894 ein städtischer Elektrotechniker angestellt (Gemeindebe-schluß vom 22. 2. /2. 3. 1893, Gemeindeblatt Seite 127), dessen Wirkungskreis in der Stadtverordnetenvorlage J.-Nr. 2730 F. B. 1/92 wie folgt festgelegt wurde:

„Die dem Anzustellenden anzuweisende Tätigkeit wird sich dar-auf zu erstrecken haben, die Anlagen der Akt.-Ges. Berl. Elektr.-Werke, insbesondere die bei uns eingehenden Projekte über die Ausdehnung des Leitungsnetzes dieser Gesellschaft zu prüfen und deren Aus-führung namentlich in bezug auf den Schutz anderer in den Straßen vorhandenen Leitungen zu kontrollieren, die in Anwendung kommen-den Elektrizitätsmesser zu prüfen, bei Streitigkeiten zwischen der Gesellschaft und den Abnehmern sowie bei Verhandlungen mit den Staatsbehörden in bezug auf Telegraphen- und Telephonanlagen Gutachten abzugeben, die Projekte für städtische Beleuchtungsan-lagen aufzustellen, die Ausführung derselben zu kontrollieren, die Rechnungen darüber zu prüfen und die finanziellen Ergebnisse solcher Anlagen festzustellen, ferner bei Prüfung der Frage, ob und in welchem Umfange und unter welchen Bedingungen die Anlagen der Akt.-Ges. Berl. Elektr.-Werke in städtischen Betrieb zu übernehmen, die An-lage elektrischer Bahnen im städtischen Gebiete zu gestatten, als Sach-verständiger mitzuwirken. Auch muß vorbehalten bleiben, den anzustellenden Elektrotechniker bei Erledigung anderer einschlagender Angelegenheiten heranzuziehen, z. B. bei Prüfung der städtischen Blitzableiter, der Frage, wieweit die Blitzableitungen an die Gas- und Wasserrohrleitungen anzuschließen sind u. dgl." Die Dienste des städt. Elektrotechnikers können nach der Magistr.-Verfüg. v. 25. Juni 1894 — 993 G. B. I 94 — von den einzelnen Deputationen bzw. Dezernenten in Anspruch genommen werden, jedoch nur auf Grund der Requisitionen, welche von dem Dezernenten für elektrotechnische Angelegenheiten mitgezeichnet worden sind.

Da mit der Zeit die Arbeiten im elektrotechnischen Bureau einen größeren Umfang annahmen, mußten später weitere Kräfte angestellt werden; das Bureau hat zurzeit außer dem Stadtelektriker noch 3 etatsmäßige technische Beamte (2 Ingenieure und 1 Techniker).

Die öffentliche elektrische Beleuchtung untersteht wie die übrige öffentliche Beleuchtung den Gaswerken.

Vertrag*) der Stadtgemeinde Berlin mit der Aktien-Gesellschaft „Berliner Elektrizitätswerke" vom 14. März 1899).**

Zwischen der Stadtgemeinde Berlin, vertreten durch deren Magistrat, und der Aktien-Gesellschaft „Berliner Elektrizitätswerke", vertreten durch deren Vorstand, wird unter Aufhebung des Vertrages vom 25. August 1888 und des Zusatzvertrages vom 16./24. Mai 1890 folgender

Vertrag

abgeschlossen:

§ 1.

Die Stadtgemeinde Berlin gestattet der Aktien-Gesellschaft Berliner Elektrizitätswerke, in den Straßen des gegenwärtigen Weichbildes von Berlin Leitungen zur Fortführung der Elektrizität von deren Zentralstationen aus anzulegen und zur Anlage dieser Leitungen nebst Zubehör die der Stadtgemeinde eigentümlich

---

*) Dieser Vertrag ist in einzelnen Punkten durch das Zusatzabkommen vom $\frac{15.\ 2.}{20.\ 2.}$ 1907 (s. Seite 222) abgeändert worden.

**) Gemeindebeschluß v. $\frac{14.\ 4.}{17.11.}$ 1898, Gemeindeblatt Seite 669, Akten Elektrische Erleuchtung 21 Band 4.

gehörigen öffentlichen Straßendämme oder die Bürgersteige zu benutzen.

Ein ausschließliches Recht zu solcher Benutzung der Straßen wird der genannten Gesellschaft dadurch nicht eingeräumt.

§ 2.

Die Berliner Elektrizitätswerke verpflichten sich, von der Allgemeinen Elektrizitäts-Gesellschaft das Elektrizitätswerk Oberspree zu Ober-Schöneweide sowie alle sonstigen im alleinigen Besitze dieser Gesellschaft befindlichen oder bis zum 1. April 1899 in deren alleinigen Besitz gelangenden Konzessionen und Anlagen, welche die gewerbsmäßige Lieferung von Elektrizität an jedermann gegen Entgelt unter Benutzung öffentlicher Straßen für die Legung der Leitungen bezwecken, und zwar im Umkreise mit einem Radius von 30 km Luftlinie, vom Berlinischen Rathause gerechnet, bis spätestens zum 1. April 1899 zu erwerben und demnächst während der Dauer dieses Vertrages zu betreiben.

Sie machen sich ferner verbindlich, die Allgemeine Elektrizitäts-Gesellschaft zu verpflichten, ihr alle einem gleichen Zwecke dienenden Konzessionen und Anlagen, welche dieselbe mittelbar oder unmittelbar für eigene Rechnung in dem bezeichneten Umkreise der Stadt bis zum Ablauf dieses Vertrages erwirbt oder errichtet, zur Übernahme anzubieten und verpflichten sich, die angebotenen Anlagen, sofern der Magistrat nicht die Ablehnung einzelner Angebote genehmigt, binnen 6 Monaten vom Tage des Angebots an zu übernehmen und ebenfalls während der Dauer dieses Vertrages zu betreiben. Von den Angeboten wie von der Übernahme oder Ablehnung derselben ist dem Magistrat schriftlich Anzeige zu machen.

Dem Magistrat wird das Recht eingeräumt, sich dahin zu entscheiden, ob die neuen Anlagen zu denjenigen gehören, die eventuell im Jahre 1915 von der Stadt übernommen werden müssen.

Der Preis für sämtliche nach vorstehenden Bestimmungen von der Allgemeinen Elektrizitäts-Gesellschaft zu erwerbenden und anzubietenden Anlagen ist in Übereinstimmung mit § 2 des nach § 21 dieses Vertrages zwischen der Allgemeinen Elektrizitäts-Gesellschaft und den Berliner Elektrizitätswerken abzuschließenden Vertrages festzustellen. Als Preis für die zu erwerbenden und anzubietenden Konzessionen sind dagegen nur die der Allgemeinen Elektrizitäts-Gesellschaft entstandenen Selbstkosten in Ansatz zu bringen.

Auf alle Konzessionen und Anlagen, an welchen die Allgemeine Elektrizitäts-Gesellschaft nur einen Anteil besitzt oder künftig erwirbt, finden die vorstehenden Bestimmungen mit der Maßgabe Anwendung, daß nur dieser Anteil von den Berliner Elektrizitätswerken zu erwerben und zu betreiben, beziehungsweise denselben zur Übernahme anzubieten und von ihnen zu erwerben und zu betreiben ist.

Werden die in diesem Paragraph von den Berliner Elektrizitätswerken übernommenen oder die nach demselben der Allgemeinen Elektrizitäts-Gesellschaft aufzuerlegenden Verpflichtungen von einer dieser beiden Gesellschaften verletzt, so ist der Magistrat zum Rücktritt von diesem Vertrage binnen 8 Wochen nach erlangter glaubhafter Kenntnis von der Zuwiderhandlung berechtigt.

§ 3*).

Die Stadtgemeinde gestattet die Einleitung von Elektrizität aus den im § 2 erwähnten Werken der Berliner Elektrizitätswerke in das Weichbild von Berlin. Die Verlegung dieser Leitungen nebst Zubehör im einzelnen unterliegt auch innerhalb des im § 1 bezeichneten Gebietes der Genehmigung des Magistrats.

Diese Genehmigung darf nicht versagt werden, wenn die Lieferung der Elektrizität durch die Stationen im Weichbild entweder überhaupt nicht oder nur unter unverhältnismäßig größerem Kostenaufwand möglich ist**).

Auf die infolge dieser Genehmigung verlegten Leitung nebst Zubehör finden im Falle eines Rücktritts der Stadtgemeinde von diesem Vertrage, sowie im Falle der Übernahme der Werke seitens der Stadtgemeinde die in den §§ 30 und 31 für diese Fälle getroffenen Bestimmungen sinngemäß Anwendung. Die Leitungen nebst Zubehör werden dabei als Bestandteile der im Stadtgebiete (§ 1) gelegenen Elektrizitätswerke behandelt.

Sollte die Stadtgemeinde die im Stadtgebiete gelegenen Elektrizitätswerke (§ 1), aber nicht die im Umkreise der Stadt gelegenen Werke (§ 2) erwerben, so bleiben die Berliner Elektrizitäts-

---

*) Abgeändert durch das Zusatzabkommen Art. 6.
**) Aufgehoben durch das Zusatzabkommen Art. 6.

werke verpflichtet, auf Verlangen des Magiſtrats an die am 30. September 1915 an dieſe Leitungen angeſchloſſenen Abnehmer von Elektrizität über den 30. September 1915 hinaus bis längſtens 3 Jahre Elektrizität zu den am 30. September 1915 geltenden Preiſen und Lieferungsbedingungen weiter zu liefern.

Sollte der Magiſtrat innerhalb der dreijährigen Friſt wünſchen, daß die Lieferung der Elektrizität an dieſe Abnehmer eingeſtellt wird, ſo hat er dies Verlangen der Geſellſchaft ſechs Monate vorher mitzuteilen.

§ 4*).

Die Leiſtungsfähigkeit der in dem gegenwärtigen Weichbilde errichteten Zentral- (Primär-) Stationen darf einſchließlich der für Bahnzwecke erforderlichen Elektrizität 42 500 KW. nicht überſteigen.

Die Berliner Elektrizitätswerke verpflichten ſich, für Erweiterungen der außerhalb des jetzigen Weichbildes gelegenen Werke (§ 2) über eine Leiſtungsfähigkeit von 37 000 KW. hinaus die Zuſtimmung des Magiſtrats nachzuſuchen.

§ 5.

Über die nach § 2 erworbenen Werke (Konzeſſionen, Anlagen und Leitungen) ſind beſondere Anlage- und Betriebskonten zu führen, welche von den die bisherigen im § 1 erwähnten Werke betreffenden Konten geſondert bleiben, ſo daß für die Abrechnung mit dem Magiſtrat ſich der Gewinn und Verluſt eines jeden Werkes beſonders feſtſtellen läßt.

Die allgemeinen Unkoſten (Verwaltungskoſten, Steuern uſw., ſowie der nach § 1 des anliegenden Vertrages an die Allgemeine Elektrizitäts-Geſellſchaft zu zahlende Anteil von der Brutto-Einnahme) ſind auf die Werke innerhalb und außerhalb des Weichbildes nach Verhältnis der während des betreffenden Betriebsjahres erzeugten Strommenge zu verteilen.

§ 6**).

Die Berliner Elektrizitätswerke ſollen verpflichtet ſein, und zwar innerhalb 12 Monaten vom Tage der Anmeldung, innerhalb

---

*) Aufgehoben durch das Zuſatzabkommen (Art. 1).
**) § 6 iſt ſeit März 1909 wie folgt abgeändert:
In Zukunft ſollen die Berl. Elektr.-Werke verpflichtet ſein, ſobald ihnen die ſpezielle Genehmigung zur Kabelverlegung für beſtimmte Straßen

des Weichbildes ihre Leitungen überall dort zu legen, wo auf je 20 m Straßenlänge, vom nächsten Verteilungskasten gerechnet, ein Anschluß von je 1 KW. gesichert ist.

§ 7.

Die Gesellschaft hat die von ihr zu den in §§ 1 und 3 gedachten Anlagen benutzten Straßendämme, Bürgersteige, Brücken usw., auf ihre Kosten ordentlich und gut wieder herzustellen. Sie leistet hierfür auf einen Zeitraum von fünf Jahren nach der seitens des Magistrats erfolgten Abnahme Gewähr.

Die Gesellschaft ist verpflichtet, bei allen Anlagen und Leitungen die vom Magistrat und seinen Organen gegebenen Vorschriften hinsichtlich der Lage und der Sicherheit der Leitungen genau zu befolgen und hierbei alle etwa erforderlichen Änderungen und Verlegungen öffentlicher Anlagen nach Vorschrift der zuständigen Verwaltungen auf eigene Kosten vorzunehmen.

Sie hat die Pläne zu allen Anlagen und Leitungen dem Magistrat zur Prüfung und Genehmigung vorzulegen und während und nach der Ausführung den Beauftragten des Magistrats die Kontrolle, ob die gegebenen Vorschriften beachtet worden sind, jederzeit zu gestatten.

Bei der Ausführung solcher Arbeiten sind sowohl in betreff des zu verwendenden Materials, als der Behandlung desselben die Anordnungen der städtischen Bau=Deputation bzw. der von dieser Behörde mit der Aufsicht über die betreffenden Arbeiten betrauten Beamten zu beachten.

Fühlt die Gesellschaft sich durch solche Anordnungen beschwert, so steht ihr die Beschwerde an den Magistrat zu; sie verzichtet aber ausdrücklich darauf, die Entscheidung desselben im Rechts= oder Verwaltungswege anzufechten.

---

und Plätze erteilt ist, in jedem Falle, sobald ein Anschluß angemeldet ist, Kabel zu verlegen und zwar:

    a) innerhalb e i n e s J a h r e s , wenn auf je 20 m Straßenlänge, vom nächsten Verteilungskasten an gerechnet, ein Anschluß bis zu 1 K i l o w a t t gesichert ist;

    b) innerhalb 6 M o n a t e n frostfreien Wetters, wenn auf je 20 m m e h r a l s 1 kW b i s z u 2 kW entfallen;

    c) innerhalb 3 M o n a t e n frostfreien Wetters, wenn der Anschluß 2 kW für je 20 m Straßenlänge ü b e r s t e i g t . Akten Elektr. Erleuchtung 3ᵃ N, Band 2.

§ 8.

Die Gesellschaft räumt dem Magistrat das Recht ein, öffentliche Beleuchtung mit elektrischem Licht in allen oder einzelnen Straßen bzw. einzelnen Straßenteilen des gegenwärtigen Weichbildes von Berlin nach Maßgabe der Bestimmungen des § 1 unter folgenden Bedingungen zu verlangen:

a) Jede der auf diesen Straßen und Straßenteilen an der von dem Magistrat zu bestimmenden Stelle anzubringenden Laternen soll nach Wahl des Magistrats ein oder mehrere Glühlampen oder ein Bogenlicht enthalten.

*) b) Die für solche Lampen verbrauchte Elektrizität wird auf Grund des jeweilig geltenden Tarifs für gewerbliche Zwecke berechnet, jedoch soll der Preis für die Kilowattstunde 16 ₰ nicht überschreiten dürfen.

c) Die Lieferung und Aufstellung der Beleuchtungskörper, der Lampen nebst Widerständen, Schaltvorrichtungen und sonstigem Zubehör erfolgt durch die Gesellschaft für Rechnung des Magistrats zum Selbstkostenpreise mit einem Aufschlag von 10 %.

**)d) Für Ersatz der Glühlampen und der Bogenlichtkohlen, sowie für Bedienung und Unterhaltung der Kandelaber, Laternen und Bogenlampen wird der Gesellschaft eine Vergütung gewährt, welche

---

*) Der Tarif für die öffentliche Beleuchtung ist zurzeit wie folgt:

die ersten	25 000 KWStd werden berechnet mit 25	₰ pro KWStd
die zweiten	25 000 „ „ „ „ 20	„ „ „
die folgenden	25 000 „ „ „ „ 15	„ „ „
Der Rest wird berechnet mit 12,5	„ „	„

**) Die Unterhaltungs- und Bedienungskosten sind zurzeit wie folgt festgesetzt:

für eine ganznächtige Glühlampe	. . . .	40 ℳ
„ „ halbnächtige „	. . . . . .	20 ℳ
„ „ ganzn. Glühlampe (200 Kerzen)	. . . .	45 ℳ
„ „ halbn. (200 Kerzen)	. . . .	25 ℳ
„ „ ganzn. Reinkohlenbogenlampe	. . . . .	150 ℳ
„ „ halbn. „	. . . . . .	75 ℳ
„ „ ganzn. Intensiv-Bogenlampe	. . . . . .	330 ℳ
„ „ halbn. „	. . . . . .	220 ℳ
„ „ ganznächtige TB-Bogenlampe	. . . . .	265 ℳ
„ „ halbnächtige „	. . . . .	155 ℳ
„ „ Quarzlampe	. . . .	40 „

bei halbnächtigen Glühlampen=Laternen . 20 ℳ,
„ „ Bogenlampen=Laternen . 100 „
„ ganznächtigen Glühlampen=Laternen . 40 „
„ „ Bogenlampen=Laternen . 190 „

jährlich beträgt.

Jede unbrauchbar gewordene Lampe ist von den Berliner Elektrizitätswerken sofort und unentgeltlich durch eine neue zu ersetzen.

Diese Preise sind alle 3 Jahre in bezug auf ihre Angemessenheit dahin zu revidieren, ob sie herabzusetzen.

Die vorstehenden Bestimmungen finden auch auf die bereits bestehende öffentliche Beleuchtung unter Aufhebung aller hierüber bestehenden besonderen Vereinbarungen Anwendung.

Sobald der Magistrat erklärt hat, daß er die Beleuchtung von Straßen oder Straßenteilen verlange, hat die Gesellschaft, soweit bereits Kabel in diesen liegen, binnen 3 Monaten, andernfalls binnen 12 Monaten, die Beleuchtung zu bewirken.

Für den Fall, daß die vorgeschlagenen Beleuchtungskörper in angemessener Frist nicht beschafft werden können, sind die Berliner Elektrizitätswerke berechtigt, provisorische Einrichtungen bis zu deren Fertigstellung zu benutzen.

§ 9.

Die Gesellschaft räumt dem Magistrat ferner das Recht ein, die elektrische Beleuchtung aller oder einzelner der im Weichbild der Stadt belegenen städtischen Gebäude gegen Vergütung zu verlangen.

Macht der Magistrat von dieser Befugnis Gebrauch, so hat die Gesellschaft sechs Monate nach der erfolgten Aufforderung die Einrichtung für das betreffende Gebäude betriebsfähig zu übergeben.

*)Die Vergütung soll nach dem Tarif (§ 12) mit einem Rabatt von 10 % gegen den Tarifsatz festgestellt werden.

§ 10.

Die Entnahme von Elektrizität seitens der Stadt Berlin (§ 9), soweit sie nicht für öffentliche Beleuchtung und zum Betriebe von

---

*) Der Grundpreis für Beleuchtungsstrom beträgt zurzeit für den Magistrat sowie für Reichs= und Staatsbehörden 30 ℳ pro KWStd.

Straßenbahnen erfolgt, für welche Zwecke kein Rabatt zu vergüten ist, bildet für die Preisberechnung und Rabattgewährung ein Ganzes.

§ 11.

Die Stadt Berlin wird in der Regel den Unternehmern elektrischer Bahnen, die nach § 6 des Kleinbahngesetzes vom 28. Juli 1892 erforderliche Zustimmung zum elektrischen Bahnbetrieb innerhalb des Weichbildes nur erteilen, falls die Elektrizität, welche für diesen Betrieb innerhalb des Weichbildes zur Verwendung kommt, von den Berliner Elektrizitätswerken entnommen wird; in denjenigen Fällen aber, wo dies nicht geschieht, den Unternehmern elektrischer Bahnen eine an die Stadtgemeinde Berlin zu leistende Abgabe von 1 ₰ für die Kilowattstunde der für den Bahnbetrieb verwendeten Elektrizität auferlegen.

Die Gesellschaft verpflichtet sich dagegen, den Unternehmern elektrischer Bahnen die zu Bahnzwecken erforderliche Elektrizität an der Erzeugungsstelle oder an der Umformungsstelle innerhalb Berlins zur Verfügung zu stellen, und zwar zum Grundpreis von nicht mehr als höchstens 10 ₰ für die Kilowattstunde an der Erzeugungs= oder Umformungsstelle*).

Dieser Preis ist alle 3 Jahre auf seine Angemessenheit dahin einer Revision zu unterziehen, ob er nicht herabzusetzen.

Der Verlust in den Leitungen von den Erzeugungs= bzw. Umformungsstellen bis zu den Verwendungsstellen darf nicht mehr als 10 % betragen.

Als Verwendungsstellen sind bei Bahnen mit direkter Stromzuführung von der Erzeugungsstelle diejenigen in den Projekten zu bezeichnenden Punkte anzusehen, von denen die Zuführungen zu den Arbeitsleitungen abgezweigt werden.

Für diejenigen elektrischen Bahnen aller Art, welche von der Stadtgemeinde Berlin oder für deren Rechnung betrieben werden, hat die Gesellschaft die zu Bahnzwecken erforderliche Elektrizität zu denjenigen Preisen und zu denjenigen Bedingungen zu liefern, welche von ihr dem am meisten begünstigten Bahnunternehmer in dem im § 2 Absatz 1 gedachten Umkreise mit einem Radius von 30 km Luftlinie, vom Berlinischen Rathause gerechnet, eingeräumt sind, und zwar ohne Rücksicht auf einen etwaigen geringeren Konsum

---

*) Vgl. den Stromlieferungsvertrag zwischen den B.E.W. und den 5 Straßenbahngesellschaften vom 3. 8. 11.

der städtischen Bahnlinien im Vergleich zu dem Konsum der anderweitigen meistbegünstigten Bahnunternehmung.

Falls eine elektrische Bahn teilweise innerhalb und teilweise außerhalb des Weichbildes von Berlin betrieben und Elektrizität an dieselbe von den Berliner Elektrizitätswerken auch außerhalb des Weichbildes abgegeben wird, darf die außerhalb des Weichbildes gelieferte Elektrizität zu keinem höheren Preise in Rechnung gestellt werden als die innerhalb des Weichbildes abgegebene.

Falls sich eine Bahnanlage über das Weichbild von Berlin hinaus erstreckt und der Unternehmer die außerhalb Berlins zur Verwendung kommende Elektrizität selbst erzeugt oder von einem anderen Lieferanten als den Berliner Elektrizitätswerken bezieht, so ist unter Zustimmung des Magistrats zwischen dem Unternehmer und den Berliner Elektrizitätswerken eine Vereinbarung darüber zu treffen, in welcher Weise sicherzustellen ist, daß die im Weichbilde Berlins zur Verwendung kommende Elektrizität in vollem Umfange von den Berliner Elektrizitätswerken entnommen wird.

Für den Fall, daß eine solche Vereinbarung nicht zustande kommt, sind dem Bahn-Unternehmer bei Erteilung der Zustimmung seitens der Stadtgemeinde folgende Verpflichtungen aufzuerlegen:

Es wird für jedes Betriebsjahr unter Mitwirkung des Magistrats ermittelt,

> wieviel Elektrizität insgesamt und wieviel in dem Weichbilde von Berlin zur Verwendung gekommen,
> wieviel Elektrizität jede Gattung der im Betriebe befindlich gewesenen Wagen durchschnittlich verbraucht hat,
> wieviel Wagenkilometer jede Wagengattung im Weichbilde von Berlin zurückgelegt hat.

Ergibt sich dabei, daß von den Berliner Elektrizitätswerken weniger Elektrizität entnommen worden ist als nach dieser Feststellung für die in Berlin zurückgelegten Wagenkilometer zu entnehmen gewesen wäre, so hat der Unternehmer für jede weniger entnommene Kilowattstunde eine Vertragsstrafe von 1 ₰ an die Stadtgemeinde Berlin und von 3 ₰ an die Berliner Elektrizitätswerke zu zahlen.

Verträge über die Lieferung von Elektrizität zum Betriebe elektrischer Bahnen sowie anderer Fahrzeuge als Straßen-Eisenbahnwagen und insbesondere die solchen Verträgen zugrunde zu legenden Tarife bedürfen der Genehmigung des Magistrats.

§ 12.

An andere Behörden und Privatpersonen, welche die Zu=
führung von Elektrizität in dem mit elektrischer Leitung versehenen
Stadtgebiet zum Zwecke der Beleuchtung begehren, hat die Gesell=
schaft die Lieferung derselben nach dem diesem Vertrage ange=
hängten Tarife und den zu demselben gehörigen Tarifbestimmungen
zu bewirken und zwar ist die Gesellschaft verpflichtet, innerhalb
des vorbedachten Stadtgebietes und insoweit es die jeweilig vor=
handenen Anlagen nach dem Ermessen des Magistrats gestatten,
unter den diesem Vertrage beigefügten Bedingungen und zu den
Sätzen des vom Magistrat genehmigten Tarifs die Elektrizität
jedem, der sich zur tarifmäßigen Abnahme auf mindestens ein
Jahr verpflichtet, diesen Strom so lange zu liefern, als er die über=
nommenen Zahlungsverpflichtungen pünktlich erfüllt.

Die Gesellschaft ist ferner verpflichtet, auf Grund der von
ihr erlassenen allgemeinen Bedingungen jedem den Anschluß zum
Zweck der Entnahme von Elektrizität auch zu anderen als Be=
leuchtungszwecken zu gewähren, sobald ihre Leitungen in der be=
treffenden Straße liegen.

Sofern die vorhandenen Anlagen die Gewährung der bean=
spruchten Leistung nicht mehr gestatten, und die Gesellschaft nach=
weislich durch den Widerstand der zuständigen Behörde gehindert
war bzw. ist, die Anlagen entsprechend zu verstärken, so ruht die
vorerwähnte Verpflichtung zur Lieferung von Elektrizität.

Abänderungen des Tarifs und der Tarifbestimmungen für
die Beleuchtung bedürfen der Genehmigung des Magistrats.

Die Gesellschaft darf nur mit ausdrücklicher Genehmigung
des Magistrats Ausnahmen von diesem Tarif in einzelnen Fällen
vornehmen.

Die Bedingungen*) über Lieferung von Strömen zu anderen
als den obigen Zwecken hat die Gesellschaft mit den betreffenden
Abnehmern jedesmal besonders zu vereinbaren.

So oft der nach § 26 ermittelte Reingewinn des Unternehmens
$12\frac{1}{2}$ % des Aktienkapitals übersteigt, ist der Magistrat berechtigt,
eine Herabsetzung des tarifmäßigen Preises der Elektrizität für
Beleuchtungszwecke bis zu 10 % zu verlangen. Ist ein derartiges
Verlangen gestellt, so hat der ermäßigte Tarif mit Beginn des

---

*) Abgeändert durch das Zusatzabkommen Art. 2.

zweiten darauf folgenden Vierteljahres in Kraft zu treten. Im Laufe eines Betriebsjahres kann ein solches Verlangen nur einmal gestellt werden.

§ 13.

Für die Lieferung von Elektrizität in dem in § 2 bezeichneten außerhalb der Stadt gelegenen Gebiete gilt zurzeit der anliegende Tarif. Abänderungen desselben sind dem Magistrat durch die Gesellschaft anzuzeigen.

Werden Gebiete, in welchen die in § 2 erwähnten Werke betrieben werden, der Stadtgemeinde Berlin einverleibt, so ist der Magistrat berechtigt, zu verlangen, daß Abnehmer, welche nach der Einverleibung neu hinzutreten, und daß die bisherigen Abnehmer, sobald die mit ihnen geschlossenen Verträge ablaufen, dem Tarif für das jetzige Weichbild unterworfen werden.

§ 14.

Die Ausführung der Installationen ist der freien Konkurrenz überlassen.

Die Arbeiten aber einschließlich Reparaturen und Änderungen bis zum Elektrizitätsmesser sowie Aufstellung desselben dürfen nur von der Gesellschaft Berliner Elektrizitätswerke ausgeführt werden.

Die Prüfung der Projekte, die Überwachung der Ausführung der Installationsarbeiten und die Kontrollmessungen vor Anschluß der Anlagen liegen ausschließlich der genannten Gesellschaft ob. Für dieselbe ist eine Vergütung von 4 % der tatsächlichen Kosten der Installation bis zum Höchstbetrage von 300 ℳ für die einzelne Anlage zu entrichten.

Die genannte Gesellschaft ist berechtigt, die Zuführung der Elektrizität so lange zu verweigern, bis die von ihr verlangten Änderungen an der Einrichtung ausgeführt und die Kosten der Prüfung und Überwachung gezahlt sind.

Die Prüfung der Projekte über Installationen hat die Gesellschaft innerhalb vier Wochen nach der Einreichung zu bewirken. Die Zeit, innerhalb welcher die Aufstellung des Elektrizitätsmessers, der Anschluß an die Hauptleitung und die Lieferung der Elektrizität zu bewirken ist, setzt auf Erfordern der Magistrat fest.

Die Kosten für die der Gesellschaft vorbehaltenen Arbeiten werden durch einen vom Magistrat alljährlich zu genehmigenden Tarif festgesetzt.

§ 15.

Die Gesellschaft verpflichtet sich, ihre Anlagen dauernd betriebs=
fähig zu erhalten und den Betrieb nicht ohne Genehmigung des
Magistrats einzustellen, es sei denn, daß der Betrieb von Staats=
oder Reichsbehörden untersagt würde und die gegen ein solches
Verbot gesetzlich zulässigen Mittel erfolglos blieben, oder daß Natur=
ereignisse, Krieg oder Aufstand den Betrieb unmöglich machten.

Verletzt die Gesellschaft die vorstehend übernommene Ver=
pflichtung, so ist der Magistrat zum Rücktritt von diesem Vertrage
binnen acht Wochen nach erlangter glaubhafter Kenntnis von der
Zuwiderhandlung berechtigt.

§ 16.

Die Bestimmungen des § 15 sollen sich nicht auf diejenigen
Fälle beziehen, in welchen die Gesellschaft infolge zeitweiliger
Störungen im Maschinenbetriebe oder in den Leitungen sich in
der Notwendigkeit befindet, die Lieferung der Elektrizität für ein=
zelne Häuser oder Häusergruppen zu unterbrechen. Sie hat aber hier=
von dem Magistrat unter Angabe der veranlassenden Umstände
unverzüglich Anzeige zu machen.

§ 17.

Für alle Schäden, welche infolge der Legung der elektrischen
Drähte oder durch den Betrieb des Unternehmens irgendeinem
Dritten zugefügt werden möchten, haftet die Gesellschaft. Für
etwaige an die Stadtgemeinde dieserhalb gemachte Schadens=
ansprüche hat dieselbe dem Magistrat Gewähr zu leisten, auf dessen
Aufforderung die betreffenden Prozesse zu übernehmen und dem
Magistrat die durch solche Prozesse etwa entstandenen Kosten zu
ersetzen.

§ 18.

Für Nachteile, welche dem Betriebe des Unternehmens da=
durch entstehen, daß auf den Straßen zufolge Anordnung der Reichs=,
Staats= oder städtischen Behörden Arbeiten veranlaßt werden,
kann die Gesellschaft Schadloshaltung von der Stadtgemeinde
nicht verlangen; ebensowenig für Anforderungen oder Einsprüche,
welche von Reichs= oder Staatsbehörden gegen die Gesellschaft er=
hoben werden möchten.

Falls eine Veränderung in der Lage der Leitungen erforderlich wird, hat die Gesellschaft diese Veränderung auf Verlangen des Magistrats auszuführen. Erfolgt die Veränderung im Interesse des Straßenverkehrs oder der Stadtgemeinde, so hat die Gesellschaft die dadurch entstehenden Kosten zu tragen.

§ 19.

Die Gesellschaft verpflichtet sich, behufs Verwendung für die notwendig werdenden Erneuerungen bestehender Anlagen für die im jeweiligen Weichbilde von Berlin befindlichen Anlagen einen Erneuerungs-Fonds zu bilden. Derselbe ist auf 20 % desjenigen Kapitals zu bringen, welches auf die im Weichbild von Berlin befindlichen Anlagen verwendet wird, und ist auf dieser Höhe zu erhalten.

Solange der Erneuerungs-Fonds diesen Betrag nicht erreicht hat, bzw. bis er auf denselben wieder ergänzt worden ist, sind an denselben von den nach § 25 zu berechnenden Brutto-Einnahmen aus der im jeweiligen Weichbilde von Berlin gelieferten Elektrizität jedes Betriebsjahres 2 % abzuführen.

Die für den Erneuerungs-Fonds bestimmten Beträge sind in Berliner Stadtanleihescheinen, deren Zinsen die Gesellschaft bezieht, bei dem Depositorium des Magistrats zu hinterlegen.

Von den Brutto-Einnahmen aus Lieferungen für öffentliche Beleuchtung- (§ 8) findet eine Abführung zum Erneuerungs-Fonds nicht statt.

§ 20.

Will die Gesellschaft über den Erneuerungs-Fonds verfügen, so hat sie unter Angabe der Verwendungszwecke die Genehmigung des Magistrats nachzusuchen.

Der Magistrat ist verpflichtet, diese Genehmigung zu erteilen, wenn der angegebene Verwendungszweck den Bestimmungen des Erneuerungs-Fonds (§ 19) entspricht.

Als dieser Bestimmung entsprechend sind Reparaturen sowie die Neubeschaffung von Lampen und Laternen nicht anzusehen. Hat die Gesellschaft ohne die vom Magistrat erteilte Genehmigung über den Erneuerungs-Fonds verfügt, so ist der dadurch dem Erneuerungs-Fonds entzogene Betrag von der Gesellschaft sofort zu ergänzen, und ist der Magistrat berechtigt, den Betrag aus der von der Gesellschaft bestellten Kaution (§ 24) zu ersetzen.

§ 21.

Die Gesellschaft verpflichtet sich, bezüglich des in den §§ 1 und 2 bezeichneten Unternehmens Verträge über das Jahr 1915 hinaus nicht ohne Genehmigung des Magistrats abzuschließen.

Ausgeschlossen hiervon sind solche Verträge, welche behufs Benutzung von Straßen, Plätzen und Chausseen zum Zwecke der Stromerzeugung und -verteilung mit Behörden und Privaten geschlossen werden. Erwirbt die Gesellschaft durch derartige Verträge ein ausschließliches Recht zur Benutzung von öffentlichen Straßen, Plätzen und Chausseen, so treten dieselben im Falle einer Einverleibung von Vororten in die Stadtgemeinde Berlin dieser Stadtgemeinde gegenüber insoweit außer Kraft, daß dieselbe berechtigt wird, die in dem einverleibten Gebiet gelegenen Straßen, Plätze und Chausseen auch ihrerseits zur Anlage von Leitungen und deren Zubehör zu benutzen.

Die Gesellschaft darf die in diesem Vertrag erwähnten Elektrizitätswerke (§ 1 und § 2) oder Teile derselben nur mit Genehmigung des Magistrats an einen Dritten veräußern oder durch einen Dritten betreiben lassen.

An Stelle des bisher zwischen den Berliner Elektrizitätswerken und der Allgemeinen Elektrizitäts-Gesellschaft bestehenden Vertrages tritt der anliegende Vertrag.

Wird dieser Vertrag ohne Genehmigung des Magistrats abgeändert, so ist letzterer berechtigt, von dem vorliegenden mit den Berliner Elektrizitätswerken abgeschlossenen Vertrage zurückzutreten. Das gleiche Recht steht ihm zu, wenn zum Nachteil der Stadtgemeinde seitens der Berliner Elektrizitätswerke der Vertrag mit der Allgemeinen Elektrizitäts-Gesellschaft nicht erfüllt wird, insbesondere wenn von den Berliner Elektrizitätswerken höhere Leistungen gemacht werden, als ihr durch diesen Vertrag auferlegt werden. Ob die in dem vorhergehenden Satz angegebene Voraussetzung für den Rücktritt gegeben ist, ist durch ein gemäß § 30 zu bildendes Schiedsgericht festzustellen.

§ 22.

Die Gesellschaft ist verpflichtet, einem hierzu ernannten Bevollmächtigten des Magistrats auf eine 24 Stunden vorher ergangene Benachrichtigung ihres Vorstandes alle auf das Unternehmen bezüglichen Bücher, Dokumente, Pläne und Papiere aller Art zur Einsicht offenzulegen und demselben eine Revision der Anlage und aller darauf bezüglichen Einrichtungen zu gestatten.

§ 23.

Falls bei den in den §§ 8 und 11 vorgesehenen Preisrevisionen eine Verständigung nicht zustande kommt, sind die Preise durch Sachverständige festzusetzen.

In gleicher Weise entscheiden Sachverständige, falls darüber Streit entsteht, ob die Genehmigung zur Einleitung von Elektrizität aus den Elektrizitätswerken außerhalb der Stadt in das Berliner Weichbild zu gestatten (§ 3 Abf. 2) und ob die Genehmigung zur Verwendung aus dem Erneuerungs-Fonds zu erteilen (§ 20).

Die Ernennung der Sachverständigen und erforderlichenfalls des Obmanns erfolgt nach den in dieser Beziehung im § 30 gegebenen Bestimmungen.

§ 24.

Die Gesellschaft hat als Kaution für die Erfüllung der in diesem Vertrage übernommenen Verpflichtungen 250 000 ℳ in Berliner Stadtanleihescheinen, zum Tageskurse berechnet, bei dem Magistrat einzuzahlt.

Die gesamte Kaution bleibt beim Magistrat deponiert und ist, falls sie vermindert wird, binnen drei Monaten auf die vorige Höhe zu bringen, widrigenfalls der Magistrat innerhalb acht Wochen vom Ablauf dieser Frist an zur Aufhebung des Vertrages berechtigt ist.

Die Zinsen dieser Kaution bezieht die Gesellschaft.

§ 25.

Für die Befugniß, ihre Leitungen nebst Zubehör in den Straßen, Brücken und Plätzen des im § 1 bezeichneten Stadtgebietes zu den in den §§ 1 und 3 angegebenen Zwecken zu verlegen und zu halten, hat die Gesellschaft Berliner Elektrizitätswerke der Stadtgemeinde Berlin eine jährliche Abgabe zu entrichten.

Diese Abgabe soll 10 % der Brutto-Einnahme betragen, welche die Gesellschaft aus dem in Gemäßheit der §§ 1 und 3 auszuführenden gewerblichen Unternehmen der Lieferung von Elektrizität erzielen wird, soweit diese Lieferung im gegenwärtigen Weichbilde der Stadt Berlin und nach Einverleibung neuer Gebiete in das Weichbild Berlins in diesen Gebieten, und zwar in den letzteren auf Grund der für Berlin maßgebenden Tarife oder zu höheren Preisen erfolgt (§ 13).

Erfolgt in einem einverleibten Vororte die Abgabe von Elektrizität zu einem Preise, welcher hinter dem für Berlin maßgebenden Preise um weniger als 10 % zurückbleibt, so ist die von der Brutto-Einnahme aus dieser Elektrizität zu zahlende Abgabe auf denjenigen Betrag zu erhöhen, welchen die Gesellschaft über 90 % des Berliner Preises erhält.

Sollte der Gesellschaft gestattet werden, in Berlin erzeugte Elektrizität außerhalb Berlins zu verwenden, so ist von der Einnahme aus dieser Elektrizität ebenfalls eine Abgabe von 10 % zu zahlen.

Die Abgabe ist unter Berücksichtigung des § 27 zu entrichten:

    a) von den Einnahmen aus der Lieferung von Elektrizität,

    b) von den etwaigen Lampengebühren.

Von den Einnahmen*) der Gesellschaft aus Installationen (hinter dem Elektrizitätsmesser) sowie von den Einnahmen aus der öffentlichen Beleuchtung ist keine Abgabe zu entrichten.

§ 26.

Außer der in § 25 gedachten Bruttoabgabe ist alljährlich ein Anteil am Reinertrag des Unternehmens (§§ 1, 2 und 3) an die Stadtgemeinde abzuführen. Dieser Anteil beträgt 50 % vom Reingewinn über 6 % des Aktienkapitals bis 20 000 000 $\mathcal{M}$ und 50 % über 4 %, soweit das Aktienkapital diesen Betrag übersteigt.

Für die Berechnung des Gewinnanteils der Stadtgemeinde gelten folgende Grundsätze:

1. Der Reingewinn ist nach § 29 des Gesellschaftsstatuts vom Jahre 1896 festzustellen.

2. Für die Abschreibungen sind höhere prozentuale Sätze als die von der Gesellschaft in ihrer für das Geschäftsjahr 1896/97 aufgestellten Bilanz angenommenen nicht statthaft.

3. Von dem Reingewinn kommen nur in Abrechnung:

    a) für den gesetzlich vorgeschriebenen Reserve-Fonds, bis derselbe die vom Gesetz geforderte Höhe erreicht hat, 5 % des Reingewinnes,

---

*) Auch von den Einnahmen aus der Stromlieferung für die öffentl. Beleuchtung muß seit dem 1. Juli 1905 die Abgabe entrichtet werden. Akten Elektr. Erleuchtung 4, Band 16.

b) für die Tantieme des Aufsichtsrats und des Vorstandes und an Gratifikationen für die Beamten und an Dotationen der Krankenkasse zusammen 15 % des als Dividende zur Verteilung kommenden Betrages.

4. Weitere Abzüge, insbesondere für Spezial-Reserve-Fonds und zur Schuldentilgung, sind nicht statthaft.

5. Dagegen ist der Anteil von der Brutto-Einnahme, der nach dem zwischen den Berliner Elektrizitätswerken und der Allgemeinen Elektrizitäts-Gesellschaft zu schließenden Vertrage (§ 1) an die letztere zu zahlen ist, soweit er die Summe von 250 000 ℳ übersteigt, dem Reingewinn hinzuzurechnen.

Reichen in einem Jahre die Betriebseinnahmen der außerhalb Berlins belegenen Werke (§ 2) zur Deckung der Betriebsausgaben (zu denen auch die erforderlichen Abschreibungen und Rückstellungen gehören) nicht aus, so kommt ein etwaiger Verlust dieser Werke bei Feststellung des Reinertrages des Unternehmens zum Zwecke der Gewinnberechnung für die Stadt Berlin nicht in Anrechnung.

§ 27.

Die rechnungsmäßige Feststellung der im § 25 normierten Bruttoabgabe erfolgt halbjährlich zum 30. Juni und 31. Dezember, die Zahlung am 15. September bzw. am 15. März jedes Jahres. Nur von den bis zum Zahlungstage tatsächlich vereinnahmten Summen wird die Abgabe fällig.

Die Zahlung des an die Stadtgemeinde nach § 26 abzuführenden Gewinnanteils erfolgt sechs Wochen nach endgültiger Feststellung der Bilanz, spätestens jedoch sechs Monate nach Ablauf des Betriebsjahres. Etwaige durch diese Zahlungen entstehende Kosten trägt die Aktien-Gesellschaft Berliner Elektrizitätswerke.

Im Falle des Verzuges hat die Gesellschaft die Rückstände mit 6 % vom Verfalltag ab zu verzinsen.

§ 28.

Bei Berechnung der in den §§ 25 und 26 gedachten Abgaben werden auch diejenigen in § 25a und b bezeichneten Einnahmen berücksichtigt, welche die Gesellschaft aus Lieferung von Elektrizität bezieht, die sie ohne Benutzung des Straßenterrains bewirkt.

§ 29.

Dieser Vertrag tritt mit dem 1. April 1899 in Kraft. Die Stadtgemeinde Berlin verzichtet von jetzt ab bis 1. Oktober 1915 darauf, die Übertragung des Eigentums der Berliner Elektrizitäts= werke zu verlangen.

§ 30.

Sollte der Magistrat kraft der ihm in den §§ 2, 15, 21 und 22 eingeräumten Befugnisse von dem Vertrage zurücktreten, so ist er berechtigt, die Übereignung der gesamten Anlagen der Berliner Elektrizitätswerke in dem im § 1 bezeichneten Gebiet einschließlich aller damit verbundenen Berechtigungen, insbesondere Patente und Patentnutzungen, nach seiner Wahl gegen Zahlung ent= weder des Buchwerts oder des Taxwerts zu verlangen. Ob er von diesem Recht Gebrauch machen will, hat er bei Verlust desselben binnen drei Monaten, nachdem er den Rücktritt erklärt hat, der Ge= sellschaft mitzuteilen.

Macht er von demselben keinen Gebrauch, so ist die Gesellschaft verpflichtet, binnen Jahresfrist nach der Rücktrittserklärung des Magistrats die Leitungen auf ihre Kosten wieder zu entfernen und, nachdem dies geschehen, die in Betracht kommenden Straßen= dämme, Bürgersteige, Brücken und alles sonstige städtische Eigen= tum auf ihre Kosten ordentlich und gut wiederherzustellen, und kommen in betreff dieser Wiederherstellung die Bestimmungen im § 7 dieses Vertrages zur Anwendung.

Die Gesellschaft soll indessen von dieser Verpflichtung befreit sein, wenn sie sich bereit erklärt, die Leitungen ganz oder teilweise in den Straßen zu belassen, und sie, soweit sie dieselben in den Straßen beläßt, der Stadtgemeinde übereignet.

Macht hingegen der Magistrat von dem Rechte, die Über= eignung der gesamten Anlagen zu verlangen, rechtzeitig Gebrauch, so sind, falls Übernahme gegen Zahlung des Taxwertes verlangt wird, behufs der Abschätzung des Wertes der gesamten Anlagen zwei Sachverständige zu berufen, von denen jeder Kontrahent einen zu ernennen hat. Bei der Abschätzung sind die Anlagen als ein zusammen= hängendes betriebsfähiges Werk nach kaufmännischen Grundsätzen zu taxieren, jedoch ohne Berücksichtigung des Ertragswertes. Ver= zögert ein Kontrahent trotz schriftlicher Aufforderung die Ernennung des Sachverständigen länger als vierzehn Tage, so ist der andere

Kontrahent berechtigt, beide Sachverständige zu ernennen. Verweigert der eine der ernannten Sachverständigen ausdrücklich oder stillschweigend seine Mitwirkung, so hat der Ernennende binnen acht Tagen nach geschehener Aufforderung einen anderen Sachverständigen zu ernennen, unterläßt er dies, so ernennt der andere Kontrahent den Ersatzmann. Können die beiden Sachverständigen zu einer Einigung über die Feststellung des Wertes nicht gelangen, so erfolgt dieselbe durch einen von diesen Sachverständigen zu bestimmenden Obmann.

Können die Sachverständigen sich über die Person des Obmannes nicht einigen, so erfolgt die Ernennung desselben durch den Präsidenten der Physikalisch-Technischen Reichs-Anstalt zu Charlottenburg und, falls dieser die Ernennung ablehnt, durch den Rektor der Technischen Hochschule ebendaselbst. Beide Kontrahenten unterwerfen sich der Entscheidung dieser Sachverständigen als Schiedsrichter unbedingt, unter Verzichtleistung auf jedes Rechtsmittel.

§ 31.

Tritt der im § 30 vorgesehene Fall nicht ein, so ist die Stadtgemeinde Berlin vom 1. Oktober 1915 an berechtigt, aber nicht verpflichtet, die Berliner Elektrizitätswerke einschließlich aller mit denselben verbundenen Berechtigungen, insbesondere derartiger Patente und Patentnutzungen, zum Eigentum zu übernehmen, und, falls sie von diesem Übernahmerecht Gebrauch macht, auch weiterhin berechtigt, aber nicht verpflichtet, die im § 2 erwähnten Elektrizitätswerke im Umkreise von Berlin (jedoch nicht nur Teile derselben) unter den gleichen Bedingungen zu übernehmen. Der Übernahmepreis zum 1. Oktober 1915 ist nach Wahl der Stadtgemeinde der Buchwert oder Taxwert. Die Bestimmungen des § 30 Absatz 4 und 5 finden entsprechende Anwendung. Der vorhandene Erneuerungs-Fonds ist bei Feststellung des Übernahmepreises nicht zu berücksichtigen und fällt an die Stadtgemeinde.

Macht die Stadtgemeinde vom Recht der Übernahme keinen Gebrauch, so kommen hinsichtlich aller Leitungen der Gesellschaft im Weichbilde Berlins innerhalb der Grenzen zur Zeit des Vertragsablaufes die Bestimmungen in Absatz 2 und 3 des § 30 sinngemäß zur Anwendung*).

---

*) Aufgehoben durch das Zusatzabkommen Art. 4.

Falls die Stadtgemeinde nicht mindestens zwei Jahre vor Ablauf (also das erste Mal vor dem 1. Oktober 1913) die Gesellschaft in Kenntnis setzt*), entweder, daß der Vertrag als beendet betrachtet, oder daß die Anlagen übergeben werden sollen, so verlängert sich vorliegender Vertrag stillschweigend um jedesmal drei Jahre**). Findet die Übergabe der Anlage nach dem 1. Oktober 1915 statt, so ermäßigt sich der von der Stadt zu zahlende Buch= oder Taxwert mit Ausnahme der Grundstücke und Gebäude um je 10 % für jeden dreijährigen Zeitraum nach dem 1. Oktober 1915.

§ 32.

Für den Fall des Zuwiderhandelns gegen diesen Vertrag seitens der Berliner Elektrizitätswerke werden folgende Konventionalstrafen bestimmt:

1. im Falle des § 6 für jeden Tag der Säumnis in Höhe von 50 $\mathscr{M}$,

2. für jede Verletzung der im § 7 übernommenen Verpflichtungen in Höhe von 300 $\mathscr{M}$,

3. im Falle des § 8 für jeden Tag der Verzögerung von 500 $\mathscr{M}$,

4. im Falle des § 12, sofern nicht die Verpflichtung gemäß Absatz 3 ruht, für jeden Fall des verweigerten Anschlusses von 3000 $\mathscr{M}$,

5. im Falle des § 14 für Verzögerungen über die im § 14 festgesetzten bzw. vom Magistrat festzusetzenden Fristen von 20 $\mathscr{M}$ für jeden Tag,

6. im Falle des § 16, falls die Gesellschaft die Anzeige unterläßt oder den Betrieb nach Beseitigung des Hindernisses nicht sofort wieder aufnimmt, von 20 $\mathscr{M}$ täglich für jedes installierte und unversorgt gebliebene KW.,

7. für jeden Fall der Zuwiderhandlung gegen die in den §§ 21 und 22 übernommenen Verpflichtungen von 1000 $\mathscr{M}$.

Zur Einforderung von Konventionalstrafen ist lediglich der Magistrat berechtigt. Die Berliner Elektrizitätswerke verzichten überall auf Geltendmachung eines aus § 307 Titel 5 Teil I A. L. R. herzuleitenden Einwandes.

---

*) Aufgehoben durch das Zusatzabkommen Art. 4.
**) Abgeändert durch das Zusatzabkommen Art. 7.

§ 33.

Die Gesellschaft ist verpflichtet, eine Pensionskasse unter Zugrundelegung der in Staats- und Reichsbetrieben geltenden Bestimmungen für ihre Angestellten binnen 6 Monaten nach der Vollziehung dieses Vertrages nach Maßgabe des mit dem Magistrat zu vereinbarenden Statuts einzurichten.

§ 34.

Die Kosten und Stempel dieses in zwei Exemplaren ausgefertigten Vertrages trägt die Aktien-Gesellschaft Berliner Elektrizitätswerke.

Berlin, 1. April 1899.

Magistrat hiesiger Königlichen Haupt- und Residenzstadt

Kirschner.   Zabel.

Berlin, 14. März 1899.

Berliner Elektrizitätswerke.

E. Rathenau.   Deutsch.

Zusatzabkommen zu dem Vertrage zwischen der Stadtgemeinde Berlin und der Aktien-Gesellschaft Berliner Elektrizitäts-Werke vom $\frac{14.\ \text{März}}{1.\ \text{April}}$ 1899*).

Artikel 1.

Die Bestimmungen des § 4 des Vertrages vom $\frac{14.\ \text{März}}{1.\ \text{April}}$ 1899 über die Leistungsfähigkeit der Werke werden aufgehoben.

Die Berliner Elektrizitäts-Werke verpflichten sich, nach näherer Maßgabe der Bestimmungen der §§ 6 und 12 des Vertrages, Elektrizität für Licht und sonstige, insbesondere auch Kraftzwecke zu liefern und die Werke dementsprechend zu erweitern, und zwar in dem Umfange, daß sie jeglichem im Weichbilde von Berlin hervortretenden Bedürfnisse genügen.

Artikel 2.

Der § 12 Absatz 6 des Vertrages vom $\frac{14.\ \text{März}}{1.\ \text{April}}$ 1899 erhält folgende Fassung:

---

*) Gemeindebeschluß vom $\frac{14.\ \ 11.}{6.\ \ 12.}$ 1906, Gemeindeblatt Seite 525, Akten Elektrische Erleuchtung 21, Band 7.

Die Bedingungen und Tarife über Lieferung von Elektrizität
für andere als Beleuchtungszwecke setzt die Gesellschaft fest; jede Ver=
änderung der Grundpreise bedarf jedoch der Zustimmung des
Magistrats.

Artitel 3.

Die Berliner Elektrizitäts=Werke verpflichten sich, der Stadt
Berlin, falls diese im Jahre 1915 bei Beendigung des Vertrags=
verhältnisses das Werk „Oberspree" nicht übernehmen sollte, auf
Verlangen auch über das Jahr 1915 hinaus, und zwar längstens bis
zum 1. Oktober 1925 Elektrizität aus diesem Werke und zwar in dem=
jenigen Umfange zu liefern, als solche zuletzt vor dem 1. Oktober 1915
aus diesem Werke an die in Berlin belegenen Unterstationen ge=
liefert worden ist. Die Stadtgemeinde hat ihr Verlangen auf Liefe=
rung von Elektrizität bis zum 1. Oktober 1913 zu ertlären. Macht
sie von diesem Rechte Gebrauch, so ist sie zur Abnahme der oben be=
zeichneten Elektrizitätsmenge auf die Dauer von 5 Jahren, d. h. also
bis zum 1. Oktober 1920, gebunden; kündigt die Stadtgemeinde dieses
Lieferungsabkommen nicht bis zum 1. Oktober 1918, so verlängert
es sich bis zum 1. Oktober 1925.

Der Preis der gelieferten Elektrizität beträgt 8,1 ₰ pro Kilowatt=
stunde (gemessen als hochgespannten Drehstrom beim Eintritt in die
Unterstation der Stadtgemeinde).

Der Preisberechnung ist ein Kohlenpreis von 16 ℳ pro Tonne
zugrunde gelegt. Änderungen des Kohlenpreises um mehr als
± 10 % ändern den Preis der Elektrizität in dem Maße, als sich durch
Änderung des Kohlenpreises die Herstellungskosten für 1 Kw. erhöhen
oder ermäßigen.

Erklärt die Stadtgemeinde in Gemäßheit dieses Artikels bis zum
1. Oktober 1913 das Verlangen auf Lieferung von Elektrizität zu
stellen, so dürfen die Berliner Elektrizitäts=Werke von diesem Zeit=
punkt ab das Quantum der von dem Werke Oberspree nach Berlin
gelieferten Elektrizität nur mit Genehmigung des Magistrats ver=
ändern.

Artikel 4.

In § 31 des Vertrages vom $\frac{\text{14. März}}{\text{1. April}}$ 1899 wird der Absatz 2
und im Absatz 3 der Satz: „entweder, daß der Vertrag als beendet
betrachtet oder" gestrichen.

Artikel 5.

Die neu zu errichtenden Stationen sollen, wenn nicht der Magistrat ein anderes verlangt oder ausdrücklich genehmigt, so eingerichtet und betrieben werden, daß sie entweder nur zur Versorgung Berlins oder nur zur Versorgung außerhalb Berlins gelegener Konsumstellen dienen.

Die von den Berliner Elektrizitäts-Werken geplante, zur Versorgung Berlins bestimmte, außerhalb des Weichbildes belegene Station Rummelsburg soll ebenso wie etwaige weitere für die Versorgung Berlins bestimmte außerhalb belegene Stationen rechtlich als „Innenstation" im Sinne des Vertrages vom $\frac{\text{14. März}}{\text{1. April}}$ 1899 behandelt werden. Macht die Stadt von ihrem Übernahmerecht aus § 31 Absatz 1 des Vertrages nur hinsichtlich der Innenstationen Gebrauch, so ist sie demnach zur Übernahme auch dieser außerhalb belegenen Stationen berechtigt und verpflichtet, wogegen die Berliner Elektrizitäts-Werke verpflichtet sind, mit diesen Stationen alle damit in Verbindung stehenden Rechte und Konzessionen, insbesondere die Rechte, Leitungen zur Fortführung der Elektrizität nach Berlin im Straßenkörper der Vorortgemeinden und Kreise zu verlegen und zu unterhalten, der Stadtgemeinde Berlin ohne andere Gegenleistung als Übernahme der betreffenden vertraglichen Verpflichtungen gegenüber den Kreisen und Gemeinden zu überlassen.

Das Recht der Stadtgemeinde Berlin, das Werk Oberspree und die sonstigen nicht zur Versorgung von Berlin bestimmten Außenwerke von der im übrigen erfolgenden Übernahme der Werke auszuschließen (§ 31 des Vertrages), wird durch die Übernahme der ausschließlich zur Versorgung Berlins bestimmten Außenwerke nicht berührt. In diesem Sinne gilt die Bestimmung in Absatz 1 des § 31 des Vertrages „jedoch nicht nur Teile derselben" als aufgehoben.

Artikel 6.

§ 3 Absatz 1 des Vertrages erhält folgenden Zusatz: Soweit die außerhalb des Weichbildes nach dem 1. Juli 1906 angelegten Werke dazu bestimmt sind, Elektrizität ausschließlich für Berlin zu liefern, bedarf es dieser Genehmigung nicht, da diese Werke als Innenwerke gelten.

§ 3 Absatz 2 des Vertrages wird gestrichen.

Artikel 7.

Der letzte Satz des § 31 des Vertrages wird dahin abgeändert: Findet die Übergabe der Anlage nach dem 1. Oktober 1915 statt, so ermäßigt sich der von der Stadt zu zahlende Buch- oder Taxwert mit Ausnahme der Grundstücke und Gebäude um je 15 % für jeden dreijährigen Zeitraum nach dem 1. Oktober 1915.

Artikel 8.

Zur Ausführung sowohl neuer Zentral- und Unterstationen als auch von Erweiterungen bestehender Stationen, welche für Berlin bestimmt sind, ist in jedem einzelnen Falle die Genehmigung des Magistrats einzuholen. Als genehmigt gelten die Anlage der neuen Station Rummelsburg und die für 1907 geplanten Umänderungen und Erweiterungen, soweit diese in den Anlagen des Schreibens vom 5. November 1906 dem Magistrat unterbreitet worden sind.

Artikel 9.

Kosten und Stempel dieses Abkommens tragen die Berliner Elektrizitäts-Werke.

Berlin, den 20. Februar 1907.

Magistrat hiesiger Königlicher Haupt- und Residenzstadt
Kirschner.   Namslau.

Berlin, den 15. Februar 1907.

Berliner Elektrizitäts-Werke
E. Rathenau.

Zwischen

den Aktien-Gesellschaften

1. Große Berliner Pferde-Eisenbahn-Aktien-
   Gesellschaft
2. Neue Berliner Pferdebahngesellschaft zu
   Berlin

einerseits

und der

Aktien-Gesellschaft Berliner Elektrizitäts
Werke zu Berlin
andererseits

wird, und zwar seitens der Berliner Elektrizitäts-Werke vorbehaltlich der Genehmigung der Stadt Berlin, folgende Vereinbarung getroffen*):

Art. 1.

Die G. und N. B. P. übertragen den B. E. W. und letztere übernehmen bis zum 31. Dezember 1919 die ausschließliche Lieferung der erforderlichen Elektrizität zum Betrieb der von den ersteren mit elektrischer Einrichtung bereits versehenen und noch zu versehenden eigenen und etwa noch zu erwerbenden Strecken innerhalb des Gebietes in und um Berlin, welches letztere durch einen Kreis begrenzt wird, dessen Radius 8 Kilometer, von der ehemaligen alten Münze (Werderscher Markt) aus gemessen, umfaßt. — Die darüber hinausgehenden zurzeit schon bestehenden Linien beider Gesellschaften sind in dieses Gebiet eingeschlossen, desgleichen soll in vereinzelten Fällen die Lieferung auch auf strahlenförmig auslaufende Linien bis zu zwölf Kilometer sich erstrecken.

Die Lieferung des Stromes erstreckt sich auch auf die von den Bahnen etwa benötigte Beleuchtung ihrer Wagen und Bahnhöfe. Sollte jedoch während der Vertragsdauer seitens der öffentlichen Behörden der G. und N. B. P. die Verwendung von Elektrizität zum Betriebe ihrer Bahnen nicht mehr gestattet werden, dann sollen letztere berechtigt sein, diesen Vertrag unter Innehaltung einer Kündigungsfrist von 6 Monaten aufzuheben. In diesem Falle sind den B. E. W. die verauslagten und rechnungsmäßig nachzuweisenden Kosten für die angelegten Haupt- und Speiseleitungen abzüglich der Abschreibungsbeträge hierauf von 4 % pro Jahr von der G. und N. B. P. unverzüglich zu erstatten.

Art. 2.

Die als Gleichstrom zu liefernde Elektrizität wird an den in dem Projekt möglichst schon festzustellenden Zuführungen zu den Arbeitsleistungen gemessen, und ihre Spannung soll an diesen Stellen bei normalem Betriebe nicht unter 480 Volt und nicht über 540 Volt betragen; jenseits des Bereiches von 8 Kilometern sind größere Spannungsunterschiede zulässig. Spannungsschwankungen, wie sie

---

*) Zur Verminderung des Schreibwerks ist in dem nachstehenden für die Worte: Große Berliner Pferde-Eisenbahn-Aktien-Gesellschaft und Neue Berliner Pferdebahn-Gesellschaft die abgekürzte Bezeichnung G. und N. B. P. und für die Berliner Elektrizitätswerke die abgekürzte Bezeichnung B. E. W. gewählt.

bei gut geführten elektrischen Eisenbahnen namentlich beim Anfahren der Wagen entstehen, sind zulässig. Die Messung der verbrauchten Elektrizität geschieht in geeigneten Räumlichkeiten, die die Bahnen herzustellen und den B. E. W. zur unentgeltlichen Benutzung zu überlassen haben, durch Elektrizitätsmesser eines vom Magistrat Berlins genehmigten Systems. Zur Kontrolle des Stromverbrauchs steht es den kontrahierenden Bahnen frei, neben diesen auf ihre Kosten je einen zweiten Elektrizitätsmesser einzuschalten. Umgekehrt werden zu demselben Zweck die kontrahierenden Bahnen den B. E. W. monatliche Aufstellungen gewähren, aus denen der Verbrauch an Elektrizität im Verhältnis zur Leistung ermittelt werden kann. Sollte begründete Vermutung vorhanden sein, daß die Elektrizitäts= messer der B. E. W. unrichtige Angaben liefern, so kann jede der Parteien die sofortige Auswechselung der betreffenden Apparate verlangen. Die Kosten der Auswechselung trägt entweder die Partei, deren Zähler sich als unrichtig erwiesen oder diejenige, deren Ver= mutung sich als unzutreffend ergeben hat. Eine Fehlergrenze bis $\pm$ 5 % ist zulässig und außer Betracht zu lassen.

Art. 3.

Die B. E. W. sind verpflichtet, sämtliche erforderlichen Haupt= und Rückleitungen, Speise= und Verteilungskabel bis zu denjenigen Masten, welche zum Anschluß an die Arbeitsleitungen dienen, ein= schließlich des Anschlusses an dieselben nebst allem Zubehör für Bahn= strecken, welche bis zum 1. Januar 1902 fertiggestellt werden, auf ihre Kosten auszuführen sowie die Hauptrückleitungen, Speise= und Verteilungsleitungen bis zu den Schalthäuschen während der Vertragsdauer ordnungsmäßig zu unterhalten. Die gleiche Ver= pflichtung übernehmen die G. und N. B. P., für die Fortleitung und Aufnahme der Elektrizität von den erwähnten Schalthäuschen aus.

a) Für diejenigen Strecken, welche von den Gesellschaften in der Zeit vom 1. Januar 1902 bis Ablauf des Jahres 1907 in Gemäßheit des zwischen dem Magistrat in Berlin und den Gesellschaften ab= geschlossenen Vertrages oder aus eigener Entschließung der Gesell= schaften gefordert bzw. hergestellt werden, tragen die Gesellschaften zu den Kosten der erforderlichen Kabel und deren Legung $^1/_3$ bei, während die B. E. W. $^2/_3$ tragen. Die von den Gesellschaften ge= gebenen Kostenbeträge werden ihnen von den B. E. W. bis Ablauf des Jahres 1919 jährlich mit 4 % verzinst.

b) Für diejenigen Strecken, welche in gleicher Weise wie sub a in der Zeit vom 1. Januar 1908 bis 31. Dezember 1913 gefordert bzw. hergestellt werden, tragen die Gesellschaften die Hälfte der Kosten für die Kabel und deren Legung, während die B. E. W. die andere Hälfte zu tragen haben. Die von den Gesellschaften gezahlten Kostenbeträge werden ihnen von den B. E. W. bis Ablauf des Jahres 1919 jährlich mit 4 % verzinst. Die Unterhaltungskosten der Kabel werden in gleicher Weise geteilt.

c) Für diejenigen Strecken, welche in der Zeit vom 1. Januar 1914 bis Ende des Jahres 1919 von den Gesellschaften etwa noch gebaut werden, tragen die Gesellschaften die gesamten Kabelkosten, und werden die dafür aufgewendeten Beträge ebenfalls bis zum Ende des Jahres 1919 jährlich mit 4 % von den B. E. W. verzinst.

Art. 4.

Die B. E. W. sind verpflichtet, die für den Bahnbetrieb beider Gesellschaften erforderliche Elektrizität während der Dauer des fahrplanmäßigen Betriebes jederzeit in ausreichender Menge zur Verfügung zu stellen; insbesondere bilden partielle Arbeiterausstände, Kohlenmangel, Nichtgangbarkeit der Maschinen, Störungen in den Haupt- und Speiseleitungen, im Betrieb entstandene Brandschäden u. dgl. keinen entschädigungsfreien Grund für die Unterbrechung der Stromabgabe.

Wenn innerhalb der erwähnten Grenzen Verstärkungen des oben als regelmäßig bezeichneten Betriebes zu erwarten sind, welche die gewöhnlichen Schwankungen desselben übersteigen, so ist die Leitung des Elektrizitätswerkes mindestens zwei Stunden vorher zu verständigen.

Sollte außerhalb der regelmäßigen Betriebszeit behufs Ausführung von Extrafahrten, Probe- oder Nachtbetrieb Strom erforderlich werden, so hat eine Benachrichtigung der Betriebsleitung des Elektrizitätswerkes mindestens 6 Stunden vorher und spätestens vor 6 Uhr abends zu erfolgen. Im Falle die Verständigung wegen Verstärkung des regelmäßigen Betriebes oder wegen Bedarfs an Elektrizität außerhalb der regelmäßigen Betriebszeit nach obiger Vorschrift erfolgt ist, so sind die B. E. W. zur Abgabe der Elektrizität verpflichtet.

In diesem Falle haben die G. und N. B. P. den B. E. W. eine besondere Vergütung von 20,— ℳ für jede Stunde längerer Abgabe von Elektrizität, selbstverständlich außer dem Preise für die verbrauchte Elektrizität, zu zahlen. Als Grenze der regelmäßigen Betriebszeit werden der fahrplanmäßige Beginn und Schluß der Fahrten mit einem Zuschlag von je einer halben Stunde morgens und abends für das Aus- und Einfahren der Wagen beim Depot angesehen.

Die G. und N. B. P. werden geeignete Anordnungen treffen, daß den Elektrizitätswerken die Zeiten für Beginn und Beendigung der täglichen Entnahme von Elektrizität tunlichst genau angegeben werden.

Art. 5.

Die B. E. W. haften für Störungen im Betriebe der Bahnen, welche sie durch mangelhafte oder unterbrochene Abgabe der Elektrizität verschulden, in der Weise, daß sie für jeden Motorwagenkilometer, welcher deswegen nicht gefahren werden kann, eine Konventionalstrafe von 45 ₰ an die G. und N. B. P. zahlen.

Die G. und N. B. P. verpflichten sich, überall, wo ihre Leitungen direkt oder indirekt mit den Kabeln der B. E. W. in Verbindung gebracht werden, wirksame Schutzvorrichtungen gegen Blitzgefahr anzubringen und in ordnungsmäßigem Zustande zu erhalten, und haften für alle Schäden, welche den B. E. W. durch Blitzschlag von den gedachten Leitungen der Bahnen erwachsen, insoweit, als diese Schäden auf Verschulden, insbesondere unsachgemäße Schutzvorrichtungen oder deren nicht ordnungsmäßige Instandhaltung seitens der G. und N. B. P. zurückzuführen sind.

Sie haben dafür Sorge zu tragen, daß nur wohlausgebildetes Personal beschäftigt wird und den Dienst sachgemäß versieht.

Den Bevollmächtigten der G. und N. B. P. steht der Zutritt zu den für Aufstellung der Elektrizitätsmesser hergerichteten Räumen in Begleitung von Angestellten der B. E. W. zum Zwecke von Revisionen oder Reparaturen an den ihnen gehörigen Einrichtungen zu.

Art. 6.

Die G. und N. B. P. sind verpflichtet, ihren Bedarf an Elektrizität für den Bahnbetrieb bis zum 31. Dezember 1919 ausschließlich von den B. E. W. bzw. deren Rechtsnachfolgern zu beziehen. Sie verpflichten sich, Elektrizität ohne ausdrückliche und schriftliche Genehmigung der B. E. W. bzw. deren Rechtsnachfolger zu anderen Zwecken als denen des Bahnbetriebs sowie der erwähnten Beleuchtung von Wagen und Bahnhöfen aus den für die Straßenbahn bestimmten Leitungen weder selbst zu entnehmen noch anderen die Entnahme zu gestatten.

Für die Beleuchtung der Bahnhöfe ist die Entnahme der Elektrizität aus den für den Bahnbetrieb bestimmten Leitungen zulässig, soll jedoch tunlichst unter Benutzung von Akkumulatoren geschehen.

Art. 7.

Der Preis für den nach Art. 2 ermittelten Stromverbrauch beträgt unter der Voraussetzung, daß die Stadtgemeinde Berlin für die zu Straßenbahnzwecken gelieferte Elektrizität eine 10 proz. Abgabe erhebt, 10 ₰ für die Kilowattstunde.

Die Bezahlung seitens der G. und N. B. P. erfolgt monatlich in bar innerhalb 14 Tagen nach Eingang der bezüglichen Rechnung der B. E. W. Auf vorstehenden Preis werden nachfolgende Rabatte bewilligt:

bei einem jährlichen Energie-Verbrauch von mehr als

1 000 000 Kw.-St.	. . . .	2 %
3 000 000 „	. . . .	4 %
5 000 000 „	. . . .	6 %
8 000 000 „	. . . .	8 %
10 000 000 „	. . . .	10 %

Die Verrechnung der Rabatte erfolgt in Verbindung mit der letzten Monatsrechnung des Kalenderjahres.

Sollten die B. E. W. einem anderen Stromabnehmer in Berlin und Umgegend oder andere Elektrizitätserzeugungs-Gesellschaften in Berlin oder Umgebung oder in einer der drei größeren, noch näher zu bezeichnenden Städte Deutschlands, die Elektrizität unter ähnlichen Verhältnissen vermittels Dampfkraft erzeugen, diese zum Bahnbetrieb an Dritte billiger als zu den vorbezeichneten Preisen abgeben, so sind die B. E. W. verpflichtet, diese billigeren Preise unabhängig von den sonstigen Vertragsbedingungen auch den G. und N. B. P. ebenfalls zuzugestehen.

Soweit die Abgabe auf die von den vertragschließenden Pferdebahngesellschaften bezogene Elektrizität nicht zur Hebung gelangt, kommt die Hälfte derselben den Pferdebahngesellschaften zugute und sind die Beträge bei der Abrechnung zu kürzen.

Um zu bewirken, daß der für den Betrieb der Motorwagen im Weichbilde Berlins benötigte Strom lediglich aus den Zentralen der B. E. W. entnommen wird, haben die G. und N. B. P. geeignete

Maßregeln zu treffen (Anweisung an die Fahrer und eventuell mechanische Vorrichtungen).

Die B. E. W. sind verpflichtet, den rechtzeitigen Eingang der behördlichen Genehmigung vorausgesetzt, welche in jedem Falle die G. und N. B. P. einholen, alle Einrichtungen zu treffen, damit die Abgabe der Elektrizität zu den von der G. und N. B. P. zu bezeichnenden Terminen beginnen kann.

Die erforderlichen Genehmigungen gelten als rechtzeitig eingegangen, wenn den B. E. W. vom Tage des Einganges der letzten Genehmigung

a) eine Frist von längstens 3 Monaten zur Herstellung der Kabel,

b) eine weitere Frist von 2 Monaten frostfreien Wetters zur Verlegung der Leitungen zur Verfügung steht.

Für den Fall nicht rechtzeitiger Fertigstellung unterwerfen sich die B. E. W. für jeden vollen Tag der Verzögerung einer Konventionalstrafe von 500 M. Dagegen verpflichten sich die G. und N. B. P., am Anfange eines jeden Jahres, den B. E. W. diejenigen Bahnstrecken aufzugeben, welche im Laufe desselben für elektrischen Betrieb eingerichtet werden sollen.

Die G. und die N. B. P. sind berechtigt, bis zum 1. Januar 1898 die Elektrizität zu beanspruchen, welche einer Leistung von 4500 Pferdekräften entspricht, weitere 3000 Pferdestärken bis zum 1. April 1899 und den etwaigen Rest bis zum gleichen Betrage von 3000 Pferdestärken bis zum 30. Juni 1899.

Art. 8.

Sollten sich aus diesem Vertrage irgendwelche Streitigkeiten ergeben, so sollen diese unter Ausschluß des ordentlichen gerichtlichen Verfahrens durch ein Schiedsgericht entschieden werden, welches nach den Vorschriften der Zivil-Prozeß-Ordnung zu berufen sind, und es haben in diesem Falle die G. und N. B. P. einen und die B. E. W. den anderen Schiedsrichter zu ernennen.

Für den Fall, daß diese Schiedsrichter sich nicht einigen, ernennt der Magistrat der Stadt Berlin den Obmann.

Art. 9.

Mit dem Inkrafttreten dieses Vertrages wird der zwischen der G. und N. B. P. und den B. E. W. bestehende Vertrag vom 1. 10.95

und 17. 1. 96 aufgehoben und finden auf die in dem letzteren Vertrage benannten zurzeit schon mit Elektrizität betriebenen Linien die Bestimmungen dieses Vertrages Anwendung.

Art. 10.

Von den Stempelkosten dieser Vereinbarung tragen die G. und N. B. P. zusammen die eine und die B. E. W. die andere Hälfte.

Berlin, den 27. Oktober 1897.

Große Berliner Pferde-Eisenbahn-Aktien-Gesellschaft.
Neue Berliner Pferdebahn-Gesellschaft.
Berliner Elektrizitäts-Werke.

***

Zwischen den Aktien-Gesellschaften

Große Berliner Straßenbahn,
Berlin-Charlottenburger Straßenbahn,
Westliche Berliner Vorortbahn,
Südliche Berliner Vorortbahn,
Nordöstliche Berliner Vorortbahn,
sämtlich zu Berlin,
einerseits

und der

Aktiengesellschaft Berliner Elektrizitäts-Werke
zu Berlin
andererseits
wird folgender Vertrag geschlossen:

§ 1.

Die Berliner Elektrizitäts-Werke haben Stromlieferungsverträge abgeschlossen

a) mit der Großen Berliner Straßenbahn am 27. Oktober 1897,
b) mit der Westlichen Berliner Vorortbahn am 28. Juli und 22. Oktober 1900,
c) mit der Berlin-Charlottenburger Straßenbahn am 9./22. Febr. und 11. Mai 1901,
d) mit der Nordöstlichen Berliner Vorortbahn am 8./15. August 1898.

Die vorstehend unter b), c) und d) aufgeführten Verträge werden hierdurch aufgehoben.

§ 2.

Die Berlin=Charlottenburger Straßenbahn, Westliche Berliner Vorortbahn, Südliche Berliner Vorortbahn und Nordöstliche Berliner Vorortbahn übertragen den Berliner Elektrizitäts=Werken und letztere übernehmen die ausschließliche Lieferung der erforderlichen Elektrizität zum Betriebe der von den genannten Straßenbahn=gesellschaften betriebenen und etwa noch zu erwerbenden oder neu herzustellenden Strecken innerhalb des Stadtgebiets von Berlin, und zwar unter den Bedingungen des Artikels 1 Abs. 2 bis Artitel 7 des Vertrages zwischen der Großen Berliner Straßenbahn und den Berliner Elektrizitäts=Werken vom 27. Oktober 1897 in der durch die nachfolgenden Vereinbarungen teilweise abgeänderten Fassung.

§ 3.

Die Dauer der durch § 2 vereinbarten Stromlieferungsverträge wird ebenso wie diejenige des bestehenden Stromlieferungsvertrages zwischen der Großen Berliner Straßenbahn und den Berliner Elektrizitäts=Werken — bei letzterem unter entsprechender Abänderung der Artikel 1 und 6 — auf die Zeit bis zum 31. Dezember 1949 erstreckt. Der Vertrag erlischt jedoch mit dem 31. Dezember 1939, wenn zu diesem Zeitpunkte das Vertragsverhältnis zwischen der Stadtge=meinde Berlin und der Großen Berliner Straßenbahn über die Straßenbenutzung infolge Ablaufs der Zustimmungsdauer beendigt wird.

§ 4.

Der zwischen der Großen Berliner Straßenbahn und den Ber=liner Elektrizitäts=Werken bestehende Stromlieferungsvertrag vom 27. Oktober 1897 erleidet ferner folgende Abänderung:

A. Die Bestimmungen des Art. 7 bis zu den Worten „sind die Beträge bei der Abrechnung zu kürzen" werden aufgehoben. An ihre Stelle treten, und zwar mit Wirkung vom 1. Januar 1911 ab, folgende Vorschriften:

I. Der Preis für den nach Art. 2 ermittelten Stromverbrauch beträgt 9 ₰ pro Kilowattstunde.

Vom 1. Januar 1920 und demnächst von jedem sechsten Jahre ab wird dieser Grundpreis für die folgenden 5 Jahre in dem Verhältnis erhöht oder herabgesetzt, als sich infolge Änderung des Durchschnitts=kohlenpreises der vorhergehenden 5 Jahre gegen den Durchschnitts=

preis der Jahre 1906—1910 die Kohlenkosten der B. E. W. pro Kilowattstunde erhöht oder ermäßigt haben. Hierbei ist der von den Berliner Elektrizitäts-Werken loco Verwendungsstelle gezahlte Kohlenpreis in Rechnung zu stellen.

Die Bezahlung des Strompreises erfolgt monatlich in bar innerhalb 14 Tagen nach Eingang der Rechnung der Berliner Elektrizitäts-Werke. Auf vorstehenden Preis werden nachfolgende Rabatte bewilligt:

Bei einem jährlichen Energieverbrauch von mehr als

1 000 000 Kw.-St.	. . . .	2 %
3 000 000 „	. . . .	4 %
5 000 000 „	. . . .	6 %
8 000 000 „	. . . .	8 %
10 000 000 „	. . . .	10 %
20 000 000 „	. . . .	11 %
30 000 000 „	. . . .	12 %

und so fort bei einem Mehrverbrauch von je 10 000 000 Kilowattstunden ein solcher von je 1 % bis zum Höchstbetrage von 25 % bei einem Verbrauch von mehr als 160 000 000 Kilowattstunden. Bei Bemessung des Rabattprozentsatzes ist der Gesamtverbrauch der Großen Berliner Straßenbahn, Berlin-Charlottenburger Straßenbahn, Westliche Berliner Vorortbahn, Südliche Berliner Vorortbahn und Nordöstliche Berliner Vorortbahn zugrunde zu legen. Für die Zeit vom 1. Januar 1911 ab ist ferner bei der Rabattberechnung mindestens ein Verbrauch von mehr als 60 000 000 Kilowattstunden in Ansatz zu bringen.

Die Verrechnung der Rabatte erfolgt in Verbindung mit der letzten Monatsrechnung des Kalenderjahres.

II. Vom 1. Januar 1920 ab und demnächst von jedem sechsten Jahre ab wird auf Verlangen der Großen Berliner Straßenbahn der von ihr während des folgenden fünfjährigen Zeitraums zu zahlende Strompreis nach den durchschnittlichen Selbstkosten der Berliner Elektrizitäts-Werke während der vorhergehenden 5 Jahre zuzüglich eines Gewinnzuschlages von 10 % berechnet. Die Große Berliner Straßenbahn kann zu diesem Zwecke während des ersten Monats des betreffenden Jahres Einsicht der Bücher der Elektrizitäts-Werke und der sonst erforderlichen Unterlagen fordern. Geschieht dies nicht, oder erklärt die Große Berliner Straßenbahn nicht innerhalb des ersten Vierteljahres des betreffenden Jahres, daß sie die Preisbestimmung nach Maßgabe der Selbstkosten wähle, so gelten für die folgende fünfjährige Periode die in Nr. 1 festgesetzten Preise.

Die Berechnung der Selbstkosten erfolgt nach Maßgabe der in der Anlage festgestellten Grundsätze.

III. Sollte zwischen den Parteien über die Änderung des Grundpreises (§ 4, I Abs. 2) oder über die Höhe der Selbstkosten eine Einigung nicht zu erzielen sein, so findet die Feststellung derselben im Wege eines Abschätzungsverfahrens nach Maßgabe folgender Bestimmungen statt:

Jeder Teil ernennt einen Sachverständigen. Verzögert ein Teil trotz schriftlicher Aufforderung die Ernennung des Sachverständigen länger als zwei Wochen, so ist der andere Teil berechtigt, beide Sachverständige zu ernennen. Verweigert der eine der ernannten Sachverständigen ausdrücklich oder stillschweigend seine Mitwirkung, so hat der Ernennende binnen einer Woche nach geschehener Aufforderung einen anderen Sachverständigen zu ernennen; unterläßt er dies, so ernennt der andere Teil den Ersatzmann. Können die beiden Sachverständigen zu einer Einigung nicht gelangen, so erfolgt dieselbe durch einen von diesen Sachverständigen zu bestimmenden Obmann.

Können die Sachverständigen sich über die Person des Obmannes nicht einigen, so erfolgt die Ernennung desselben durch den Senat der Technischen Hochschule zu Charlottenburg und, falls dieser die Ernennung ablehnt, durch den Rektor der Hochschule. Beide Teile unterwerfen sich der Entscheidung dieser Sachverständigen unbedingt, unter Verzichtleistung auf jedes Rechtsmittel.

IV. Der nach Ziffer I oder II dieses Paragraphen berechnete Strompreis erhöht sich ferner um einen Zuschlag, der bis zum 1. Januar 1920 0,9 ₰ für die Kilowattstunde, und von da ab 11,1 % des Strompreises beträgt.

B. Unter Aufhebung des Artikels 8 des Vertrages vom 27. Oktober 1897 wird bestimmt, daß alle aus dem Vertragsverhältnis der Parteien sich ergebenden Streitigkeiten ihre Erledigung im ordentlichen Rechtswege finden.

§ 5.

Die Rechte und Pflichten der Berliner Elektrizitäts-Werke aus dem Vertrage vom 27. Oktober 4897 und aus diesem Vertrage gehen auf die Stadtgemeinde Brelin über, wenn diese die Berliner Elektrizitäts-Werke übernimmt.

§ 6.

Von den Stempelkosten dieses Vertrages übernehmen die fünf Straßenbahngesellschaften die eine, die Berliner Elektrizitäts-Werke die andere Hälfte.

Berlin, den 3. August 1911.

Große Berliner Straßenbahn,
Westliche Berliner Vorortbahn,   Berliner Elektrizitäts-Werke
Berlin-Charlottenburger Straßenbahn   gez. Datterer.
Südliche Berliner Vorortbahn,   Passavant.
Nordöstliche Berliner Vorortbahn A.-G.
     gez. Dr. Mide.   Koehler.

Grundsätze für die Berechnung der Selbstkosten der Berliner Elektrizitäs-Werke.

I. Unter einer Kilowattstunde ist immer die an der **Konsumstelle** verkaufte Kilowattstunde zu verstehen.

II. Die Selbsterzeugungskosten des Stromes für Licht und Kraft und desjenigen für Bahnzwecke können nicht immer getrennt berechnet werden; für einzelne der für Selbsterzeugungskosten gültigen Positionen müssen die Kosten vielmehr gemeinsam berechnet werden.

A. Als derartig gemeinsam zu berechnende Kosten sind diejenigen der nachfolgenden Positionen anzusehen:

1. die Betriebsmaterialien,
2. Gehälter und Löhne für den Betrieb,
3. allgemeine Unkosten für den Betrieb und
4. Reparaturkosten für die maschinellen und elektrischen Einrichtungen der Kraftwerke und Unterstationen.

Zu diesen einzelnen Positionen wird nachfolgendes erläuternd bemerkt und festgestellt:

1. **Betriebsmaterialien.** Unter diesen Begriff fallen alle diejenigen Materialien, welche mittelbar oder unmittelbar in den Kraftwerken oder Unterstationen zur Erzeugung des elektrischen Stromes dienen, insbesondere also Kohlen, Öl, Putzmaterial, Wasser und weiterhin auch andere Materialien, z. B. Beleuchtungsmaterialien für die Kraftstationen, Kosten für die Ventilation des Maschinenhauses usw.

2. **Gehälter und Löhne für den Betrieb.**

Hierunter fallen alle Löhne derjenigen Beamten und Arbeiter, die in den Kraftwerken und Unterstationen für die Erzeugung der elektrischen Energie tätig sind. Es fallen also hierin die Gehälter und Löhne z. B. für die Betriebsingenieure, die Maschinenmeister, Maschinisten, Heizer, Putzer, Arbeiter usw.

3. **Allgemeine Unkosten für den Betrieb.** Unter dieser Position werden alle diejenigen Kosten zusammengefaßt, die in den beiden vorhergenannten Positionen nicht enthalten sind, also z. B. Gehälter für Beamte, die in dem Hauptbureau für die Überwachung des Betriebes, für Messungen, Eichungen, Störungsbeseitigung usw. tätig sind. Auch das Gehalt des Betriebsdirektors ist in dieser Position enthalten, unter der auch andere Kosten, die sich in den ersten beiden Positionen nicht unterbringen lassen, zusammengefügt werden können.

4. **Reparaturkosten für die maschinellen und elektrischen Einrichtungen der Kraftwerke und Unterstationen.** Unter diesen Begriff fallen alle für die Reparatur der maschinellen und elektrischen Einrichtungen der Kraftwerke und Unterstationen aufzuwendenden Kosten. Die Verbindungskabel zwischen den Unterstationen und den zugehörigen Primärstationen zählen zu den elektrischen Einrichtungen.

B. Als nur den Bahnstrom belastende Kosten werden diejenigen der nachfolgenden Positionen bezeichnet:

1. Reparaturkosten für das Speiseleitungsnetz der Bahnanlage,
2. Kosten für Unterhaltung und Reparatur der Zähler für die Bahnanlage,
3. anteilige Handlungsunkosten,
4. anteilige Rücklagen für den Erneuerungsfonds,
5. anteilige Abschreibungen,
6. anteilige Steuern,
7. anteilige Versicherungen,
8. anteilige Mieten, einschließlich des Mietwerts der eigenen Grundstücke der Gesellschaft.

Zu den einzelnen Positionen wird wiederum nachfolgendes erläuternd bemerkt:

1. **Reparaturkosten für das Speiseleitungsnetz der Bahnanlage.** Unter Speiseleitungsnetz für die Bahnanlage sind alle diejenigen Kabelleitungen zu verstehen, die von den Stromerzeugungsquellen zu den Speisepunkten bzw. Unterspeisepunkten der Bahnanlage hinführen und welche vertraglich von den B. E. W. zu unterhalten sind.

2. **Kosten für Unterhaltung und Reparatur der Zähler für die Bahnanlage.** Diese Position bedarf keiner besonderen Erläuterung.

3. **Anteilige Handlungsunkosten.** Unter Handlungsunkosten sind alle diejenigen Kosten zu verstehen, die durch den kaufmännischen Betrieb, also durch Gehälter und Löhne und Material der kaufmännischen Bureaus entstehen. Diese Kosten sind aber für den Bahnstrom verhältnismäßig geringer als für den Strom für Licht und Kraft. Es erscheint daher gerechtfertigt, daß der Bahnstrom durch die Handlungsunkosten geringer belastet wird als der Strom für Licht und Kraft. Die B. E. W. haben, diesem Grundsatze folgend, zur Deckung der auf die beiden Stromarten entfallenden Handlungsunkosten entsprechende Prozentsätze der Verkaufspreise des Stromes für Licht und Kraft, beziehungsweise für Bahn eingesetzt, ein Verfahren, das berechtigt erscheint.

4. und 5. **Anteilige Rücklagen für den Erneuerungsfonds und anteilige Abschreibungen.** Für die Höhe der Rücklagen und Abschreibungen sind die Bestimmungen in dem bestehenden Vertrage der Stadtgemeinde und der B. E. W. maßgebend.

Die Positionen 5—8 stellen von der Menge des verkauften Stromes unabhängige Kosten dar. Es erscheint angemessen, diese Kosten proportional der Leistungsfähigkeit der für Licht und Bahnbetrieb vorhandenen Betriebsmittel jährlich zu verteilen, wobei die Akkumulatorenbatterien einzubeziehen und die Lichtbatterien entsprechend den Bahnbatterien ebenfalls mit dem Wert der einstündigen Entladedauer einzusetzen sind.

Die beigefügte Tabelle gibt als Beispiel die Art der Unterteilung der Betriebsmittel für das Jahr 1910 an.

In gleicher Weise soll die Verteilung der in den Positionen 5—8 genannten Kosten erfolgen.

Die Positionen 5—7 bedürfen keiner weiteren Erläuterung. Zu der Position 8. „Mieten" ist zu bemerken, daß die B. E. W. dem Betrieb für die von diesem benutzten Grundstücke und Gebäude Mieten in Rechnung stellen, und zwar in Form eines Prozentsatzes des Wertes der benutzten Grundstücke. Unter den Begriff „Mieten" fallen natürlich auch Mieten, die für Benutzung fremder Grundstücke gezahlt werden.

III. Sollten die B. E. W. dazu übergehen, den für ihre Abnehmer benötigten Strom von dritter Seite zu beziehen, so sind für die Be-

rechnung der Selbstkosten der B. E. W. die Bezugskosten der Elektri=
zität sowie die sonstigen für die Abgabe des Stromes von den
B. E. W. zu machenden Aufwendungen an Stelle der entsprechenden
Erzeugungskosten zu setzen.

Maxima und Betriebsmittel Dezember 1910.

	Lichtbetrieb		Bahnbetrieb	
	Maxima Kw.	Vorhandene Betriebs= mittel Kw.	Maxima Kw.	Vorhandene Betriebs= mittel Kw.
Markgrafenstr.	5 153	13 786	—	—
Anteil v. Moabit		8 306		
Mauerstr.	4 950	13 598	1 380	2 310
Anteil v. Moabit		1 338		1 773
Spandauer Str.	4 790	14 478	1 920	2 623
Schiffbauerdamm=Luisen= straße	4 280	10 404	1 570	2 873
Mariannenstr.	5 925	13 848	1 980	3 417
Anteil v. Rummelsburg bzw. Oberspree . . .		9 207		3 226
Palisadenstr.	2 372	8 748	1 210	2 317
Anteil v. Rummelsburg .		3 686		1 880
Voltastr.	4 206	10 684	1 155	2 317
Anteil von Moabit . . .		6 780		1 862
Königin=Augusta=Str. . .	4 361	12 470	1 650	2 317
Anteil v. Moabit		7 029		2 660
Wilhelmshavener Str. .	2 185	7 296	—	—
Anteil v. Moabit		3 522		
Zossener Str..	3 267	8 748	990	2 317
Anteil v. Oberspree . . .		5 324		1 613
Alte Jakobstr.	2 786	10 216	—	—
Anteil v. Oberspree . . .		4 540		
Koppenplatz	1 758	7 848	990	2 317
Anteil v. Moabit		2 834		1 596
Prenzlauer Allee	1 972	6 208	1 540	2 317
Anteil v. Rummelsburg .		3 064		2 393
Rudolfplatz	1 380	5 240	1 045	2 317
Anteil v. Rummelsburg .		2 146		1 624
Unterstation Moabit . .			660	2 933
Anteil v. Moabit				1 064
Oberspree Vororte . . .	10 500	17 110	300	489
Moabit Vororte	6 460	10 412	170	274
Sa.	66 345	228 870	16 090	50 829

In vorstehender Aufstellung sind bei den Betriebsmitteln sämtliche Akkumulatorenbatterien mit eingerechnet, und zwar sind die Lichtbatterien auf eine einstündige Entladedauer bezogen.

Berlin, den 3. August 1911.

Große Berliner Straßenbahn,
Westliche Berliner Vorortbahn,   Berliner Elektrizitäts-Werke
Berlin-Charlottenburger Straßenbahn,   gez. Datterer.
Südliche Berliner Vorortbahn,   Passavant.
Nordöstliche Berliner Vorortbahn A.-G.
gez. Dr. Micke.   Koehler.

Auszugsweise Abschrift.

Große Berliner Straßenbahn,
Westliche Berliner Vorortbahn,   Berlin W., den 27. Juli 1911.
Berlin-Charlottenburger Straßenbahn,
Südliche Berliner Vorortbahn,
Nordöstliche Berliner Vorortbahn.
Gesch.-Nr. I. 3518/11.

An die
Berliner Elektrizitäts-Werke
Hier.

Vorausgesetzt, daß der geplante Stromlieferungsvertrag zwischen Ihrer Gesellschaft und den oben bezeichneten fünf Bahngesellschaften betreffend die Stromlieferung bis zum Ablauf des Jahres 1939, ev. 1949, zum Abschluß kommt, sind wir verpflichtet, die im § 4 Nr. IV dieses Vertrages normierten Preiszuschläge in Höhe von 0,9 ₰ pro Kilowattstunde bzw. von 11,1 % auch dann weiterzuzahlen, wenn die Stadtgemeinde Berlin die Berliner Elektrizitäts-Werke während der Vertragsdauer übernehmen sollte. Überhaupt erklären wir für den letztgenannten Fall unser Einverständnis damit, daß die Rechte und Pflichten der Berliner Elektrizitäts-Werke aus dem dann zwischen diesen und den oben bezeichneten Straßenbahngesellschaften bestehenden Stromlieferungsvertrage auf die Stadtgemeinde Berlin übergehen.

Die Direktion.
gez. Unterschriften.

Magistrat   Berlin, den 4. August 1911.
hiesiger Königlichen Haupt- und Residenzstadt.
J.-Nr. 1848.   V. 11.

Wir bestätigen den Inhalt Ihres gefälligen Schreibens vom 3. d. Mts. und erteilen gemäß §§ 11 und 21 unseres Vertrages mit Ihnen vom $\frac{1.\,\text{April}}{14.\,\text{März}}$ 1899 dem uns mit dem vorbezeichneten Schreiben eingereichten Stromlieferungs-Vertrage mit der Großen Berliner Straßenbahn und den übrigen Straßenbahngesellschaften unsere Genehmigung, indem wir zugleich die in dem Schreiben der Gesellschaften vom 27. d. Mts. enthaltenen Erklärungen akzeptieren.

Der Vertrag, von dem wir Abschrift zurückbehalten haben, folgt anbei zurück.

(gez.) Unterschrift.

An die
Berliner Elektrizitäts-Werke
hier.

Zwischen der Allgemeinen Elektrizitäts-Gesellschaft und den Berliner Elektrizitätswerken, beide zu Berlin, ist folgender Vertrag abgeschlossen worden:

§ 1.

Die Allgemeine Elektrizitäts-Gesellschaft wird wie bisher die Geschäfte für Rechnung der Berliner Elektrizitätswerke, d. h. unter folgenden Bedingungen führen:

Sämtliche aus dem Betriebe entstehenden Kosten und Aufwendungen, insbesondere die Gehälter und Löhne der für den Betrieb Angestellten (Direktoren, Beamten, Arbeiter), die Feuerungs- und Betriebsmaterialien einschließlich Bogenlichtkohlen, Beleuchtung, Heizung und Wasserversorgung der Stationen, Reparaturen, Steuern, Publikationen, Anwaltskosten werden von den Berliner Elektrizitätswerken selbst getragen. Die Allgemeine Elektrizitäts-Gesellschaft trägt hingegen alle übrigen Kosten und Gehälter. Sie erhält hierfür alljährlich aus der Brutto-Einnahme der Berliner Elektrizitätswerke für Lieferung von Elektrizität, für Beleuchtung und gewerbliche Zwecke einschließlich etwaiger Lampengebühren 7½% bis zur Höhe von 500 000 Reichsmark und 4% für den diese Summe übersteigenden Betrag, ferner 2% der Brutto-Einnahme für die zum Bahnbetrieb gelieferte Elektrizität. Sie erhält außerdem alljährlich zur Verteilung an Vorstandsmitglieder der Allgemeinen Elektrizitäts-Gesellschaft, welche ein Gehalt seitens der Berliner

Elektrizitätswerke nicht beziehen, eine Tantieme in Höhe von 5 % des Reingewinns. Sollte der Aufsichtsrat der Berliner Elektrizitätswerke zu Vorstandsmitgliedern Persönlichkeiten wählen, welche nicht seitens der Allgemeinen Elektrizitäts-Gesellschaft in Vorschlag gebracht waren. so ist die Allgemeine Elektrizitäts-Gesellschaft zur Zahlung deren Besoldung nicht verpflichtet.

Im übrigen ist es Sache der Allgemeinen Elektrizitäts-Gesellschaft, die Höhe der Einkünfte der von ihr zu besoldenden Vorstandsmitglieder zu bestimmen; etwa vom Aufsichtsrat der Berliner Elektrizitätswerke bewilligte Mehrbeträge gehen zu Lasten der Berliner Elektrizitätswerke.

§ 2.

Die Berliner Elektrizitätswerke sind verpflichtet, alle baulichen und maschinellen Einrichtungen, sowohl für die bestehenden, wie für sämtliche Neuanlagen, ausschließlich von der Allgemeinen Elektrizitäts-Gesellschaft zu beziehen bzw. durch dieselbe herstellen zu lassen.

Die Allgemeine Elektrizitäts-Gesellschaft ist hierbei nur Berechtigt, außer dem Ersatz ihrer Barauslagen für die Ausarbeitung der Projekte und die Bauleitung einschließlich des Unternehmergewinns bei den durch Dritte bewirkten Lieferungen und Arbeiten $^1/_{10}$ auf Bau- und Straßenarbeiten und $^1/_9$ auf alle sonstigen Lieferungen und Leistungen zu beanspruchen, wogegen sie alle ihr zugebilligten Vergütungen den Berliner Elektrizitätswerken gutzuschreiben hat. Die von der Allgemeinen Elektrizitäts-Gesellschaft selbst ausgeführten Fabrikate und Arbeiten sind den Berliner Elektrizitätswerken zu den Preisen der meistbegünstigten Abnehmer zu berechnen.

§ 3.

Die Allgemeine Elektrizitäts-Gesellschaft verpflichtet sich, während der Dauer vorliegenden Vertrages den Berliner Elektrizitätswerken alle in ihrem alleinigen Besitz befindlichen oder bis dahin in ihren Besitz gelangenden Konzessionen und Anlagen und ebenso von allen derartigen Konzessionen und Anlagen, an welchen sie nur einen Anteil besitzt oder künftig erwirbt, den von ihr besessenen oder erworbenen Anteil zum Kauf anzubieten, welche die gewerbliche Lieferung von Elektrizität an jedermann gegen Entgelt unter Benutzung öffentlicher Straßen für die Legung der

Leitungen bezwecken, und zwar im Umkreise von 30 km Luftlinie, vom Berlinischen Rathause gerechnet.

Für das Elektrizitätswerk Oberspree und alle bis zum Inkrafttreten vorliegenden Vertrages in den Besitz der Allgemeinen Elektrizitäts-Gesellschaft gelangenden oder gelangten Konzessionen und Anlagen hat das Angebot unmittelbar nach Inkrafttreten des Vertrages zu erfolgen.

Die Berliner Elektrizitätswerke sind berechtigt, binnen drei Monaten von Erhalt des Angebots zu erklären, daß sie dasselbe annehmen; für die Übernahme der Konzessionen und Anlagen findet alsdann § 2 des Vertrages entsprechende Anwendung.

Geben die Berliner Elektrizitätswerke binnen der vorbezeichneten Frist keine endgültige Annahmeerklärung ab, so ist die Allgemeine Elektrizitäts-Gesellschaft berechtigt, über die betreffende Anlage oder Konzession frei zu verfügen.

§ 4.

Die Berliner Elektrizitätswerke verpflichten sich, der Allgemeinen Elektrizitäts-Gesellschaft diejenige Elektrizität zum Selbstkostenpreis zu liefern, welche dieselbe auf dem dem Elektrizitätswerk Oberspree benachbarten Fabrikgrundstück Wilhelminenhof (Schöneweide, Bl. 288) für eigene Zwecke ihrer Betriebe verwenden wird.

Der Selbstkostenpreis berechnet sich für jedes Geschäftsjahr der Berliner Elektrizitätswerke nach dem Verbrauch an Feuerungs- und Betriebsmaterialien, den Aufwendungen an Löhnen und Gehältern und den Abschreibungen und Reparaturen der Zentralstation im Verhältnis des durch Zähler zu ermittelnden Verbrauches an Elektrizität zur gesamten in derselben erzeugten Elektrizitätsmenge. Für allgemeine Unkosten treten der so ermittelten Summe 5 % hinzu.

§ 5.

Dieser Vertrag bleibt so lange in Kraft wie der zwischen der Stadtgemeinde Berlin und den Berliner Elektrizitätswerken am 14. März/1. April 1899 abgeschlossene Vertrag.

16*

Bedingungen für die Lieferung von Elektrizität im Anschluß an das Leitungsnetz der Berliner Elektrizitäts-Werke im Weichbilde von Berlin*).

§ 1.

Stromabgabe.

Die Zuführung der Elektrizität erfolgt zu jeder Tages- und Nachtzeit an jeden Abnehmer, der die vorliegenden Bedingungen schriftlich anerkennt und sich zur Abnahme auf mindestens ein Jahr verpflichtet, sofern Straßenleitungen bei seinem Grundstück vorbeiführen und die vorhandenen Anlagen der Gesellschaft nach dem Ermessen des Magistrats die Gewährung der beanspruchten Leistungen gestatten.

Die Berliner Elektrizitäts-Werke sind der Stadtgemeinde Berlin gegenüber verpflichtet, innerhalb zwölf Monate vom Tage der Anmeldung ihre Leitungen überall da zu verlegen, wo auf je 20 m Straßenlänge, vom nächsten Verteilungskasten ab gerechnet, ein Anschluß von je ein Kilowatt gesichert ist.

Sollte die Gesellschaft durch Feuersgefahr, Naturereignisse, Krieg oder Aufstand, überhaupt durch höhere Gewalt oder durch Umstände, welche sie nicht zu verhindern vermag, an der Erzeugung von Elektrizität oder deren Fortleitung zu den Bezugstellen verhindert sein, so ruht ihre Verpflichtung zur Lieferung so lange, bis die Störungen und deren Folgen beseitigt sind, ohne daß die Abnehmer irgendwelche Entschädigung beanspruchen können.

§ 2.

Preis der Elektrizität.

Der Preisberechnung für den Verbrauch der Elektrizität liegt die Kilowattstunde, d. h. der Verbrauch von 1000 Volt-Amp. während einer Stunde, zugrunde.

A. Tarif für Beleuchtung.

I. Allgemeiner Tarif.

Der Grundpreis für Elektrizität zu Beleuchtungszwecken beträgt zurzeit für die Kilowattstunde 40 ₰.

Abnehmer, deren Verbrauch für elektrisch Beleuchtung 100 Kilowattstunden für das Jahr nicht erreicht, haben für ihren Verbrauch

---

*) In Kraft seit dem 1. 1. 1911. Akten Elektr. Erleuchtung 21, Band 9. Die früheren Bedingungen sind abgedruckt in der ersten Ausgabe Band 4, Seite 402 ff.

einen Pauschalbetrag von 40 Mark zu zahlen. Preisänderungen erfolgen mit Zustimmung des Magistrats und treten einen Monat nach Bekanntmachung in mindenstens sechs Berliner Tageszeitungen in Kraft, falls nicht in der Bekanntmachung ein anderer Zeitpunkt genannt ist.

Abnehmern, deren Verbrauch, für Beleuchtungszwecke während eines Kalenderjahres 10000 Mark übersteigt, werden die folgenden Rabatte gewährt:

bei jährlicher Entnahme über	10 000 Mark	5 %
" " " "	20 000 "	7½ %
" " " "	30 000 "	10 %
" " " "	40 000 "	12½ %
" " " "	50 000 "	15 %
" " " "	75 000 "	17½ %
" " " "	100 000 "	20 %

Bei jeden weiteren 25 000 Mark erhöht sich der Rabatt um den Betrag von 2½ % bis zum Höchstbetrage von insgesamt 50 %.

Bei der Rabattberechnung wird der Verbrauch für Beleuchtung in verschiedenen, wenn auch räumlich getrennten Anlagen desselben Abnehmers, wenn diese gleichen Zwecken dienen, als einheitliches Ganzes betrachtet, dagegen bleiben Vergütungen für gelieferte Energie auf Grund von Spezialtarifen oder zum Krafttarif außer Ansatz.

II. Spezialtarife.

a) Nachttarif. Abnehmern, welche für die Nachtzeit von 10 Uhr abends bis 7 Uhr morgens einen jährlichen Mindestverbrauch von 500,— Mark garantieren, wird für die während dieser Stunden entnommene Energiemenge die Kilowattstunde mit 16 Pf. berechnet.

b) Reklamebeleuchtung. Für Reklamebeleuchtung wird von 8 Uhr abends bis 7 Uhr morgens die Elektrizität mit 16 Pf. pro Kilowattstunde geliefert, sofern für jede angeschlossene Lampe ein Mindestkonsum von 1200 Brennstunden jährlich gewährleistet wird.

Unter Reklamebeleuchtung im Sinne dieses Tarifs fallen Anordnungen von Glühlampen, die ausschließlich zur Darstellung von Zeichen und Schriften, oder zur Beleuchtung von Schaufenstern, Schaukästen und Schildern dienen. Die zur Feststellung des Verbrauchs an Elektrizität auf Grund des Reklamebeleuchtungstarifs erforderlichen Einrichtungen werden ausschließlich von der Gesellschaft hergestellt, und zwar unentgeltlich, falls die Beleuchtung mindestens 10 Lampen umfaßt; andernfalls hat Abnehmer die Kosten der Herstellung und Unterhaltung zu tragen.

c) **Treppen- und Hausnummer- sowie Kellerbeleuchtung.** Für die Beleuchtung von Treppenhäusern, an welche auch mehrere Lampen zur Beleuchtung der Hausnummern angeschlossen werden dürfen, wird die Elektrizität zum ermäßigten Einheitssatze von 30 Pf. **für jede Kilowattstunde** geliefert, sofern der Abnehmer eine durchschnittliche jährliche Brennzeit von mindestens 1200 Stunden für jede hier angeschlossene Lampe gewährleistet. Die für diese Zwecke verbrauchte Elektrizität wird durch einen besonderen Elektrizitätszähler festgestellt. Unter den gleichen Bedingungen kann mit besonderer Genehmigung des Magistrats auch die Beleuchtung für Kellerräumlichkeiten zum gleichen Einheitspreise geliefert werden.

d) **Akkumulatorenanlagen.** Die Benutzung von Akkumulatorenbatterien zu Beleuchtungszwecken ist nur in besonderen Fällen und unter Zustimmung des Magistrats, dem die darauf bezüglichen Projekte zur Genehmigung vorzulegen sind, zulässig. Die Beschaffung der Akkumulatorenbatterien nebst Zubehör an Maschinen und Apparaten ist der freien Konkurrenz zu überlassen.

Im allgemeinen sind die Bedingungen für Akkumulatorenanschlüsse folgende:

Jede Akkumulatorenbatterie ist derart zu bemessen und herzustellen, daß sie zur Speisung der gesamten Anlage für einen Zeitraum genügt, der eine halbe Stunde vor Eintritt der Dunkelheit beginnt und um 7½ Uhr abends endet. Während dieses Zeitraums ist die Ladung der Batterie verboten; deshalb müssen alle Anlagen, welche nicht von der Gesellschaft selbst betrieben und gewartet werden, eine Schaltung besitzen, welche die Entnahme von Elektrizität aus den Leitungen der Gesellschaft während dieser Stunden ausschließt.

Während der übrigen Zeit darf die Anlage auch direkt aus dem Leitungsnetz, d. i. ohne Benutzung der Batterie, mit Elektrizität versorgt werden.

Der Abnehmer hat für 10 Jahre einen jährlichen Verbrauch von mindestens 40 000 Kilowattstunden zu gewährleisten, von denen mindestens 15 000 zur Ladung der Batterie verwendet werden müssen.

Die in dieser Weise unter Mitbenutzung einer Akkumulatorenbatterie gelieferte Elektrizität wird mit 16 Pf. für die Kilowattstunde berechnet.

Die Weiterführung von derart entnommener Elektrizität seitens
des Eigentumers der Akkumulatorenanlage an dritte Personen kann
mit Genehmigung des Magistrats beim Vorliegen besonderer Gründe
erfolgen.

B. Tarif für Betriebskraft und gewerbliche
Zwecke.

Der Preis der Elektrizität für Betriebskraft und gewerbliche
Zwecke beträgt zurzeit 16 Pf. für die Kilowattstunde.
Ob „gewerbliche Zwecke" vorliegen, entscheidet ausschließlich die Gesellschaft. Abnehmer, deren Verbrauch an Elektrizität für Betriebskraft oder gewerbliche Zwecke 400 Kilowattstunden im Jahre nicht
erreicht, haben in jedem Falle einen Pauschalbetrag von 64 M. für
ihren Konsum zu bezahlen. Über 400 Kilowattstunden hinaus kostet
im übrigen die Kilowattstunde 16 Pf. Für Abnehmer, welche Elektrizität für Beleuchtungszwecke nicht von der Gesellschaft, sondern
aus einer eigenen oder fremden Anlage entnehmen, beträgt der Preis
35 Pf. für jede Kilowattstunde.

Diese Preise finden keine Anwendung auf Elektromotoren,
welche direkt oder indirekt zur Erzeugung von Licht irgendwelcher
Art benutzt werden; für diese Zwecke behält sich die Gesellschaft die
Festsetzung des Einheitspreises von Fall zu Fall vor.

Für Motoren zum Betriebe von Fahrstühlen wird neben dem
Krafttarifpreise eine Grundtaxe erhoben, welche nach der Leistung
der Motoren bemessen wird und 25 M. für Kilowatt und Jahr beträgt.
Die in den Körben der Fahrstühle befindlichen bzw. die in den Fahr-
stuhlmotorräumen angebrachten elektrischen Lampen werden nach
dem Krafttarif berechnet.

Die Gesellschaft behält sich jederzeitige Änderung der Tarife
unter B vor; dieselben treten einen Monat nach Bekanntmachung
in mindestens sechs Berliner Tageszeitungen in Kraft, falls nicht in
der Bekanntmachung ein anderer Zeitpunkt genannt ist.

§ 3.

Elektrizitätszähler.

Die Messung des Verbrauchs an Elektrizität erfolgt unter Benutzung von Apparaten, welche von einer seitens des Magistrats

eingesetzten Prüfungskommission als zulässig bezeichnet werden. Die Elektrizitätszähler werden den Abnehmern leihweise überlassen und bleiben Eigentum der Gesellschaft. Die Abnehmer sind jedoch verpflichtet, die Zähler gegen jede Feuersgefahr versichert zu halten. Die Kosten der Instandhaltung und etwaiger Reparaturen an den Elektrizitätszählern trägt die Gesellschaft, sofern die Beschädigung nachweislich nicht durch die Schuld des Abnehmers oder seiner Angehörigen oder Angestellten herbeigeführt ist, in welchem Falle der erstere zur Erstattung der Kosten verpflichtet ist. Der Gesellschaft allein steht die Entscheidung über die Größe, den Ort und die Art der Aufstellung des Elektrizitätszählers zu. Zur Bedienung der Zähler sind ausschließlich Beamte der Gesellschaft berechtigt, welche von dem Magistrat verpflichtet sind und auf Verlangen durch eine Legitimationskarte der Gesellschaft sich ausweisen müssen.

Jede Hantierung an dem Zähler durch andere als die bezeichneten Personen ebenso wie die Lösung oder Beschädigung der an den Zählern angebrachten Plomben ist verboten und enthebt die Gesellschaft unbeschadet ihrer straf= und zivilrechtlichen Ansprüche jeder Verantwortung für die Richtigkeit des Zählers.

Die Feststellung des Zählerstandes erfolgt durch die Ableser. Der Ableser ist verpflichtet, das Ergebnis der Ablesung in die an dem Zähler angebrachte Ablesekarte einzutragen; der Abnehmer wird hierdurch in den Stand gesetzt, die Richtigkeit der Ablesung zu kontrollieren und seinen Stromverbrauch festzustellen.

Reklamationen über unrichtige Ablesungen können nur innerhalb drei Tagen nach Ablesung berücksichtigt werden, da bei späterer Anzeige eine Kontrolle nicht mehr erfolgen kann.

Hält sich der Abnehmer durch die Angaben seines Zählers für benachteiligt, so erfolgt auf seinen schriftlichen Antrag die Eichung oder Prüfung durch verpflichtete Kontrolleure. Die Kosten, welche im Falle der Eichung 10,— M., im Falle der Gangprüfung 3,— M. für jeden Zähler ohne Unterschied der Größe betragen, fallen dem Abnehmer zur Last, falls sich herausstellt, daß die zulässige Fehlergrenze des Zählers nicht überschritten wird, d. h. die mittlere Abweichung vom Sollwerte nicht mehr als 6,6 % beträgt.

Falls bei ordentlichen oder außerordentlichen Prüfungen eines Elektrizitätszählers Abweichungen von mehr als 6,6 % zugunsten oder ungunsten des Abnehmers festgestellt werden, so findet im Verhältnis der ermittelten Abweichung Nachforderung oder Rückver=

gütung statt, und zwar für die Zeit bis zur letzten vor der Prüfung erfolgten Regulierung oder Eichung, höchstens aber für die letzten drei Monate.

Bleibt ein Zähler stehen, so daß eine Aufnahme des tatsächlichen Verbrauchs während der betreffenden Ableseperiode nicht angängig war, so wird unter billiger Berücksichtigung glaubhafter Angaben des Abnehmers der Verbrauch im gleichen Monat des Vorjahres oder das Mittel aus den Angaben des Zählers während der vorhergegangenen und der darauffolgenden Ableseperiode der Berechnung zugrunde gelegt.

§ 4.

Herstellung der Hausanschlüsse und Aufstellung der Elektrizitätszähler.

Die Herstellung der Anschlüsse von den auf der Straße liegenden Verteilungsleitungen bis an die Hauptsicherung, die Aufstellung der Elektrizitätszähler, sowie etwaige an genannten Leitungen und Apparaten notwendig werdende Änderungen und Ausbesserungen werden ausschließlich von der Gesellschaft bzw. den von ihr hierfür bezeichneten Unternehmern, für deren Ausführungen sie wie für eigene Arbeit haftet, auf Antrag der Abnehmer bewirkt. Die Gesellschaft bzw. deren Organe sind allein berechtigt, abgesperrte Leitungen wieder in Betrieb zu setzen oder in Betrieb befindliche Leitungen auszuschalten.

Die Kosten für Aufstellung der Elektrizitätszähler trägt der Abnehmer.

Neue Hausanschlüsse werden von der Gesellschaft nach Wahl der Abnehmer für deren Rechnung hergestellt oder auf Kosten der Gesellschaft ausgeführt und den Abnehmern gegen eine Beisteuer zur Benutzung überlassen; letzteres jedoch nur unter der Bedingung, daß für Beleuchtung mindestens 1 Kilowatt, für Kraft 2 Kilowatt, jedoch bei Schlächtereibetrieben mit Rücksicht auf die kurze Benutzungsdauer 5 Kilowatt angemeldet und installiert werden.

Bei Ausführung von Hausanschlüssen für Rechnung der Abnehmer wird auf deren Verlangen vor Beginn der Arbeiten ein Kostenanschlag auf Grund eines von dem Magistrat genehmigten Tarifs aufgestellt.

Nach vollendeter Einrichtung muß innerhalb acht Tagen nach Überreichung der Kostenrechnung die Bezahlung bei der Kasse der

Gesellschaft erfolgen; auch steht dieser letzteren frei, die Kosten ganz oder teilweise vor Ausführung einzuziehen. Bis zur vollständigen Bezahlung verbleiben die Einrichtungen Eigentum der Gesellschaft und können von dieser bei nicht erfolgter Zahlung unter Inanspruchnahme des durch die Entwertung entstehenden Schadens wieder entfernt werden.

Für Hausanschlüsse, welche für Rechnung der Gesellschaft hergestellt sind, hat jeder Benutzer eine einmalige nach dem Installationswert der Anlage bemessene Beisteuer zu entrichten, und zwar für einen Anschluß bis zu

½ Kilowatt	10,—	Mark
1 „	20,—	„
1,5 „	30,—	„
2 „	40,—	„
3 „	55,—	„
4 „	70,—	„
5 „	85,—	„
für jedes weiter angefangene Kilowatt . .	10,—	„

Hierbei werden jede installierte Kohlenfaden-, Metallfaden- und Nernstlampe, unabhängig von der Lichtstärke, mit 0,04 Kilowatt, Stromkreise von Bogenlampen mit je einem offenen Lichtbogen mit 0,8 Kilowatt, solche von Dauerbrand- oder Doppelbogenlampen mit 0,5 Kilowatt für je 110 Volt Betriebsspannung, Elektromotoren nach ihrem normalen Energieverbrauch berechnet.

§ 5.

Inneneinrichtungen.

Die Ausführung der Installationen ist den Abnehmern überlassen; sie muß unter Beobachtung der von der Gesellschaft hierfür festgesetzten Vorschriften erfolgen. Die Prüfung der Objekte, die Überwachung der Ausführung der Installationsarbeiten und die Kontrollmessungen vor Anschluß der von dritten ausgeführten Anlagen liegen ausschließlich der Gesellschaft ob. Für diese Tätigkeit ist eine Vergütung von 4 % der tatsächlichen Kosten der Installation bis zum Höchstbetrage von 300,— M. für die einzelne Anlage zu entrichten. Die Gesellschaft ist berechtigt, die Zuführung der Elektrizität so lange zu verweigern, bis die von ihr verlangten Änderungen in der Einrichtung ausgeführt und die Kosten der Prüfung und Überwachung gezahlt sind. Bei Aufstellung von Akkumulatorenbatterien durch Dritte finden vorstehende Bestimmungen sinngemäße Anwendung. Durch die Prüfung, die Überwachung und den Anschluß übernimmt die Gesellschaft keinerlei Verantwortung für Feuer- oder sonstigen Schaden, auch wird hierdurch der Installateur in keiner Weise seiner Verantwortlichkeit dem Besteller gegenüber enthoben.

§ 6.

Mietsweise Überlassung von Bogenlampen und Elektromotoren.

Bogenlampen und Elektromotoren werden Abnehmern, welche sich zur Benutzung gegen Entgelt für die Dauer von mindestens zwei Jahren verpflichten, auf Wunsch zu nachfolgenden Preisen mietsweise überlassen:

a) **Bogenlampen.** 1. Normale Bogenlampen mit einem offenen Lichtbogen für Stück und Jahr 10,— M.

2. Bogenlampen mit zwei offenen Lichtbogen (Doppelbogen- lampen) oder mit einem abgeschlossenen Lichtbogen (Dauerbogen- lampen) für Stück und Jahr 20,— M.

Zu jeder Bogenlampe wird ein Gehänge in einfacher Aus- stattung mitgeliefert.

b) **Elektromotoren.** Elektromotoren werden auf Wunsch mietsweise zu folgenden Preisen von der Gesellschaft geliefert bis zur Stärke von:

1	Pferdekraft mit Anlaßwiderstand	. . .	85,— M. pro Jahr		
2	"	"	"	. . . 115,— "	"	"
3	"	"	"	. . . 135,— "	"	"
5	"	"	"	. . . 170,— "	"	"
7,5	"	"	"	. . . 210,— "	"	"
10	"	"	"	. . . 250,— "	"	"
12,5	"	"	"	. . . 290,— "	"	"

Für Motoren anderer Größe bleibt besondere Vereinbarung vorbehalten.

Die Gesellschaft räumt den Abnehmern das Recht ein, die von ihr mietsweise bezogenen Bogenlampen und Elektromotoren inner- halb zweier Jahre, von der Aufstellung ab gerechnet, käuflich zu über- nehmen, in welchem Falle zu den zur Zeit der Lieferung gültig ge- wesenen Preisen 5% Zinsen hinzutreten, während die gezahlten Mieten auf den Kaufpreis angerechnet werden.

§ 7.
Verpflichtung der Abnehmer zur Instand= haltung der Anlagen und Apparate.

Der Abnehmer trägt die Kosten der ordnungsmäßigen Instand=
haltung der Leitungen, Maschinen, Apparate, Lampen und Be=
leuchtungskörper, gleichviel ob sie sein Eigentum sind oder der Ge=
sellschaft gehören; er hat dieselben in letzterem Falle gegen jede Feuers=
gefahr versichert zu halten.

§ 8.
Revision der Leitungen.

Die Gesellschaft ist berechtigt, die Elektrizitätszähler und Haus=
anschlüsse sowie die gesamten Installationen' jederzeit revidieren zu
lassen und, falls erforderlich, die Elektrizitätszähler zu reparieren bzw.
auszuwechseln und die sachgemäße Instandhaltung der Leitungen
und Apparate von dem Abnehmer zu fordern. Der letztere muß den
Beamten der Gesellschaft unweigerlich den Zutritt zu allen Räum=
lichkeiten gestatten, in welchen sich Leitungen oder Teile der In=
stallation befinden.

§ 9.
Zahlungsbestimmungen.

Das Ablesen und das Kontrollieren der Zähler erfolgt durch vom
Magistrat verpflichtete Angestellte der Gesellschaft; auf Grund dieser
Ermittelungen werden die Rechnungen aufgestellt und deren Betrag
vorläufig ohne Berücksichtigung von Rabatten von den Abnehmern
je nach deren Wunsch monatlich oder vierteljährlich eingezogen.
Etwaige Rabattvergütungen kommen von der letzten Stromrechnung
des Kalenderjahres in Abzug.

Rechnungen über Beisteuer oder Leihgebühr werden gleichzeitig
mit denjenigen über Stromverbrauch eingezogen.

Der Gesellschaft steht das Recht zu, jederzeit zur Sicherung
ihrer Ansprüche eine angemessene Kaution von dem Abnehmer zu
verlangen.

§ 10.
Unbefugte Stromentnahme.

Falls, abgesehen von der im § 2 dritten Absatz vorgesehenen Aus=
nahme, in rechtswidriger Absicht Lampen an den Kraftstromzähler
angeschlossen worden sind, oder falls in einer Anlage ganz oder teil=

weise Elektrizität aus den Leitungen der Gesellschaft entnommen wird, ohne daß für deren Messung Apparate aufgestellt sind, oder falls die hierfür aufgestellten umgangen werden, so ist die Gesellschaft berechtigt, unbeschadet der strafrechtlichen Verfolgung, außer der Absicherung der Leitungen (§ 11) für die verbrauchte Elektrizität den Tarif für Beleuchtungszwecke, mindestens aber 100 Mark für das angeschlossene Kilowatt als Konventionalstrafe und, soweit der Verbrauch sich nicht feststellen läßt, eine Vergütung zu fordern, die der Größe der Anlage bei 24 stündiger Benutzung entspricht. Diese Vergütung ist von dem Zeitpunkt der unbefugten Entnahme von Elektrizität ab zu zahlen; bestehen über diesen Zeitpunkt Zweifel, so ist die Entschädigung für ein volles Jahr zu entrichten.

§ 11.
Einstellung der Stromlieferung.

Der Gesellschaft steht das Recht zu, falls der Abnehmer Änderungen in der bestehenden Einrichtung eigenmächtig vornimmt, die Gesellschaft durch mißbräuchliche Entnahme von Elektrizität schädigt (§ 10), den Beamten und Aufsehern der Gesellschaft den Zutritt zu den Leitungen, elektrischen Apparaten und sonstigem Zubehör verweigert, insbesondere aber in dem Falle, wo eine der vorstehend festgesetzten Zahlungen nicht pünktlich geleistet wird, ohne vorherige richterliche Entscheidung die Leitungen abzusperren und die fernere Lieferung von Elektrizität einzustellen, unbeschadet ihrer weiteren Ansprüche.

Entsteht über die zu leistenden Zahlungen Streit, so darf die Gesellschaft bis zur rechtskräftigen gerichtlichen Entscheidung die Leitungen nicht absperren, wenn der Abnehmer die von ihr geforderten Beträge unter Vorbehalt der Rückforderung an sie zahlt.

§ 12.
Kündigung.

Die Verpflichtung zur Entnahme von Elektrizität erstreckt sich auf die Dauer von mindestens einem Jahre und die gesamte an das Leitungsnetz angeschlossene Installation.

Wird ein Vertragsverhältnis nicht drei Monate vor Ablauf mittels eingeschriebenen Briefes von dem Abnehmer oder der Gesellschaft gekündigt, so bleibt dasselbe für 3 weitere Monate in Kraft.

Die Gesellschaft ist berechtigt, den Vertrag jederzeit ohne Einhaltung einer Kündigungsfrist aufzukündigen, wenn der Abnehmer nachweislich die Elektrizität für die in der Anmeldung aufgeführten Bestandteile der Installation (Bogen- oder Glühlampen, Motoren u. a. m.) ganz oder zum Teil aus anderer Quelle bezogen hat, ohne hierzu vorher die Genehmigung der Gesellschaft eingeholt zu haben. Der Gesellschaft steht in diesem Falle ein Anspruch auf eine Vertragsstrafe in Höhe desjenigen Betrages zu, welcher für die anderweit bezogene Elektrizität nach dem jeweilig geltenden Tarife der Gesellschaft an diese zu zahlen gewesen wäre.

Bedingungen für die Abgabe von Elektrizität durch Münzzähler*).

§ 1.
Stromabgabe.

Die Abgabe von Elektrizität durch Münzzähler wird zunächst versuchsweise von den Berliner Elektrizitäts-Werken aufgenommen. Die hierzu erforderlichen Einrichtungen werden unter den in § 2 angegebenen Voraussetzungen von den Berliner Elektrizitäts-Werken hergestellt und den Abnehmern mietsweise überlassen. Die erste Einrichtung einer Münzzähleranlage umfaßt auch die Lieferung der erforderlichen Lampen, deren Beschaffung und Ersatz späterhin dem Abnehmer obliegt.

§ 2.
Herstellung und Umfang der Anlagen.

Die Aufstellung eines Münzzählers und Herstellung der zugehörigen Einrichtung geschieht auf schriftlichen Antrag des Abnehmers, der die Einwilligungserklärung seines Hausbesitzers hierfür beizubringen hat. Die Entscheidung, ob und wieweit einem diesbezüglichen Antrage entsprochen werden soll, ist ausschließlich und endgültig den Berliner Elektrizitäts-Werken überlassen. Der Regel nach werden solche Anlagen für mehr als 10 Glühlampen oder deren Gleichwert nicht ausgeführt.

§ 3.
Preis.

Der Preis für die verbrauchte Elektrizität beträgt 50 Pf. für die Kilowattstunde; in diesem Preise ist der Entgelt für diejenigen

---

*) Genehmigt unterm 27. 10. 1908. Akten Elektr. Erleuchtung 12 Band 3.

Gegenstände enthalten, welche die Berliner Elektrizitäts-Werke mietsweise dem Abnehmer zur Verfügung stellen.

§ 4.
Zahlungsweise.

Der Abnehmer bezieht die Elektrizität durch Einstecken von Zehn-
pfennigstücken in den Schlitz des Münzzählers.

Die Berliner Elektrizitäts-Werke erwerben das Eigentum an den
Geldstücken mit dem Einstecken derselben in die Zählerkasse. Die verschlossene Geldbüchse mit der Bezeichnung der Zählernummer wird
durch legitimierte Beauftragte der Berliner Elektrizitäts-Werke abgeholt.

Alle in der Geldbüchse nach deren Öffnung in dem Kassenraume
der Berliner Elektrizitäts-Werke vorgefundenen Stücke, welche nicht
gültige Zehnpfennigstücke sind, ist der Abnehmer verpflichtet, auf
Grund einer sofort vorzulegenden Rechnung zu ersetzen bzw. den
Fehlbetrag nachzuzahlen.

Jede Hantierung an dem Münzzähler durch
den Abnehmer oder Dritte insbesondere an
den Verschlüssen oder Plomben ist verboten.

§ 5.
Kontrolle des Stromverbrauchs.

Für die Bezahlung der Elektrizität sind ausschließlich die Angaben
des Zählwerks für Kilowattstunden maßgebend, so daß, gleichgültig
ob der Geldbehälter mehr oder weniger Geld enthält, als dem Stande
des genannten Zählwerks entspricht, die endgültige Abrechnung ausschließlich auf Grund der Angaben dieses Zählwerks erfolgt.

§ 6.
Regreßpflicht der Gesellschaft.

Jede Regreßpflicht der Gesellschaft für unregelmäßiges Funktionieren des Münzzählers und für ungenügende bzw. unterbrochene
Zuführung von Elektrizität ist ausgeschlossen.

§ 7.
Pflichten des Abnehmers.

Der Abnehmer verpflichtet sich, die ihm überlassenen Einrichtungen sorgfältig und vorsichtig zu benutzen und sie in brauchbarem

Zustande zu erhalten. Er haftet für alle daran von ihm oder von dritter Seite verursachten Beschädigungen und ist verpflichtet, die Einrichtung zu dem ihm angegebenen Werte gegen Brandschaden zu versichern. Von allen Beschädigungen oder Störungen hat der Abnehmer den Berliner Elektrizitäts-Werken sofort Anzeige zu erstatten.

Den Beauftragten der Berliner Elektrizitäts-Werke ist jederzeit der Zutritt zu der Anlage zum Zwecke der Gelderhebung, Revision und Vornahme von Arbeiten zu gestatten. Der Abnehmer hat erforderlichenfalls auch die zeitweilige Beseitigung der vorhandenen Einrichtungen und deren Ersatz durch andere Gegenstände zu dulden, ohne hierfür Schadenersatz verlangen zu können.

§ 8.

Reparaturen.

Alle Reparaturen und Änderungen an den dem Abnehmer mietsweise überlassenen Gegenständen dürfen nur durch Beauftragte der Berliner Elektrizitäts-Werke ausgeführt werden.

Die Kosten hierfür ebenso wie für den Ersatz durchgebrannter Lampen hat der Abnehmer zu tragen. Ausgenommen sind die Kosten solcher Reparaturen und Ergänzungen, von denen der Abnehmer beweist, daß sie durch Mängel des Materials oder der Arbeit ohne sein oder Dritter Verschulden oder durch gewöhnliche Abnutzung erforderlich geworden sind. Diese letzteren Kosten gehen zu Lasten der Berliner Elektrizitäts-Werke.

§ 9.

Mindestverbrauch.

Jeder Benutzer eines Münzzählers hat den Berliner Elektrizitäts-Werken einen Mindestverbrauch von 48,— Mark für das Jahr zu gewährleisten und sich zur Stromentnahme auf mindestens ein Jahr schriftlich zu verpflichten. Die Abrechnung in dieser Beziehung findet bei fortlaufender Stromentnahme am Schlusse des Verbrauchsjahres, im Falle der Abmeldung bei der Außerbetriebsetzung statt.

Im letztgenannten Falle erfolgt die Abrechnung nach Verhältnis der Verbrauchszeit unter Zugrundelegung der festgesetzten Jahresverbrauchsziffer von 48,— Mark.

§ 10.
Wohnungswechsel.

Abgesehen von dem ersten Vertragsjahre, für welches jeder Abnehmer sich zur Stromentnahme verpflichtet, ist eine Kündigungsfrist für beide Teile nicht zu wahren.

Indessen ist der Mieter verpflichtet, jeden Wohnungswechsel den Berliner Elektrizitäts-Werken mindestens 14 Tage vorher schriftlich anzuzeigen. Der Abnehmer ist nicht berechtigt, die ihm von den Berliner Elektrizitäts-Werken mietsweise überlassenen Einrichtungen seinem Wohnungsnachfolger ohne Genehmigung und Mitwirkung der Berliner Elektrizitäts-Werke zu überlassen.

Stellt der Abnehmer den Verbrauch ein und erwirbt die Anlage nicht, so sind die Berliner Elektrizitäts-Werke berechtigt, aber nicht verpflichtet, am Tage der Außerbetriebsetzung oder später die ihnen gehörigen Lampen, Apparate und Leitungen fortzunehmen.

§ 11.
Eigentumsverhältnisse, Pfändungen.

Die dem Mieter überlassenen Einrichtungen bleiben Eigentum der Berliner Elektrizitäts-Werke und dürfen von dem Abnehmer weder entfernt noch verändert oder verkauft werden. Von einer erfolgten Pfändung hat der Abnehmer den Berliner Elektrizitäts-Werken sofort Anzeige zu erstatten.

Alle Kosten, welche den Berliner Elektrizitäts-Werken zur Wahrung ihrer Rechte an den Mietssachen gegenüber Dritten, namentlich bei Zwangsvollstreckungen und Interventionen erwachsen, trägt der Abnehmer.

§ 12.
Gültigkeit der allgemeinen Lieferungsbedingungen.

Soweit durch die vorstehenden Bedingungen die jeweils geltenden allgemeinen Bedingungen für die Lieferung von Elektrizität nicht ausdrücklich aufgehoben sind, bleiben dieselben in Kraft, und finden auch gegenüber den Mietern von Münzzählern Anwendung.

Auf Grund vorstehender Bedingungen, von denen mir ein Exemplar zusammen mit einem solchen der allgemeinen Lieferungsbedingungen der Berliner Elektrizitäts-Werke übergeben worden ist, beantrage ich die Lieferung von Elektrizität für

.... Lampen

unter Verwendung eines Münzzählers.

............, den 191

    Unterschrift: ....

    Stand: ....

    Adresse: ....

Bedingungen für die Lieferung hochgespannten elektrischen Drehstroms an Großabnehmer*).

Zwischen

der Firma ....

(im Vertrage „die Firma" genannt)

einerseits

und der

Aktiengesellschaft Berliner Elektrizitäts- Werke zu Berlin

(im Vertrage die „B. E. W." genannt)

andererseits

wird vorbehaltlich der Genehmigung des Magistrats hiesiger Königl. Haupt- und Residenzstadt nachfolgender

Vertrag

geschlossen:

§ 1.

Die Firma überträgt den B. E. W. die ausschließliche Lieferung der gesamten zum Zwecke der Beleuchtung und Kraftübertragung erforderlichen Elektrizität für ihre Grundstücke ....
....
Diese Verpflichtung gilt auch für den Fall der Erweiterung des Betriebes durch Angliederung benachbarter Grundstücke sowie für die unter einer besonderen Firma auf den dem Vertrage unterliegenden Grundstücken betriebenen Tochterunternehmungen der Firma. Im Falle des Überganges des Betriebes auf einen Nachfolger sind die Verpflichtungen aus diesem Vertrage in vollem Umfange auf den

---

*) Genehmigt unterm 27. Juni 1910. Akten Elektr. Erleuchtung 21, Band 8.

Rechtsnachfolger zu übertragen. Die Firma verpflichtet sich, die benötigte Elektrizität für ihre eigenen Zwecke zu verwenden und keinesfalls an Dritte weiterzuliefern.

§ 2.

Die B. E. W. verpflichten sich dagegen, die gesamte Elektrizität, die auf den diesem Vertrage unterliegenden Grundstücken für Zwecke der Firma benötigt wird, als hochgespannten Drehstrom von ca. 6000 Volt Spannung und 3000 Perioden in der Minute an einem zu vereinbarenden Stromübergabepunkt zu liefern.

Die Höchstentnahme soll zunächst .... K. W.-A. nicht übersteigen.

§ 3.

Der Verbrauch an Elektrizität wird durch Elektrizitätszähler festgestellt, die am Ende der Hochspannungsleitung vor den Transformatoren eingeschaltet werden. Als Einheit gilt die Kilowattstunde, deren Preis sich, unabhängig vom Verwendungszweck, nach dem in § 4 enthaltenen Tarif bestimmt.

§ 4.

Der Preis der gelieferten Elektrizität richtet sich nach der Benutzungsdauer. Zur Ermittelung derselben wird außer dem Kilowattstundenzähler (§ 3) ein Belastungsanzeiger aufgestellt und vom 15. September bis 15. März in den Nachmittagsstunden von 4 bis 7 Uhr mittels Zeitstromschließers eingeschaltet. Dieser Anzeiger mißt die durchschnittliche Belastung in Kilowatt während der Viertelstunde und registriert die höchste dieser Messungen während jeder Ableseperiode, in welcher er eingeschaltet ist.

Dividiert man das Mittel aus den drei höchsten Angaben dieses Belastungsmessers in den gesamten vom Elektrizitätszähler angegebenen Jahresverbrauch, so ergibt sich eine Ziffer, die im Sinne dieses Tarifes als Benutzungsdauer bezeichnet wird.

Der Preis beträgt bei einer jährlichen Benutzungsdauer
von 2000 Stunden 15 Pf. pro Kwstd.
zwischen 2000 und 2250 Stunden 13,5 Pf. pro Kwstd.

„	2250	„ 2500	„	12,75	„ „	„
„	2500	„ 3000	„	12	„ „	„
„	3000	„ 3500	„	11,25	„ „	„
„	3500	„ 4000	„	10,75	„ „	„
	über 4000		„	10	„ „	„

Bis zur Feststellung der Benutzungsdauer wird die Kilowattstunde mit 15 Pf. in Ansatz gebracht.

Auf diese Preise wird ein Nachlaß von 25 % gewährt.

§ 5.

Die Firma gewährleistet auf die Dauer des Vertrages einen jährlichen Mindestverbrauch von 300 000 Kilowattstunden und eine Benutzungsdauer von 2000 Stunden.

Die Übertragung eines etwaigen Mehrkonsums in einem Jahre auf ein anderes mit geringerem Verbrauche ist nicht zulässig.

§ 6.

Die Berechnung der gelieferten Elektrizität erfolgt allmonatlich, die Zahlung hat 8 Tage nach Vorlage der Rechnung zu geschehen. Am Schlusse eines jeden Kalenderjahres findet die endgültige Abrechnung mit der Firma gemäß des im § 4 enthaltenen Tarifes statt.

§ 7.

Die erforderlichen Hochspannungseinrichtungen nebst Zubehör bis zum Zähleraggregat werden von den B. E. W. auf ihre Kosten aufgestellt, bleiben Eigentum der B. E. W. und werden der Firma leihweise ohne Vergütung überlassen. Die Unterhaltung dieser Apparate liegt den B. E. W. ob. Die hinter dem Zähleraggregat erforderlichen Apparate, Transformatoren und Umformer werden von der Firma für ihre Rechnung beschafft, unterhalten und betrieben.

Zur Aufstellung der gesamten vorgenannten Einrichtungen sowie der Zähler ist seitens der Firma ein geeigneter Raum nach Angabe der B. E. W. kostenlos für letztere herzurichten und diesen während der Vertragsdauer mietsfrei zur Verfügung zu stellen.

§ 8.

Die diesem Vertrage angehefteten allgemeinen für Berlin gültigen Bedingungen für die Lieferung von Elektrizität im Anschluß an das Leitungsnetz der B. E. W. bilden einen integrierenden Bestandteil dieses Vertrages und kommen insoweit zur Anwendung, als nicht der vorstehende Vertrag entgegenstehende Bedingungen enthält.

§ 9.

Dieser Vertrag tritt mit der Aufstellung des Hochspannungs=
zählers in Kraft und erstreckt sich auf die Dauer von 10 Jahren.

Falls nicht 3 Monate vor Ablauf des Vertrages eine schriftliche
Kündigung durch eine der Parteien erfolgt, so verlängert sich der Ver=
trag auf weitere 3 Jahre.

§ 10.

Die B. E. W. dürfen die Rechte und Pflichten aus diesem Ver=
trage auf einen Dritten übertragen. Die Übertragung ist unzulässig,
wenn die Leistungsfähigkeit und Sicherheit des Dritten nicht ein=
wandfrei ist.

§ 11.

Die Kosten und Stempel dieses Vertrages tragen die Kontra=
henten zu gleichen Teilen.

Verträge über Anlagen mit Nieder= oder Hochspannung, die in
irgend einer Beziehung von den vorstehenden allgemeinen Be=
dingungen abweichende Bestimmungen aufweisen, bedürfen jedes=
mal der besonderen Genehmigung des Magistrats.

Sachregister.

Die Zahlen bezeichnen die Seite, die fettgedruckten Zahlen verweisen auf die den betreffenden Gegenstand ausführlich behandelnden Stellen.

erteilten gleichberechtigt. Das Privilegium der Stadt wird nur durch die vertragsmäßigen Rechte der Imperial-Continental-Gas-Association beschränkt. Nach dem 1. 1. 1847 durfte Imperial-Continental-Gas-Association in Straßen, in denen sie noch keine Leitungen hatte, auch keine Röhren mehr legen. Erkenntnis des Königl. Kammergerichts vom 9. 1. 1868. Abänderung des Erk. des Königl. Stadtgerichts zu Berlin vom 27. 6. 1867 34.

Erkenntnisse, Gasabmeldung. Erst von dem Tage der Abmeldung der Gasbenutzung oder Bekanntgabe des Rechtsnachfolgers ist Konsument von Zahlung des weiter verbrauchten Gases befreit. Erkenntnis des Königl. Landgerichts I von Berlin vom 30. 4. 1900 199.

„ Gasbedingungen. Eine Berufung darauf, daß ein Gaskonsument die Bedingungen nicht gekannt haben will, entbindet nicht von Zahlung. Erkenntnis des Großherzogl. Landgerichts zu Rostock vom 27. 6. 1891 199.

„ Königsgraben, Straße am K., Verlegung der Röhren sind ein rechtswidriger Eingriff in das Privilegium der Stadtgemeinde Berlin. Erkenntnis des Königl. Kammergerichts vom 5. 11. 1868 und des Königl. Obertribunals vom 27. 5. 1869 (Bestätigung der Vorinstanz) 35.

„ Kommandantenstraße. Imperial-Continental-Gas-Association darf Gas aus Röhren, die erst nach Ablauf des Kontraktes gelegt sind, nicht zur Gasabgabe an Privatpersonen verwenden, sie ist zur Entfernung der Leitungen verpflichtet und muß Schadenersatz leisten. Erkenntnis des Königl. Obertribunals vom 19. 2. 1866, des Königl. Kammergerichts vom 7. 12. 1866 und des Obertribunals vom 19. 9. 1867 33.

„ Lützow- und Charlottenburger Gebiet, ehemaliges L. u. Ch. G. Das Privilegium der Stadt gilt ohne weiteres auch für das erweiterte Weichbild. Erkenntnis des Königl. Stadtgerichts vom 21. 1. 1869 36.
(Die Stadtgemeinde hat nicht das ausschließliche Recht.) Erkenntnis des Königl. Kammergerichts vom 21. 6. 1869, Abänderung des Urteils des Königl. Stadtgerichts vom 21. 1. 1869 und Erkenntnis des Königl. Obertribunals vom 1. 2. 1870 (Bestätigung der Vorinstanz) 36.

„ Pfändungsbeschlüsse zwecks Kündigung des Gaslieferungsvertrages sind gesetzlich nicht zulässig und entbehren der rechtlichen Wirkung. Erkenntnis des Königl. Landgerichts zu Berlin vom 9. 5. 1894 200.

„ Ritterstraße, Verlängerung von Rohrleitungen. In einer Straße, die bereits zu einem Teile mit Leitungen der Imperial-Continental-Gas-Association versehen ist, ist der Imperial-Continental-Gas-Association nicht erlaubt, Rohrleitungen zu verlängern. Erkenntnis des Königl. Kammergerichts vom 11. 5. 1868 und des Königl. Obertribunals vom 3. 12. 1868 (Bestätigung der Vorinstanz) 34.

„ Rochstraße, englische Straßenleitung in der Rochstraße. Besitzstörungsklage der Stadtgemeinde. Erkenntnis des Königlichen Stadtgerichts vom 20. 10. 1856 (Abweisung der Stadtgemeinde), Erkenntnis des Königlichen Kammer-